集成 BIM 与无人机的输水工程安全监测分析与险情智能识别

刘东海　陈俊杰　甘治国　著

U0238242

中国水利水电出版社
www.waterpub.com.cn
·北京·

内 容 提 要

本书从"安全监测智能分析""无人机空中智能巡检"和"水下机器人智能检测"三个维度探索了耦合 BIM、机器人和人工智能的输水工程安全监测分析与险情智能识别的理论方法及关键技术，介绍了输水工程安全监测 BIM 动态建模及其可视化、安全监测预测与评价、耦合 BIM 与无人机的渠道应急巡检、基于无人机航拍的险情智能识别，以及水下裂缝智能图像检测与识别等，旨在为长距离输水工程（尤其是高寒无人区长距离输水工程）的安全监测、险情应急巡检及识别提供新的技术手段，以提高长距离输水工程运行安全管理的智能化水平。

本书可供高等院校水利工程、工程管理、计算机及相关专业的研究生阅读，也可作为广大工程技术和科学研究人员学习、科研的参考材料。

图书在版编目（ＣＩＰ）数据

集成BIM与无人机的输水工程安全监测分析与险情智能识别 / 刘东海，陈俊杰，甘治国著. -- 北京 : 中国水利水电出版社，2020.12
　　ISBN 978-7-5170-9191-2

Ⅰ．①集… Ⅱ．①刘… ②陈… ③甘… Ⅲ．①输水－水利工程－安全监测－计算机辅助设计－应用软件②无人驾驶飞机－应用－输水－水利工程－安全监测 Ⅳ．①TV672-39

中国版本图书馆CIP数据核字(2020)第218363号

书　　名	集成 **BIM** 与无人机的输水工程安全监测分析与险情智能识别 JICHENG BIM YU WURENJI DE SHUSHUI GONGCHENG ANQUAN JIANCE FENXI YU XIANQING ZHINENG SHIBIE
作　　者	刘东海　陈俊杰　甘治国　著
出版发行	中国水利水电出版社 （北京市海淀区玉渊潭南路 1 号 D 座　100038） 网址：www.waterpub.com.cn E-mail：sales@mwr.gov.cn 电话：(010) 68545888（营销中心）
经　　售	北京科水图书销售有限公司 电话：(010) 68545874、63202643 全国各地新华书店和相关出版物销售网点
排　　版	中国水利水电出版社微机排版中心
印　　刷	清淞永业（天津）印刷有限公司
规　　格	184mm×260mm　16 开本　14.5 印张　353 千字
版　　次	2020 年 12 月第 1 版　2020 年 12 月第 1 次印刷
定　　价	**88.00** 元

随着我国大型跨流域调水工程的相继建成和投入运行，长距离输水工程的运行管理和安全保障问题变得日益突出。为确保长距离输水工程的运行安全，充分发挥跨流域调水工程效益，有必要开展相关理论方法和技术创新研究，为长距离输水工程运行安全管理提供智能、高效、先进的技术手段。长距离输水工程线路长、空间跨度大，沿程地质、水文、气象和人文等条件复杂多变。在此类复杂环境因素的作用下，渠道边坡破坏、冰凌拥堵、渠水污染、预应力钢筒混凝土管（prestressed concrete cylinder pipe，PCCP）断丝、渗漏等险情灾害时有发生，给输水工程的结构安全和正常运行带来了巨大的挑战和威胁。及时准确地感知工程结构安全状态并对已发险情进行有效识别，是工程运行调度、应急响应和决策制定的重要前提。

输水工程运行安全分析和险情识别的基本手段主要包括安全监测和日常检测两种。安全监测通过部署于工程现场的传感器来自动、远程地采集工程运行数据，可对输水工程运行状态进行全天候、不间断的连续监控；检测则是通过巡检人员携带相关设备对工程全线或特定部位的特定项目的安全状况进行间断性的检测考察。但传统手段难以实现对安全运行的高效管理，以及运行过程中海量数据的精准分析，也难以满足社会经济发展对供水安全保障提出的更高要求。这主要体现在以下几点：

（1）传感器技术和网络通信技术的进步使得安全监测数据的采集难度大大降低，但也在短时间内产生了海量的监测数据。如何有效组织管理此类海量级的监测数据，以使其能在各管理部门间被高效、直观地调用和共享，是当前摆在工程管理人员面前的重要课题。

（2）传统的安全监测分析工具难以深度挖掘海量的安全监测数据，以从大数据中有效提取关于工程结构安全的有效信息，进而对当前结构状态及将来发展趋势进行有效分析、预测和综合评价。

（3）传统的人工沿渠巡检耗时长、效率低，且难以进入高寒无人区、水下建筑物内部（如 PCCP 管内壁）等复杂极端环境考察穿越输水结构的运行安全状况，由此造成已发或潜在的险情无法被及时发现，延误抢险时机。

（4）无论是安全监测还是人工巡检，现有手段都难以对边坡破坏、裂缝、渗水等结构性破坏和水污染、异物入侵、冰凌等非结构性险情进行快速、准确而全面的识别。

当前，建筑信息模型（building information modeling，BIM）、无人机、水下机器人、大数据、人工智能及图像识别等新兴技术的发展，为创新输水工程安全分析和险情识别的手段，进而解决上述不足提供了可能。BIM 以可视化的方式综合集成多源信息，可为海量安全监测数据的管理和组织提供高效的技术手段；基于人工智能的数据挖掘技术，可从大数据中提取潜在的有用知识和模式，有望解决海量安全监测数据的分析、预测和评价问题；无人机、水下机器人等智能机器人机动灵活，能够替代运管人员在极端工况下完成指定作业任务，可用于高寒长距离输水渠道和水下管道等复杂环境下的输水工程巡检；图像识别对智能机器人巡检采集的航拍和水下图像进行自动批处理，可实现输水工程全线险情的无盲区覆盖。借助人工智能、大数据、BIM 和智能无人机等新兴技术，探索新兴技术在传统输水渠道安全管理中的应用，对于提高运行安全诊断的效率和自动化水平，进而实现长距离输水工程的精细化管理、保障输水安全和充分发挥工程效益具有重要的理论意义和工程实践价值。

本书系统梳理了作者课题组多年来的相关研究成果，从"安全监测智能分析""无人机空中智能巡检"和"水下机器人智能检测"三个维度探索了耦合 BIM 和机器人的输水工程安全监测分析和险情智能识别的相关理论方法和关键技术，旨在为长距离输水工程（尤其是高寒无人区长距离输水工程）的安全监测、险情应急巡检及识别提供新的技术手段，以提高长距离输水工程运行安全管理的智能化水平。

全书共包括 12 个章节，第 1 章对输水工程安全监测智能分析和险情识别的相关背景意义、国内外研究现状和相关理论方法进行了简要介绍。第 2 章～第 4 章构成本书的第 1 篇"耦合 BIM 的安全监测智能分析"，其中，第 2 章针对海量监测数据的管理问题，介绍了基于 BIM 的输水工程安全监测网络可视化技术；第 3 章针对海量安全监测数据高维非线性的特点，探索了基于深度信念网络的输水工程安全监测指标分析和预测方法；第 4 章采用 D-S 证据理论，统筹综合不同准则的评价结果，阐述了基于安全监测数据的输水工程运行安全状态综合评价方法。第 5 章～第 10 章为本书第 2 篇"无人机巡检与智能识别"，系统介绍基于无人机和 BIM 的输水渠道巡检和险情智能识别理论方法和技术应用。其中，第 5 章介绍动态 BIM 辅助的无人机增强现实巡检技术，该技术可有效提高长距离输水渠道巡检的效率、覆盖范围和前后方协同性，并有助于支撑全面、直观、科学、快速的安全诊断和应急决策；第 6 章介绍 BIM 驱动的输水渠道航拍图像兴趣区提取方法，可为渠道险情图像识别提供有效的预处理手段；第 7 章为寒区输水渠道冰情的智能图像识别技术，该技术有助于提高冰情监控的覆盖范围和险情识别的效率；第 8 章介绍了输水渠道水面异物的智能图像识别技术，可解决渠道异物入侵发现难、鉴别难的问题，为输水渠道水质安全管理提供了新的手段；第 9 章为输水渠道边坡破坏的智能图像识别技术，该技术可克服传统安全监测仅能感知有限个典型断面边坡状态的不足；第 10 章介绍基于航拍摄影测量的渠道险情空间定位技术，可用于对航拍识别出来的冰塞、异物和滑坡等险情进行定位追踪。最后两章构成本书的第 3 篇"水下机器人检测与智能识别"，第 11 章针对输水工程水下建筑的检测难题，对现有水下机器人的常用类型、设备构成和技术特点等进行了概述；第 12 章针对水下机器人采集的水下图像，探讨了基于卷积神经网络的水下结构微观裂缝图像识别方法。

本书主要由刘东海、陈俊杰、甘治国撰写，胡东婕、齐志龙、张亚琳等参与了本书有关章节的研究和撰写工作。本书相关研究和现场示范应用工作也得到了中国水利水电科学研究院、南京水利科学研究院、新疆额尔齐斯流域开发工程建设管理局和新疆水利水电科学研究院等单位的大力支持和协助，在此表示感谢！此外，在本书撰写过程中，参阅并引用了相关文献资料（以参考文献的形式已附在书末），在此谨向有关作者致谢。

本书研究工作和出版得到了国家重点研发计划课题"高寒区供水渠道突发险情应急调度与抢险技术（项目编号：2017YFC0405105）"的资助，特此致谢！

受限于作者的学识和水平，书中难免有疏漏和不足之处，恳请读者批评指正。

作者

2020 年 8 月

目 录

第 2 篇　无人机巡检与智能识别

第 3 篇　水下机器人检测与智能识别

第1章

绪　论

1.1　背景及意义

1.1.1　长距离输水工程建设概况

受气象水文因素和自然地理条件的影响，世界不同国家和地区间的水资源分布差异明显。以大洋洲为例，澳大利亚内陆水量稀少，年降水量不足 456mm，而其余地区则水量丰沛，多年平均降水量达 2740mm，年径流深度超过 1566mm。再如，位于我国多雨带的东南沿海各省（浙江、福建、台湾等）每年的降水量超过 1600mm，而内蒙古、宁夏等干旱地区则年降水量不足 200mm。

长距离输水工程的兴建有利于缓解水资源分布不均与国民经济建设间的矛盾，对于改善局部地区用水紧张以及支撑生产经济建设具有十分重要的意义。人类通过修建输水工程来改造生产生活环境的历史源远流长，早在公元前 2400 年，古埃及人就修建了史上第一座跨流域输水工程，以从尼罗河引水用于灌溉和航运。进入 20 世纪以后，为满足现代化和生产建设的需求，世界各国纷纷开始兴建大型长距离输水工程。据统计，在全世界范围内，已建成的大型输水工程达到 350 座，这些工程遍布 40 多个国家和地区。图 1.1 为世界各国和地区输水工程数量分布饼状图，可以看出，加拿大

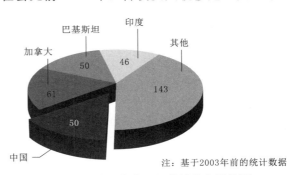

注：基于2003年前的统计数据

图 1.1　世界输水工程数量分布饼状图

的输水工程项目最多，为 61 项，年调水总量达到 1390 亿 m^3；中国和巴基斯坦的输水工程项目数量相当，均接近 50 座；印度有 46 座大、中型输水灌渠，年调水总量达 1386 亿 m^3。这些工程具有发电、供水、灌溉、防洪、航运和生态等多方面效益，其兴建对当地的经济发展和人民生活保障起到了重要的促进作用。

在中国，有史料记载的最早的输水工程可追溯到公元前 486 年，邗沟、灵渠、都江堰和京杭大运河等大型工程的兴建充分体现了古代中国人民治水和用水的经验和智慧。中华人民共和国成立后，我国的长距离大型输水工程建设进入了新的阶段。据统计，目前我国建成或在建的大中型跨流域输水工程项目接近 50 个，年总调水量达到 9×10^{10} m^3。其中最具代表性的当属南水北调工程，该工程总长度达 4350km，包括东、中、西三线。南水北调东线起自江苏扬州江都水利枢纽，中线起自湖北丹江口水库，供水区域包括河北、河南、北京和天津等省（市）。加上尚在规划中的西线工程，南水北调的总调水规模达到 448 亿 m^3。相关研究表明南水北调单独一个线路带来的城镇供水、生态环境供水和水力发电预期经济效益就分别达到 200 亿元、17.14 亿元和 30.87 亿元。

1.1.2 输水工程运行安全面临的风险

在发挥重要经济、社会、环境效益的同时，长距离输水工程的运行安全也面临着诸多风险挑战。作为长距离线性建筑物的重要组成部分，预应力钢筒混凝土管（prestressed concrete cylinder pipe，PCCP）和开放式输水渠道日常运行受到的安全威胁尤甚。

PCCP 管具有高密封、高强度和高抗渗的特性，安装方便、抗震性能好，是南水北调中线等大型长距离输水工程的重要输水建筑物。然而，受沿线地质、水文活动的作用和施

工水平不达标等因素的影响，PCCP 管涵破裂、断丝甚至爆管的现象时有发生，如图 1.2 所示。据统计，美国在 1942—2006 年间累计共发生了 399 次爆管事故。此类事故的发生不仅会严重削弱工程的正常供水能力，影响水质安全，还有可能对爆管点周边地区带来经济损失和社会损失。另外，PCCP 管一般埋藏于地下，具有隐蔽性，常规的手段难以对结构初期的细微破坏进行有效监控和识别，这无疑为输水工程运行风险的管控带来了巨大挑战。

图 1.2 输水 PCCP 管道爆管事故

开放式渠道是构成输水工程的重要水工建筑物，由于渠口开敞、横断面大、距离长，其运行受沿程复杂地理、水文、气象条件的直接影响，常常面临冰凌拥堵、异物入侵、边坡破坏等险情灾害的威胁。冰凌拥堵多见于有冰期输水需求的开敞式渠道，渠水解封时形成冰凌，冰凌顺流而下，到达高纬度仍处于冰封状态的地区或渠道断面收窄处（如水闸、桥梁等位置），由于输冰能力下降，冰凌堆积拥堵，最终形成冰塞或冰坝，如图 1.3 所示。冰塞灾害不仅会造成水头损失、影响发电，还可能引发水位壅高、形成洪水。据外媒报道，冰塞在加拿大每年所引发的经济损失超过 500 万元。

图 1.3　输水渠道典型险情类型——冰塞

异物入侵是输水渠道常见的另一安全风险（图 1.4），渠道穿越牧区或交通桥梁时，牲畜闯入或交通事故导致车辆坠入等情况时有发生，这些侵入渠内的外来物如不及时处理，可能会成为水体的潜在污染源，严重威胁水体质量和供水安全。

图 1.4　输水渠道典型险情类型——异物入侵导致水污染

边坡破坏是由于渠道边坡失稳、滑移而形成的灾害（图 1.5），边坡破坏发生时，滑落的边坡土体不仅会造成水质污染，还可能堵塞水流方向，使供水能力下降，若出现大面积塌方，滑移的土体甚至会威胁附近其他水工建筑物（如水闸）的结构稳定。

图 1.5　输水渠道典型险情类型——边坡破坏

　　长距离输水工程距离长、空间跨度大，常常穿越高寒无人区，在当地极端寒冷、异常干旱、冻融循环、风化和复杂的地质条件等多种严酷环境因素的作用下，工程结构的强度、使用性和耐久性等多方面的性能极易发生劣化，进而更易于引发各类险情。无人区严酷的自然环境在增加了工程安全风险的同时，也使得工程的运行、检测和维护面临巨大的挑战，这主要体现在两个方面：①在当地极端的环境下，常规安全监测仪器往往难以保持长时间稳定运行，如若发生故障，更难以在短时间内完成修复；②由于无人区交通不便，工程人员一般无法进入现场实施巡检，导致无法及时发现渠道运行过程中发生的险情。

　　通过上述分析可以看出，风险事故的发生除了影响输水工程供水、灌溉、航运、发电等预期效益的发挥，还会带来灾后修复所产生的巨大花费和投入，因此，对于长距离输水工程运行过程中的安全风险，应该做到早识别、早发现，以便为应急处置争取时间，将险情扼杀于萌芽状态，进而避免灾情恶化所带来的巨额损失。

1.1.3　输水工程运行安全分析的基本手段

　　输水工程运行安全分析的目标在于对输水建筑物的运行情况和安全状态进行客观评价，以为工程运行调度、维修养护和应急抢险提供决策依据。具体来说，其包括两个方面的任务：①基于运行安全的多方面信息，实现对工程整体安全状况的评价，以便指导运行调度；②对于已发的险情甚至灾害，应做到及时准确的识别，以便于维修和抢险措施的实施。输水工程运行安全分析的基本手段主要包括安全监测和定期检测两种。

　　安全监测是对输水工程运行状态进行长期、不间断监控和安全诊断的有效方式。该方式基于现代通信技术、计算机技术和分布式传感技术，通过部署于工程现场的传感器来自动、远程地采集工程运行数据，以感知结构物的内部损伤和供水运行的状况。比如，利用渗压计、测缝计等传感器可对渠道衬砌结构的内部受力和应力变形等状态进行监测，进而基于长期数据序列和数据挖掘技术对滑坡等险情进行识别。再如，有研究在输水渠道沿线布置水位计、水压计等传感器，通过此类传感器采集的水流参数与冰情演化过程的关系，反推冰情状态，对潜在的冰塞风险进行识别预测。

　　所谓检测是指对工程全线或特定部位的特定项目的安全状况进行间断性地检测考察。传统的沿线巡检是输水工程检测的重要方式，其主要靠人工现场巡视，对所要求的检测项目逐项排查并加以记录，如渠内液面是否有异物、机电设备运行是否正常等。随着智能终端和移动互联网的普及，许多工程项目开始探索采用平板电脑、掌上电脑（personal digital assistant，PDA）等数字化的方式进行巡检数据记录，以替代传统低效的纸笔记录。除了单纯的目视检测（visual inspection），巡检过程中还可采用探地雷达、弹性波、水声探测等无损手段对肉眼无法识别的结构内部状态进行检测诊断。

　　监测和检测两种手段各有优势和局限性。安全监测可对输水结构进行全天候、连续、不间断的监控，但由于其监测传感器只能沿线布置于离散的典型断面，故而无法对监测断面间的运行状态进行感知。检测虽然无法实现输水工程安全状态的全天候连续感知，但却可以在空间上实现工程全线的巡检覆盖。另外，此方式还可借助肉眼观察和各类检测设备有效识别异物入侵、水污染等难以为安全监测发现的风险。综上，在工程应用中，应综合采用监测和检测两种手段进行安全诊断和分析，以实现二者的优势互补。

1.1.4　传统手段的不足

尽管近年来输水工程监测和检测方式有了长足的进步与发展，但现有方式仍有以下不足：

（1）海量安全监测数据难以高效管理与深度分析。在对工程进行全天候安全监测的过程中，会产生海量的监测数据。在当前实践中，这些数据往往用报表查询输出和统计分析，难以结合测点实际空间位置进行直观可视化的管理分析。同时，传统的安全监测管理系统大多采用 C/S（Client/Server，客户端/服务端）模式，甚至仍停留于离线单机处理的模式，这无疑给监测数据在各管理部门间的高效调用和共享带来了障碍。此外，少有深度挖掘海量的安全监测数据，以对当前结构状态进行有效分析和预测，造成海量监测数据难以被自动分析和充分利用。

（2）传统人工巡检低效、耗时，难以覆盖环境恶劣区域。人工地面巡检是一种耗时长、效率低的劳动密集型方式。尤其是输水工程距离长、空间跨度大，沿线环境复杂（如高海拔、严寒），通过人工方式，现场人员不仅难以在短时间内完成对工程全线的巡视，而且难以进入高寒无人区考察穿越渠段的运行状况。另外，对于输水建筑物的水下部分（如 PCCP 管内壁），现有人工检测手段难以在非放空状态下进行裂缝、渗漏等风险的有效识别。上述不足往往导致已发或潜在的险情无法被及时发现，延误应急补救措施的开展，使得险情持续恶化。

（3）难以对险情进行有效快速识别。长距离输水工程时常穿越人迹罕至的偏僻地区，当外来污染物入侵、边坡破坏、冰塞等险情灾害发生时，现有手段往往难以对发生的险情进行快速、准确的识别。这主要是因为安全监测仅能感知有限个监测断面的结构性险情（如裂缝、渗水等），而对于非监测断面间发生的事故和非结构性险情（如异物入侵、冰凌等），往往无法实现有效的发现识别；而且人工检测效率低，难以进入高寒无人区，故也难以及时发现相关险情。

1.1.5　智能时代下输水工程安全管理创新的机遇

随着数据量的爆发式增长和硬件计算能力的提升，以深度学习为代表的智能算法推动了人工智能的第三次浪潮。当前，5G 网络通信、无人驾驶、图像识别、计算机视觉、大数据挖掘、智能机器人、建筑信息模型（building information modeling，BIM）等技术领域和行业应用蓬勃发展，人类社会已跨入前所未有的智能时代。

智能时代下，无人机、水下机器人、建筑信息模型及图像识别等新兴技术的出现和发展，为解决传统方式的不足，进而创新长距离输水工程安全分析与诊断的方式提供了新的机遇。BIM 以可视化的方式综合集成多源信息，可为海量安全监测数据的组织、管理和共享提供高效直观的手段；采用基于智能算法的数据挖掘有望充分处理海量监测数据，实现对工程安全状态的精准预测和全面评价；无人机具有机动灵活、视野开阔、适应高空作业的优点，可解决传统人工巡检效率低、长距离无人区交通不便等弊端；水下机器人搭载摄像机及各类传感器进行水下作业，可在运行期对输水建筑物的水下结构进行有效检测；图像识别对无人机和水下机器人采集的巡检图像进行自动批处理，可实现工程险情的全程无盲区快速识别。

　　探索新兴技术在传统输水渠道安全管理中的应用，对于提高运行安全诊断的效率和自动化水平，进而实现长距离输水工程的精细化管理、保障输水安全和充分发挥工程效益具有重要的工程实践意义。本书利用 BIM、无人机和人工智能等技术，从"耦合 BIM 的安全监测智能分析""无人机空中智能巡检"和"水下机器人智能检测"三个维度探索了输水工程智能安全管理的内涵和实现途径，旨在为长距离输水工程（尤其是高寒无人区长距离输水工程）的安全监测与险情应急巡检及识别提供新的理论方法和技术手段，以提高长距离输水工程运行管理的智能化水平。

1.2　国内外发展现状

1.2.1　输水工程安全监测的发展现状

1.2.1.1　水工结构安全监测技术

　　早在 20 世纪 20 年代，人类便开始了利用传感仪器进行水工建筑物状态观测的实践。自那以后，水工结构安全监测仪器和采集技术不断发展成熟，先后经历了集中式自动化监测阶段和分布式自动化监测阶段。关于监测自动化的研究肇始于 20 世纪 60 年代，受限于技术水平和微处理芯片高昂的造价，当时的监测系统多采用"大型中央计算机-现场监测仪器"的集中式架构，这样的集中式系统在 20 世纪 70 年代进入实用阶段，广泛应用于大坝等水工结构的自动化监测。进入 80 年代，随着计算机网络技术和集成芯片技术的发展，安全监测系统的分布式部署成为可能。通过在现场"集线箱"中安装微控制器，分布式系统可直接就地将传感器的模拟信号转换为数字信号，并将数据处理任务从原来中央服务器分摊到各个节点，大大降低了中央服务器的负载，提高了系统的鲁棒性。

　　聚焦国内，我国的水工安全监测可以追溯到 20 世纪 50 年代，当时为验证设计，常常按设计人员的要求为水工建筑物布置一定数量的仪器，以便于观测，故这个阶段的监测工作一般被称为原型观测。丰满、官厅等大坝都设置了原型观测项目，但受限于当时的技术水平，可观测的项目往往较少，仪器设备也较落后。进入 80 年代，国内对水工结构安全的重视逐渐增强，"原型观测"的称呼开始转变为"安全监测"，变形、渗流、应力和温度等项目成为常规监测项目。在这个阶段，监测仪器和设备的品类增多，质量水平有所提升，自动化监测取得了很大进展。20 世纪 90 年代至今，为适应大规模水利工程建设的需求，通过国家科技攻关，我国的水工安全监测技术得到了飞速的发展和进步，产生了一系列达到国际先进水平的仪器设备，如高精度双向固定测斜仪、高精度空隙水压力计等。

　　随着新型监测仪器的不断问世和数据采集技术的进步，海量监测数据的管理和组织问题日益凸显，在此背景下安全监测管理的手段和系统不断更新迭代，形成了一系列具有代表性的成果和产品。我国在监测数据管理方面，早期也形成了一些典型的系统和产品，如大伙房输水工程的安全监测系统（DSIMS4.0）和小浪底工程安全监测信息处理系统等，可实现监测数据采集管理、误差分析、整编计算、测值定量解析与预报，以及各种报表制作等功能。

上述传统安全监测管理系统往往仅限于报表查询和二维统计图的生成，难以结合测点三维空间位置进行直观展示和管理。为此，许多学者探索了安全监测三维可视化管理的方法和应用。张宗亮、Sekar、Gkatzoflias 等在监测信息的可视化表达、在线分析方面做了有益探索。金淼等在建立隧道监测系统的基础上加入了三维显示模块，实现了监测数据三维交互查询，提高了监测数据的表达能力。孟永东等借助三维可视化分析平台提供的监测数据管理和三维云图绘制等功能，可直观分析边坡各区域的变形趋势和稳定状态。钟登华等利用 CATIA 三维数字建模模拟建筑物信息，构建了心墙堆石坝三维可视化交互系统，对施工和运行阶段管理进行仿真模拟。Wong 建立了结构健康监测系统，结合三维虚拟场景辅助查询，在监测现有健康状况的同时还能对未来荷载条件下的桥梁性能进行评估。Liu 等利用 3DMax 软件建立了三维模型，基于 3D - GIS 技术集成三维模型和地面实景等构建供水工程三维虚拟场景，建立了供水管道安全管理可视化集成框架。

然而，目前关于安全监测可视化管理的研究多是基于 3DMAX、犀牛、CATIA 等传统建模软件，所构建的三维模型偏重于表观造型，因此仅限于集成安全监测等数据，而难以与工程其他方面（如结构设计、机电设备、材质等）语义信息进行更大广度的集成，以综合辅助决策。另外，现有系统多是基于传统的客户端/服务器（Client/Server，C/S）模式，甚至仍停留在离线管理阶段，给监测数据在各管理部门间的高效调用和共享带来了障碍。BIM 技术的出现为解决上述问题提供了新的思路，该技术以三维数字信息为基础构建工程数据模型，可综合集成项目实施过程中的多源信息，实现项目数据在全生命周期内各工种、各部门间的高效存储、交换和共享。鉴于 BIM 的上述优势，本书后文将探讨基于 BIM 的输水工程模型建立方法，研究多源安全监测信息与 BIM 模型的集成方式，并对动态安全监测 BIM 模型的网络可视化方法进行研究。

1.2.1.2 安全监测数据分析与预测

对采集的安全监测数据进行分析，以对监测指标未来的发展趋势进行预测预报，对于把握工程运行安全的发展动态，进而指导工程调度具有十分重要的意义。常用的安全监测分析预测方法包括时间序列法、回归分析法、灰色模型预测法、人工神经网络预测法以及组合预测法等。时间序列法是根据统计的历史数据建立时序预测模型，预测未来数据的方法，这种预测方式基于数据变化规律不变的基本假定，认为未来的变化规律是过去历史数据的延续，不适用于数据发展规律变化的数据预测。回归分析法根据监测数据和其他相关因素间的数学相关关系建立回归方程，能够直接反映不同影响因子和预测量之间的关系。灰色模型预测法是运用灰色系统理论进行数据预测的方法，能够对含有不确定因素的系统进行预测，通过对因素的关联分析和时序数据的变动规律分析，预测数据未来发展趋势，但该种方法对原始数据的依赖性较大，有时会得到预测误差较大的结果。人工神经网络预测法可以自动构建非线性模型，利用样本的训练快速学习数据的内部规律，是一种数据预测的常用方法。组合预测法是提取各个预测模型的信息组合预测的方法，通过对不同预测模型提供的信息组合可以有效提高模型的预测精度。

对于建筑物监测数据的预测，常采用人工神经网络预测的方法。由于传统人工神经网络在数据预测实现过程中存在诸多问题，国内外学者对神经网络模型进行了改进研究，提高了神经网络的预测能力。林敏建立 BP 神经网络预测模型，根据监测数据的时程变化进行预测。李蔚等利用非线性组合预测方法，建立双重 BP 神经网络组合模型，实例计算表明双重 BP 神经网络预测模型精度高于传统 BP 神经网络。王晓霞等提出了一种进化 El-man 神经网络模型，结合主蒸汽流量数据进行模型测试，结果表明改进的 Elman 神经网络表现出较好的预测精度和泛化能力。孙国力针对轨道系统监测数据预测问题，通过输入气温的改变来预测监测应力的变化，分析了多元回归模型、BP 神经网络模型、径向基神经网络模型的预测结果，最终确立了以 BP 神经网络为主、多源回归模型和径向基神经网络模型为辅的预测方法。韩哲针对 BP 算法的缺陷，提出了改进 Levenberg - Marquardt 算法，对中小水库的监测序列进行预测，利用历史监测数据预测各监测值的发展趋势。陶家祥利用改进的 GM（1，1）模型对大坝监测数据序列预测，解决了小样本数据预测精度的问题。

　　安全监测指标预测属于多变量非线性问题，具有数据量庞大以及数据维度高的特点。传统的数据预测方法难以建立监测指标和各因素间准确的数学关系，数据结构的处理甚至会导致信息丢失等问题，影响监测指标预测效果；同时，浅层神经网络算法的性能参差不齐，在高维非线性的数据预测实践中，难以提取数据的内部特征，往往导致模型预测精度达不到预期效果。深度信念网络（deep belief networks，DBN）采用深层非线性网络结构，可实现复杂函数的逼近，能够从数据样本中学习数据的本质特征，可用于多变量非线性的监测指标预测。此外，传统基于神经网络的监测指标预测，对于模型结构讨论较少，没有根据影响监测数据的外界条件调整模型的输入变量，以提高监测指标预测水平。针对传统监测数据分析和预测存在的问题，本书拟对输水工程监测指标的影响因素进行分析，采用深度信念网络作为预测模型，以提高监测指标预测精度。

1.2.1.3　基于监测数据的运行安全综合评价

　　输水工程安全监测可获得多个不同位置不同类型的监测指标，对于不同的指标采用不同的评价准则往往会得到不同的安全评价结果。为解决此问题，需要将多指标转换整理成一个综合指标或者将多个评价准则的评价结果整合成一个结果，这便是所谓的综合评价。常用的综合评价方法有层次分析法、模糊综合评价法、主成分分析评价法、TOPSIS 评价法、灰色综合评价法以及人工神经网络评价法等。层次分析法将复杂问题划分为几个层次，层次直接按照隶属管理构成一个有序的层次模型，根据不同层次的重要性程度构造判断矩阵，进行两两对比，是一种将定性定量相结合的综合评价方法。模糊综合评价法基于模糊数学的理论，通过隶属度函数将指标定量化，可以很好地解决难以量化的评价问题，评价主观性比较明显。主成分分析评价法是一种客观评价方法，利用指标之间的相关关系，将多个指标融合成几个包含原来信息的主成分，构造出的主成分之间相互独立且不影响测量结果。TOPSIS 评价法是对评价矩阵进行归一化处理后，计算出矩阵的最优解和最差解以及评价对象与之的距离，以此判断结果优劣。灰色综合评价法以灰色关联分析理论为指导，最终得到不同评价对象的优选顺序。人工神经网络评价法通过建立综合评价模型，将专家的评价思想以连接权重的方式添加在模型上，可以模拟专家进行综合评价，避免人为因素的影响。

　　在结构物运行状态综合评价方面，国内许多学者也做了相应的研究。孙可等建立了健康监测数据的 6 层指标评价体系，运用模糊综合评价方法逐层得到单个监测管片、单个监测断面以及隧道权限的综合评价值。赵新勇在多源异构数据融合处理的基础上，综合考虑天气能见度、车速、车距等因素，运用模糊区间理论综合评价高速公路的交通安全性。黄惠峰等基于BP神经网络对隧道安全状态进行评估，分析多源数据变形特征，建立多个监测目标和对应隧道安全状态的BP神经网络模型。张泽宇根据层次分析法构建了四层钢结构健康状态评价指标体系，利用模糊数学理论对空间钢结构健康状态进行综合评价。郑付刚从系统的角度把大坝作为一个模糊整体，提出了一个基于大坝安全监测系统的大坝安全多层次模糊综合评判方法。刘志强利用故障树分析法构建了长距离输水工程的安全评价体系，使用模糊综合评价对专家评判语言进行量化处理，得到输水工程失效概率的评分值。可以看出，针对结构安全状况的综合评价大多基于综合模糊评价方法，构建安全评价指标体系，确定评价指标权重，建立隶属函数以得到模糊矩阵，最终得到结构综合安全状态。

通过上述分析可知，现有的综合评价方法多集中于在单一评价准则下建立评价体系，进而综合多指标评价结果后得到结构的综合运行状态。然而，监测数据异常评判的标准往往有多个，不同的评判标准立足于不同的衡量角度，对相同的数据可能得到不同的异常判别结果，进而导致最终的工程综合状态评判结果也不尽相同。因此，有必要融合不同评判方法获得的评价结果，得到基于不同评价准则的综合状态。为此，本书拟针对多指标多种准则下评价结果的综合问题，探讨多类多个监测仪器运行结果的融合，以及不同评价准则下不同评价结果的融合，以综合评价输水工程运行状态。

1.2.2 输水工程检测技术的发展现状

1.2.2.1 人工现场巡线的辅助设备和系统

传统的输水工程检测主要采用人工巡线的方式，即：由现场人员按既定流程，沿线对水质、水工结构安全、机电设备运行等状况进行逐项检测，并填写纸质巡检记录报表。然而，由于输水工程距离长、沿线环境复杂，人工巡检方式往往难以在短时间内完成覆盖工程全线的巡视，这就造成了大量不利的安全工况甚至已发的险情无法被及时发现，延误抢险时机，进而导致难以估量的经济损失。鉴于上述人工巡线的弊端，输水工程项目对于应用先进技术辅助巡检，进而提高巡检效率有较大的现实需求。

近年来，国内外学者对人工巡检的辅助设备和后台系统开展了大量研究。随着移动互联网的兴起，以及平板电脑、智能手机等智能终端的发展，巡检记录向数字化、电子化方向迁移已是大势所趋。董自兴基于Android平台开发了南水北调江苏段泵站移动巡检和状态监测系统，该系统可实现现场巡检照片的采集、注释，并随同巡检数据一并上传至远程服务器，供后续查询管理。Lin等人开发了用于辅助日常巡检的平板电脑应用程序。徐秋达综合集成GPS、地理信息系统和移动互联网等技术，设计研发了集移动巡检仪、后台管理端、问题发送端于一体的输水工程巡检管理系统，大大提高了现场人员巡检的智能化和数字化水平。

1.2.2.2 检测设备与机器人平台

在通过智能终端和信息系统来辅助人工巡检的同时，国内外学者和厂商也在尝试通过机器人等自动化设备来取代人力巡检。无人机作为近年来广受关注的新型空中检测平台，具有机动灵活、视野开阔和适于高空作业的特点，已被广泛应用于工程巡检、搜救、安全巡视等传统领域。Choi 等人开发了用于结构物外墙裂缝检测的无人机目视巡检系统。Kang 和 Cha 提出了基于无人机的桥梁自动巡检方法，通过在现场部署超声感应器，可有效克服 GPS 信号遮挡对无人机自主巡航的影响。邓荣军在总结高压输电线路巡检作业流程和巡检路径规划的基础上，分析系统的功能，设计了无人机巡线指挥系统，明显提高了巡检效率和效果。彭向阳等设计研发了一套无人直升机多传感器电力线路安全巡检系统，通过机载多传感器进行多源数据的独立与融合处理，实现了对电网线路的安全检测。

除了建筑和桥梁检测、电力巡检和灾后搜救，无人机在大型水利工程日常检测中的应用和研究也屡屡见诸报端和文献。在输水工程方面，Liu 等人采用无人机进行输水渠道和管道工程的全线自动巡航检测，克服了长距离高寒地区人工巡检困难的弊端。除此之外，国内外研究者均对无人机在输水渠道巡检方面的应用进行了探讨和研究。在水库大坝方面，Feng 等人基于无人机平台采集的航拍数据，集成深度卷积神经网络和迁移学习，实现了对大坝混凝土结构裂缝和损坏的自动检测。

无人机可对渠道等开放式结构进行快速的巡检航拍覆盖，却无法对渠内水体水质进行定量、直接的检测和评价，更无法对水下结构的运行状况进行感知。针对上述问题，南水北调工程部署装备了移动水质监测车，以实现紧急情况下的快速巡检响应。孙永平和唐涛介绍了无人自动水质采样船在南水北调渠道工程水质巡检中的应用，该设备借助精确卫星定位和自身传感功能，可替代巡检采样人员进行水样的自动采集、移动巡测、污染源调查追踪、监测数据实时传输等功能。针对水工建筑物的水下检测问题，Roman 等综述了爬行式机器人在管道检测中的应用，对机器人爬行运动机制、常用的无损检测传感设备和技术，以及现场实例应用等 3 个方面展开了具体讨论。Unnikrishnan 等人指出传统接触式机器人可能在检测过程中造成管壁腐蚀介质脱落，进而引发水污染，因此对水下检测机器人的定位导航问题进行了研究，提出了基于计算机视觉的机器人位置姿态估算方法，可有效指示机器人在管道水体中进行移动巡航作业。Painumgal 等人针对运行期输水管道的检测问题，提出了基于水下机器人的管道内壁目视检测（visual inspection）方法，所研制的机器人搭载激光扫描仪、相机等传感器对周边环境进行扫描，获取可用于后期风险识别和安全评价的视觉数据。

1.2.2.3 现有输水工程检测手段的不足

尽管随着智能移动终端和无人机、水下机器人等新型检测平台的涌现，输水工程安全检测的手段和方式取得了一定的进步，但其仍存在以下不足：

（1）无论如何通过移动终端设备来辅助，人工地面巡检仍是一种耗时长、效率低的劳动密集型方式。尤其是输水工程距离长、空间跨度大，沿线环境复杂（如高海拔、严寒），通过人工方式，现场人员不仅难以在短时间内完成对工程全线的巡视，而且难以进入高寒无人区考察穿越渠段的运行状况。

（2）现有的无人机巡检多停留在简单的人工目视检验，而缺乏有效的信息集成机制来直观、快速地调用与巡检对象相关的信息（如安全监测、结构几何尺寸、材质等），以辅助健康诊断与险情评估。

（3）无人机和水下机器人在实现检测自动化的同时，也产生了海量的图像数据，对于这些图像数据，现有手段主要通过人工后处理来从中识别裂缝、边坡破坏等安全风险。然而，人工处理不仅需要消耗大量的时间和人力，而且会受疲劳、检测经验等人为因素干扰，因而往往难以基于巡检图像实现全面、快速、客观的险情识别和安全分析。

1.2.3 常见险情图像识别的发展现状

1.2.3.1 冰情状况图像识别

冰情是指水体在冻融循环周期内所经历的各种物理状态，以及所呈现出的流量、冰盖面积等各种属性特征。对冰情进行监控识别，以及时发现流凌、冰塞等不利工况，是确保寒区输水渠道安全供水的重要前提。根据数据来源和处理对象的不同，现有的关于冰情图像识别的研究可分为两类：一类是基于卫星遥感影像的识别方法；另一类则是基于岸边监控摄像头的近距离图像处理方法。Liu 等人介绍了具有高时空分辨率的卫星数据在冰情观察方面的应用。Unterschultz 等人开展了基于卫星影像的冰情识别研究，证明了合成孔径雷达（synthetic aperture radar，SAR）卫星影像在解封阶段识别冰塞、完整冰盖及明流等不同冰情阶段的潜力。Chaouch 等人提出了基于中分辨率成像光谱仪（moderate - resolution imaging spectroradiometer，MODIS）遥感影像的水体和冰盖自动区分算法。然而，正如 Vuyovich 等人所指出的，基于卫星影像的方法只能在白天和晴朗无云的特定条件下获取数据，受天气状况制约严重。

相较于卫星影像，基于岸边定点摄像头的冰情图像采集更为经济、便捷，因此，大多数工程项目的沿线岸坡上都部署了视频监控系统。Jedrzychowski 和 Kujawski 提出了基于岸边监控摄像头的水面冰封覆盖率自动估算方法。Ansari 等人开发了从岸坡摄录图像中定量提取冰盖面积等特性的自动处理算法。Kalke 和 Loewen 综合应用支持向量机（support vector machine，SVM）和 SLIC 超像素分割，实现了基于图像的表层冰集中度估算。其他基于岸坡监控图像进行冰情识别研究的还包括 Kaufmann 和 Ansari。

然而，当前鲜有针对无人机航拍图像的冰情识别研究。相比于监控探头，无人机获取的航拍图像尺度更大，除了冰情识别所关注的水体外，还包含周边地物、天空等无关背景，这些无关背景的存在可能会对冰情识别造成干扰。从应用场景看，现有研究均是针对河（湖）冰、极地冰块等自然场景，这些场景从研究角度出发主要关注冰情演化规律的定量分析，而对于渠道冰情而言，更关注的则是渠水所处冰情阶段（如明流、冰盖、冰塞等）的定性评价，以便对运行调度进行指导。

1.2.3.2 水面异物图像识别

异物是指由外界侵入，漂浮于河、湖以及人工渠道等水体表面的潜在污染源，如生活垃圾、落叶以及坠车等。现有的异物识别研究主要关注景观湖、市政渠道等水域内的小型漂浮物。雷李义等研究了基于深度学习的水体漂浮物识别及检测算法，对比分析了 Faster R - CNN、R - FCN 和 SSD 等卷积神经网络结构在漂浮水草和漂浮落叶识别检测上的性能，结果表明 SSD 模型的预测精度相对其他模型更高，对于分析的所有神经网络结构而言，漂浮水草的识别准确率均大于漂浮落叶。邓磊等基于设计的水体漂浮物自主打捞船，进行了生活垃圾等水体漂浮物的智能识别判定方法研究，该方法包括超像素分割预处理、特征提取和漂浮物识别等三个步骤，其构建的 BP 神经网络分类模型可在复杂水域达到较好的识别效果。侯迪波等提出了一种基于定点图像分析的河道漂浮物检测方法，其旨在对岸边摄像头所采集的图像进行自动处理，以对漂浮于水面的异物进行识别并发出预警。该方法基于图像配准技术对河道水体部分进行提取，然后基于所提出的邻域块间灰度梯度指标分析对比当前图像与理想图像（无异物）的异同，从而判断出异物存在的可能性和位置。李森浩针对河道、湖泊等水域漂浮的各种生产、生活垃圾，提出了基于特征融合的小型水域漂浮物识别方法，在图像二值分割预处理和特征建模的基础上，采用支持向量机训练了漂浮物识别判定模型，可实现 82% 的检测成功率。

从上述异物识别的研究综述可以看出，现有研究及实践主要集中在人工景观湖、市政渠道等小型水域中漂浮物（如落叶、水草、生产生活垃圾等）的识别，然而，大型输水渠道时常面临的却是周边牧区牲畜闯入、交通事故导致坠车以及外来人员泛舟等大型异物的威胁。由于此类异物与小型水域漂浮物存在尺度和图像特征的区别，现有的识别方法和模型难以直接适用；另外，同冰情识别一样，现有实践多是基于近距离拍摄的小尺度图像，因此鲜有考虑航摄大尺度图像识别的背景干扰问题。

1.2.3.3 边坡破坏图像识别

大型输水渠道边坡一般采用混凝土衬砌形式进行护坡。当发生边坡破坏时，视破坏程度的不同，渠道会表现出不同形式的表层混凝土衬砌破坏，如混凝土开裂、剥落甚至滑坡和塌方等。针对输水渠道的边坡破坏，现有手段主要通过布设于渠道典型断面的压力传感器来监测识别，而尚未有基于机器学习进行图像识别的先例。

在土木工程的其他领域（如房建、公路、桥梁等），针对混凝土结构表观破坏的图像识别研究方兴未艾。Abdel - Qader 等人针对桥梁裂缝和劣化的识别检测问题，开展了快速 Haar 变换、快速傅里叶变换、Sobel 和 Canny 等 4 个边缘识别算法的对比研究，结果表明快速 Haar 变换相比其他 3 个算法可得到最为可靠的裂缝识别结果。Doycheva 等人在中值滤波、顶帽（Top - hat）变换等去噪预处理的基础上，采用小波变换提取路面损伤的图像特征描述值并进行图像识别分类，成功实现了路面损坏图像的实时准确识别。Tanaka 和 Uematsu 通过黑色像素点提取、鞍点检测、线性特征提取和连通处理实现了路表面裂缝的检测。

上述方法通过图像处理的方式进行识别模型的构建，主要适用于数据稀缺的场景；随着近年来深度学习技术的发展和图像数据量的爆发式增长，基于深度神经网络的端到端图像识别研究成为热点。Cha 等人针对混凝土开裂、钢筋腐蚀等图像识别问题，探讨了卷积神经网络（CNN）以及 Faster R - CNN 等技术在桥梁结构健康监测和状态评估中的应用。Gao 和 Mosalam 提出了 Structrual imageNet 的概念，并构建了包含像素级（pixel level）、对象级（object level）和结构级（structrual level）等不同尺度下混凝土裂缝、剥落和结构垮塌的图像数据集，基于此数据集，论文作者结合 VGGNet 和迁移学习的应用揭示了深度迁移学习在结构破坏损伤识别中的可行性。Maeda 等提供了一个由车载智能相机采集的路面损坏大型图像集（共包含 9035 张图像），并使用深度学习技术实现了公路路面损坏的检测、识别和分类。Hüthwohl 等提出了针对钢筋混凝土桥梁破坏的图像识别分类器。

由于输水渠道结构形式的特殊性，其边坡破坏损伤具有不同于房屋、路桥等结构的外观表现形式，因此，现有的混凝土结构破坏图像识别方法难以直接适用。另外，很多研究及实践主要集中在混凝土细观裂缝的识别，其分析对象往往是像素级的小尺度图片，而渠道边坡破坏识别的分析对象则是手持相机、无人机等设备采集的大尺度图像。对于如何处理此类图像中常见的背景干扰问题，很多研究与实践难以提供有效的解决方案和现成的借鉴。

1.2.3.4 水下结构裂缝图像识别

相比于房建、桥梁、渠道边坡等露天结构的损伤识别，水下复杂环境下的结构细观裂缝图像识别更具有挑战性。

由于水下光照条件有限、水体的折射作用以及水体杂质的存在，水下采集的图像往往对比度不高、信噪比低，如何有效克服水下图像的这些不利干扰，进而实现结构裂缝的准确识别是当前结构健康检测和安全评价领域的一大问题。针对此问题，相关学者基于图像处理和机器学习等技术手段开展了研究。Mucolli 等提出了基于局部特征聚类的水下混凝土结构裂缝无监督学习方法。张大伟等人提出了基于最大熵的自适应改进 Canny 算法，用以实现水下大坝裂缝的图像检测。为提高大坝水下图像的清晰度，马金祥等人提出了一种改进暗通道先验的大坝水下裂缝图像自适应增强算法。Fan 等人针对传统水下识别算法精度不高的问题，提出了集成局部和全局聚类的 CrackLG 算法，该算法首先将原始图像分割成彼此互不重叠的区块，然后对图像区块进行局部聚类分析，最后在去噪处理和全局三维特征提取的基础上，通过全局聚类分析获得最终的裂缝区域。Chen 等研究了 BP 神经网络在大坝水下裂缝图像识别中的应用。

从以上分析可以看出，现有文献主要是针对大坝等开敞式结构的水下损伤进行识别，对于 PCCP 管道等全封闭水下结构的裂缝识别则鲜有涉及。由于管道内没有自然光，只能靠人造光源进行照明，此类点状光源下采集的图像往往具有不同于开阔水域图像的特点和性质，因此现有的大坝水下检测识别方法难以适用。关于封闭管道内壁结构损伤识别的研究主要集中在污水管道领域。Cheng 和 Wang 使用深度学习技术，实现了基于闭路电视图像的污水管道内壁损伤自动检测。Su 和 Yang 提出了一种新的基于边缘检测（MSED）的计算机视觉形态分割方法，以辅助检测人员识别闭路电视图像中的管道裂缝缺陷。Hassana 等人开发了基于卷积神经网络的闭路电视视频缺陷分类系统，所训练的卷积神经网络可有效识别污水管道中的裂缝等缺陷。然而，污水管道并非压力管道，因此检测机器人所采集的图像往往并非严格意义上的水下图像，因此，这一方面的研究亦难以为输水管道水下裂缝的图像识别提供直接的参考和借鉴。

综上所述，尽管已有不少相关研究及实践，但长距离输水建筑物水下裂缝的检测在精度、效率、安全等方面还存在不足，主要体现在以下几方面：

（1）已有的检测方法多是在路面或者污水管道放空的无水条件下对建筑物表面进行裂缝检测。然而，长距离输水管道在供水条件下流速较快且无自然光源入射，此类复杂环境下，水下图像会受到镜头晃动、悬浮物及气泡等一系列干扰，导致传统针对水上图像的处理方法难以适用于水下图像的分析识别。

（2）部分检测方法可实现在动水条件下对建筑物进行裂缝检测，但这些方法往往只能对厘米级以上的宏观裂缝进行识别。在实际工程中，长距离输水建筑物内部裂缝的尺寸一般较小——只有亚毫米级，因此，此类方法难以对采集到的图像进行细观裂缝的有效识别。

（3）当前水下裂缝的识别方法无法精确定位图像中裂缝的位置，且存在一定的虚警率，对于误检的图像，若人眼无法直观发现图像中的微观裂缝，考虑到主观视觉与机器视觉的出入，最安全的方法仍是人工实地排查，这样会增加劳动成本和检测费用。

1.3 本书若干理论基础

1.3.1 建筑信息模型简介

各类工程项目（包括输水工程在内）在建设运行过程中会产生大量的数据，这些数据和信息的高效管理有赖于信息模型和系统的支撑。近年来，BIM 技术的发展和应用为长距离输水工程安全信息的有效管理提供了新的技术手段。

1.3.1.1 BIM 概念及特点

建筑信息模型（building information modeling，BIM）的概念最初由乔治亚理工学院的 Eastman 教授为提高建筑工程的管理效率而提出。BIM 技术作为工程技术上的重要革新，可以全面描述建筑工程全生命周期的项目信息，其具有以下优点和特性：

（1）参数化。利用 BIM 可以通过参数化的方式快速地搭建项目模型，提高建模效率。

（2）可视化。BIM 可以展示项目的三维立体实物模型，其不仅是外观模型，还包括建筑物的内部结构。

（3）模拟性。BIM 可以基于仿真技术，模拟工程设计、建设、运维等不同阶段的项目状态发展，实现 4D、5D 甚至 6D 的多维仿真。

（4）协调性。BIM 将项目信息集成在一个数据库和平台中，所有信息对各专业和部门均保持开放，有助于各专业、各工种、各部门之间协调工作，比如可以通过碰撞检查发现结构设计和 MEP 机电设计之间的冲突。

（5）可出图性。基于建立好的建筑物三维模型，可以直接输出生成二维图纸、检测报告，供后续施工和技术交底使用。

（6）可计算性。项目的工程量可以直接通过 BIM 模型计算得出。

（7）信息完备性。BIM 可以通过对模型的属性参数等文字设置来携带工程项目的各类信息，能够有效管理整个工程项目全生命周期各个阶段的信息。

1.3.1.2 水利工程领域 BIM 应用现状

BIM 最先落地并且发展最成熟的场景是房建及建筑领域。水利工程涉及的地形地质条件复杂，各工程项目的个性突出，很难形成统一的行业标准，故 BIM 技术在水利工程行业中的推广应用整体上显得相对滞后。

近年来，随着 BIM 在建筑领域效益的发挥以及互联网技术的发展，水利工程行业开始跟进，投入到 BIM 应用和数字化的浪潮，涌现出了一批诸如加拿大魁北克水电项目这样的典型示范案例。现阶段 BIM 技术在水利工程中的应用主要集中在三维漫游及仿真、深化设计、模型的出图和碰撞检查等几个方面。杨顺群等从规划设计、建造和运行管理三个阶段对 BIM 等数字技术在水利水电行业的应用发展进行了综述。薛向华等以前坪水库为例，分析研究了 BIM 在水利水电工程规划设计、施工建设和运行维护等全生命周期各个阶段的应用情况，结果表明 BIM 能为水利工程全生命周期管理提供数据及技术支撑，提高数据分享的效率，增强建设各方的协同性。张社荣等提出了基于 BIM 和 P3E/C 软件的水电工程进度成本协同实施解决方案，探索了应用 BIM 进行水电 EPC 项目协作管理的新方法，并开发了相应的原型系统，应用案例表明，所提方法可有效直观地指导水电总承包项目的协同管理。张志伟等在工业基础类 IFC 框架下，实现了水电工程信息模型的基本数据描述。

从以上分析可以看出，尽管起步较晚，但 BIM 在水利工程中的推广应用是大势所趋，尤其是水利工程运行周期长，将 BIM 技术运用于水利工程的规划-设计-建设-运维全生命周期的各阶段，能够充分体现其精细化运营管理的价值。

1.3.1.3 动态 BIM 模型

动态 BIM 是在建筑信息模型基础上，结合近年来兴起的工业物联网的产物，该技术在静态的三维模型内集成了温度探头、裂缝计、RFID 等各类传感器动态采集的数据，使得传统的静态模型能够动态地反映建筑物的实时建设和运行状态。将 BIM 等工程三维数字模型与安全监测系统进行集成，构建水利工程安全监测动态 BIM，有助于创新水利工程的安全评估和风险管控方式，使隐患识别与应急响应更直观化、自动化和智能化。此类探索最早发轫于糯扎渡、溪洛渡等数字大坝系统的建设。在数字大坝系统中，安全监测数字化管理子系统将动态采集的安全监测数据集成到大坝三维数字模型中进行直观的展示，实现了风险的自动预测及可视化管理。近年来，刘东海等在长距离输水工程领域首次引入了动态 BIM 的概念，探索了输水工程安全监测系统与工程 GIS（地理信息系统）模型以及 BIM 模型的集成方法，所研发的系统可用于辅助安全诊断和风险评估，提高了长距离输水工程安全管理的精细化水平和效率。

将输水工程 BIM 模型与动态安全监测数据进行耦合，可将与安全监测相关的结构设计信息、机电设备信息等多源数据有效集成，能更好地辅助安全监测及工程决策。

1.3.2 智能机器人技术简介

智能机器人应能够通过自身装备的形形色色的传感器（如视觉、激光、声学、压敏等传感器）来主动感知外部环境，然后基于搜集的外部环境数据和自身状态数据，进行自主分析和规划，最后根据决策目标实现移动、对话、操作、运动等实时反馈和闭环控制。智能机器人的开发和进步有赖于集成电路、传感器技术、计算机、控制论、机械制造、智能算法等多个领域的发展。20 世纪 60 年代末，世界第一台真正意义上的智能移动机器人 Shakey 诞生，该机器人由查理·罗森（Charlie Rosen）领导的美国斯坦福研究所（现在称之为 SRI 国际）研制开发。Shakey 装备了摄像机、三角测距仪、碰撞传感器以及驱动电机，通过人工智能技术，能实现简单的感知、运动规划和控制。尽管略显粗糙且运行缓慢（需要数小时来感知环境并规划路径），但 Shakey 为智能移动机器人的研究开创了一个典范。在随后的数十年中，随着计算机的应用、传感器技术的发展以及智能算法的突破，智能移动机器人的研究掀起了一波波热潮，并开始进行工业应用。智能机器人的研究开发涉及以下关键技术：

（1）多传感器信息融合。多传感器信息融合的目的是指综合来自不同模态传感器的感知数据，以产生更可靠、更准确或更全面的信息。因为不同传感器从不同角度对外部环境进行感知，单独依赖个别传感器的数据难以全面准确描述外部世界，故需要综合多传感数据，以提高感知的准确性和鲁棒性。

（2）导航与定位。自主导航是智能机器人系统的一项核心技术，现有的导航系统可分为视觉导航和非视觉传感器组合导航。视觉导航是利用单目或双目摄像头进行环境探测和辨识，基于 SLAM 等算法对环境进行重构，并确定机器人自身与周边环境的位置关系。非视觉传感器导航是指采用多种传感器（如惯性测量单位、陀螺仪）共同工作，来确定机器人相对初始状态的运动变化和位置姿态。

（3）路径规划。路径规划技术是智能机器人研究领域的重要分支，其目的是基于一定的优化准则（如距离最短、时间最短等），在机器人所处的空间环境中找到一条从起始状态到目标状态并能有效避开障碍物的最优路径。

（4）机器人视觉。视觉系统是自主机器人的重要组成部分，其是机器人的重要感知信息来源，对机器人的智能决策及反馈控制具有基础性意义。机器人的视觉系统一般由摄像机、图像采集卡和计算处理单元组成。

（5）智能控制。智能机器人感知外部世界和进行智能决策的目的是实现反馈控制。随着机器人技术的发展，传统控制理论暴露出缺点，为此许多学者提出了机器人的智能控制系统和理论方法，如模糊控制、神经网络控制、智能控制技术的融合等。

（6）人机接口技术。设计良好的人机接口是智能机器人研究的重点问题之一，其是研究如何使人方便自然地与计算机交流的方法和技术。

对于长距离输水工程而言，由于工程线路长、涉及水工建筑物众多，因此检测任务繁重。采用人工方式进行检测，往往需要消耗大量的人力物力，且难以对极端环境（如高寒无人区和封闭有压管道）下的建筑物进行有效的巡视。无人机、水下机器人等智能机器人的出现和应用有望解决上述问题，并大大提高输水工程的巡检效率。在事先指定巡检路径和有限远程干预的情况下，智能机器人能够通过 GNSS 定位单元、惯性导航仪、加速度计等位置姿态传感器感知自身状态并实时进行姿态和航线纠偏，通过测距仪和视觉传感器可对沿程的障碍物进行提前感知并实现避障操作，在保证自身行驶安全的同时，沿巡检路线采集工程状态视频影像数据，以便后续基于图像识别等计算机视觉技术进行险情自动检测和评估。

1.3.3 大数据与人工智能简介

随着新型检测设备和传感技术的不断涌现，工程师和项目管理人员可轻易获得关于输水工程运行安全状态的海量监/检测数据。这些海量数据的利用和解读有赖于近年来兴起的大数据学科和人工智能技术的应用，以从中挖掘出工程运行状态和潜在险情的有用知识信息，进而指导运行调度和决策制定。

1.3.3.1 大数据的特点

对于"大数据"的定义和特点，不同的专家从不同的领域和视角出发，做出了许多不同的解读。比如，Padhy 从数据存储和管理的角度，认为大数据是大量复杂数据的集合，并且其复杂程度和数据量已经超过传统数据库系统的处理能力。Mayer-Schönberger 和 Cukier 认为大数据技术需要在大的规模和尺度下实践，以创造新的价值（things one can do at a large scale that cannot be done at a smaller one，to create a new form of value）。在众多的概念和描述中，被广为接受的也许是高德纳（Gardner）公司所提出的 3V 特征，即：容量（Volume）、速度（Velocity）和种类（Variety）。

（1）容量大：大数据应具有足够大的体量，以便从中挖掘潜在的价值和信息。

（2）速度快：大数据应具备实时或近乎实时的成批量采集或更新的速度。

（3）种类多：大数据内具有各种类型、格式的数据，这些数据可以是结构化、非结构化或半结构化的。

除了上述 3 个 V，随着大数据技术的演化和人们认识的加深，可变性（variability）、真实性（veracity）和价值（value）等更多的"V"被补充用于大数据的特征描述，并逐渐被大众接受。

大数据分析（big data analytics）的目的是通过统计学、人工智能等方法，从海量数据中发现潜在的模式、规律和有用的知识，以指导商业活动、社会治理、行政管理和设施维护等领域的决策制定。

1.3.3.2 人工智能概述

人工智能（artificial intelligence，AI）的概念在 1956 年的达特茅斯会议上首次由 John McCarthy、Marvin Minsky、Allen Newell、Arthur Samuel 以及 Herbert Simon 5 人提出。人工智能的终极目标是让机器产生智能，进而能够帮助，甚至在某些领域代替人类完成需要认知能力的任务，人工智能的研究涉及哲学、数学、计算机科学、心理学、信息论控制论、神经生理学等多个学科和领域。自 20 世纪 50 年代被提出以来，人工智能的发展历程起起伏伏，经历了几波高潮和低谷，伴随着这个过程的是整个领域主流研究方法的变迁。

早期的人工智能研究寻求通过符号和逻辑来表示人类世界的知识，并用代码写入计算机系统，如此计算机系统便可基于这些逻辑规则进行推理，并完成一些被预先定义、范式化的任务。当时的研究人员坚信此方法可以通往最终的"强人工智能"，并致力于构建包含各类专业知识的领域知识库和关于通用基本事实的常识知识库。然而，这个思路和知识库的构建却遇到了瓶颈，因为在现实中，往往难以基于正式和简洁的规则和语言来描述各类复杂的客观现象，即便能够做到，机器也极有可能从多条知识规则中得到相互矛盾的结论。

基于符号和规则的人工智能系统面临的困境，让人们认识到真正的人工智能应该具备从原始数据和经验中提取有用模式，进而抽象成知识的能力。这是一个基于数据分析的统计学思路，由此形成了人工智能的一个重要分支——机器学习。早期的机器学习算法（如逻辑回归和朴素贝叶斯网络）能够基于数据，自动学习给定特征表示与输出量间的映射关系。然而，此类方法的性能表现严重依赖给定的特征的有效性，而这些特征往往是由研究人员或领域专家设计。在面对复杂的问题时，人工设计特征往往需要消耗大量的时间和精力，而且并不总能达到理想效果。为此，研究人员提出了深度学习和自动编码器（Autoencoder）等表示学习技术（Representation learning），以使 AI 系统能够自动从数据中提取出与识别任务相关的有效特征，进而再建立提取出特征与输出间的映射关系。

近年来，在数据和算力的加持下，以深度学习为代表的人工智能技术得到了迅猛发展。语音助手、智能推荐服务、扫地机器人等人工智能应用已经进入了寻常百姓家，人工智能不再仅仅是科研人员埋头钻研的晦涩名词，而是实实在在落地于我们看得见、摸得着的生活场景。下文将对当前人工智能领域最炙手可热的深度学习技术进行介绍。

1.3.3.3 深度学习概述

深度学习是机器学习的一个分支，是通往人工智能（altificial intelligence，AI）的途径之一。深度学习的本质是对数据特征的学习，它通过对数据的复杂关系进行建模，建立起多层次的深度神经网络结构，能够利用多个隐含层从大量原始数据中学习提取内在的特征，进而建立模型以实现对数据的表达。

传统的机器学习方法（如 logistic regression、Naïve Bayes 和浅层感知机等）需要人工手动设计与任务相关联的表示（representations）或特征（features），再由计算机算法去学习这些特征与目标输出之间的映射关系。然而，手动特征提取费时费力，且对于现实场景中的很多复杂任务，有用的特征并不总是已知的，面对此困境，一个显而易见的方法便是设计一种算法，让计算机不仅能学习特征与输出间的映射关系，还能自动从原始数据中发掘提取与任务相关的有用特征。深度学习便是这样一种将原始数据直接映射到目标输出的"端到端（End - to - End）"的机器学习模型，其使得计算机系统能够通过嵌套的层次概念体系和大量的经验学习，从原始数据中抽象出高层次的语义特征和概念，进而实现具有高鲁棒性和强泛化能力的性能表现。

深度学习的历史可追溯到 20 世纪 40 年代，它的形成和发展经历了三个浪潮，分别是：20 世纪 40 年代到 60 年代的控制论（cybernetics）、20 世纪 80 年代到 90 年代的联结主义（connectionism）以及 2006 年至今的深度学习。深度学习的概念由加拿大多伦多大学教授 Geoffrey Hinton 于 2006 年正式提出，自那以后，在高性能计算机和海量数据的推动下，深度学习迎来了全面的复兴、发展和广泛的应用。2012 年，深度学习在语音识别上取得重大突破，谷歌公司将深度学习用于海量数据的学习，微软推出了基于深度学习的同声传译系统。同年，Hinton 将深度学习应用于 ImageNet 图片分类问题，在图片识别领域取得了重大进展。2014 年，在 ImageNet 计算机识别竞赛上，深度学习模型以其自身的优势在多种算法中脱颖而出，取得了最好的识别效果。2016 年，谷歌公司推出的 AlphaGo 在围棋比赛中击败世界冠军李世石，使得其所依托的深度学习技术得到了更多人的关注。为促进深度学习的发展和落地，我国的百度、腾讯、京东等公司纷纷成立了深度学习研究院，随着深度学习技术的影响力不断扩大，其已广泛应用于图像领域、语音识别、计算机视觉、数据分析、环境预测等领域。

经过多年的发展，深度学习已经发展演化出了多种不同算法，包括多层感知器（multilayer perception，MLP）、卷积神经网络（convolutional neural network，CNN）、受限玻尔兹曼机（restricted boltzmann machine，RBM）、深度信念网络（deep belief network，DBN）、循环神经网络（recurrent neural networks，RNN）等。

1.3.3.4　大数据与人工智能的关系

人工智能的发展离不开大数据的支撑，可以说近年来人工智能（尤其是深度学习）的蓬勃兴起离不开大数据的快速收集和管理。大数据的存在为机器学习模型提供了大量可用的训练样本，使得深度网络的训练、调试和校准成为可能。比如，对于图像识别任务，相应的分类卷积神经网络往往具有成千上万的参数个数，如果没有大数据支撑，具有如此大规模参数的网络训练是不可想象的。反过来，人工智能为大数据提供了有效的分析工具，通过人工智能算法和模型，可以从大数据中发现人工难以处理和发现的潜在的规律和知识，进而指导人们更好地认识各种自然和社会现象，并辅助管理人员进行决策制定。

1.3.4　计算机视觉概述

计算机视觉的目标是让计算机或机器学会处理并理解摄像机、热成像仪等各类视觉传感器采集的图像和视频信息。这里所谓的理解图像信息包括识别、跟踪和量测等任务，也就是说计算机不仅需要像人类一样通过视觉图像理解识别出场景内的对象的语义信息，还需要学会对对象进行追踪，并通过摄影测量等原理理解场景的三维透视和空间布置。与计算机视觉密切相关的 3 个领域是图像处理、模式识别和图像理解，下面对这 3 方面进行简要介绍。

（1）图像处理。图像处理技术通过对图像的一系列处理，以对原始图像进行转化，最终输出希望得到的结果。比如，通过平滑处理可去除图像或照片上的噪声，使得图像更平滑；通过锐化处理可提高图像的对比度，增强并突出图像的细节，以便于人员查看或后续利用计算机进行图像识别和场景理解。

（2）模式识别。模式识别又称为图像识别，是指从原始图像中提取抽象出相关特征，进而让计算机对图像中的场景、对象进行识别分类。例如，文字、指纹和人脸识别等。模式识别不仅包括对整张图像的整体对象的识别，还包括对图像中的某些部分进行区域分割、提取和分类。

（3）图像理解。图像理解是指给定一幅图像，计算机程序不仅需要描述图像本身的表层意思，还需要去描述和解释图像所代表的深层语义信息和场景的意义。图像理解除了需要复杂的图像处理以外，还需要具有关于对象场景物理规律的认识以及与对象内容的相关先验知识。

在输水工程运行管理过程中，尤其是应用先进机器人检测技术后，会产生大量关于工程运行状态的图像和视频数据。运用计算机视觉尤其是图像识别（模式识别）技术，实现输水工程图像数据的自动批处理，通过支持向量机和卷积神经网络等人工智能算法的应用，可从海量图像中自动检测出滑坡、冰塞、污染和裂缝等结构破坏和运行险情，有利于提高工程安全管理的精细化水平和对险情的识别预见能力，进而为应急响应和决策制定提供依据。

1.4　本书内容及总体框架

针对智能时代下输水工程运行安全管理面临的挑战和不足，本书在回顾前人工作和综述国内外相关发展现状的基础上，对输水工程安全监测智能分析与险情智能识别的理论方法进行深入的探讨，论述了分布式监测系统、无人机、水下机器人、数据挖掘、建筑信息模型和图像识别等新兴技术在输水工程智能化安全管理、健康分析与风险识别中的应用。本书内容及总体框架如图 1.6 所示，本书结合监测和检测两种基本手段，分析了当前输水工程安全运行相关领域的现状，在介绍相关理论基本原理的基础上，从"安全监测智能分析""空中无人机智能巡检"和"水下机器人智能检测"三个维度探讨了输水工程运行安全的智能化管理方法。

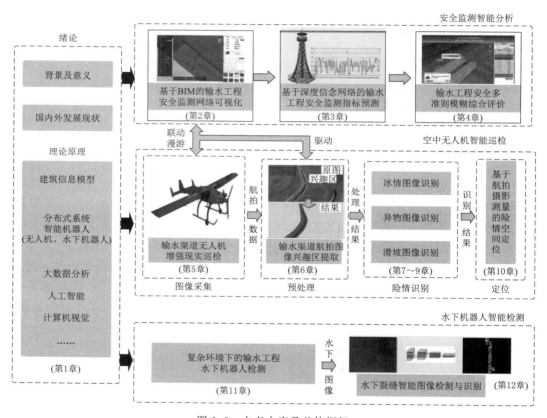

图 1.6 本书内容及总体框架

（1）耦合 BIM 的安全监测智能分析。基于输水工程现有的分布式安全监测采集系统，综合采用 BIM 技术、数据挖掘技术、智能算法和模糊理论等实现安全监测的智能分析与安全评价。首先，针对现有安全监测信息管理直观性差、协同共享效率低、数据集成广度不够的问题，介绍基于输水工程 BIM 模型对动态安全监测信息进行网络可视化集成，构建输水工程安全监测动态 BIM；然后，利用深度信念网络（deep belief network，DBN）对安全监测系统采集的长时间序列数据进行分析处理，以对安全监测指标短期内的未来发展趋势进行预测预报；最后，结合 D-S 证据理论，提出基于多种评价准则的输水工程运行安全状态评价方法，为辅助输水工程的运行调度和安全管理提供科学依据和决策支持。本书第 2～4 章将对上述内容进行深入介绍。

（2）空中无人机智能巡检。针对人工巡检效率低、个别地区交通不便的问题，采用无人机对输水渠道进行空中智能巡检，从"巡检航拍采集—动态 BIM 耦合—图像预处理—险情智能识别—险情定位"的全流程出发，深入探讨长距离输水渠道无人机巡检与险情识别的理论方法与应用。为在航拍巡检过程中快速、直观辅助安全评估和决策分析，提出耦合动态 BIM 的无人机增强现实巡检方法，通过动态 BIM 与巡检航拍视频的参数匹配算法，实现工程动态 BIM 与航拍视频的联动漫游，进而利用动态 BIM 对无人机巡检进行虚实信息的增强；提出 BIM 驱动的输水渠道航拍图像兴趣区提取方法，利用位置、姿态等地理标签信息，进行 BIM 三维注册渲染，进而指示航拍图像兴趣区提取，为渠道险情的图像识别提供预处理手段；基于兴趣区提取预处理结果，综合采用特征工程、超像素分割、支持向量机等技术进行冰塞拥堵、异物入侵、边坡破坏等三类渠道险情的图像识别；最后，基于摄影测量学原理和无人机的位置姿态信息，对识别出来的险情进行空间定位和面积等几何特征的估算。本书的第 5～10 章将就上述内容展开深入阐述。

（3）水下机器人智能检测。对于 PCCP 等水下结构的损伤破坏，现有安全监测和无人机巡检均难以进行全面、有效的检测识别。为此，可利用水下机器人进行 PCCP 管道等水下结构的检测，通过计算机视觉、同步建模与定位（simultaneous localization and mapping，SLAM）、惯性导航等多源传感数据融合实现机器人的高精度定位和自主导航；对于机器人光学相机采集的水下图像，通过匀光处理、图像修复和增强算法进行预处理，进而提高图像数据的信噪比，最后，利用卷积神经网络和 OTSU 算法对预处理后的图像进行裂缝的识别与定位。本书第 11 章、第 12 章将对水下机器人的输水管道检测技术进行概述，并深入阐述基于深度学习的水下裂缝图像识别方法。

上述框架综合集成监测和检测的优势，从"天上无人机巡检、地面安全监测、水下机器人检测"三个不同视角对输水工程的运行状态和安全险情进行分析诊断和识别，深入阐述输水工程安全监测智能分析和险情图像智能识别的理论方法与技术及其工程应用。本书所述理论方法与技术可实现多源信息辅助下集安全监测-动态 BIM-天地水耦联-智能识别于一体的运行安全评价、虚实信息增强与险情快速溯源，有助于避免单纯依靠单一维度信息所带来的局限性，克服传统安全监测管理低效、数据挖掘不充分、人工巡检困难和险情识别滞后的弊端，为输水工程的运行管理、安全诊断和险情识别追踪提供了高效智能的技术手段。

第1篇

耦合BIM的安全监测智能分析

第 2 章

基于 BIM 的输水工程安全监测网络可视化技术

2.1 引言

　　长距离输水工程沿线涉及的地域较广，沿程输水建筑物及各类设施种类复杂，数量繁多，沿途和河流、公路、铁路交叉处存在许多穿越设计，对输水工程进行安全监测是保证结构安全和正常供水的重要手段。自动化监测技术的逐渐成熟大大提高了数据采集效率，缩短了数据采集周期，但也产生了海量的安全监测信息，如何处理海量监测数据，提高可视化表达效果，实现安全监测数据的高效管理与直观分析成为亟待解决的问题。传统安全监测厂商提供的管理软件一般仅停留在对监测数据的简单统计分析、列表查询和报表输出，并没有结合测点实际空间位置直观地对监测数据进行展示，可视化程度低，难以实现对数据的高效管理，更难以在险情发生时快速、直观地指示报警位置。

　　近年来，在新兴计算机图形技术和强大的显卡计算能力的推动下，一些工程项目开始探索结合三维模型将可视化技术运用到安全监测管理中。然而，现有研究多是基于 3D Max、CATIA 等建模软件创建工程枢纽的三维形体模型，这些模型偏重表观造型，数据承载能力较差，多仅限于和安全监测数据的集成，而难以与建筑构件的结构设计、机电设备、几何尺寸等多源信息进行更大广度的集成。BIM 的出现为解决上述问题提供了新的思路。作为项目建设和运行管理的可视化信息模型，BIM 有效集成了工程三维几何模型和项目全生命周期中的多源信息，其与一般的可视化技术相比具有建模参数化、信息完备性、专业协调性等优点。将输水工程 BIM 模型与安全监测、水质抽检、现场照片等动态信息进行集成，构建输水工程安全监测动态 BIM，进而实现网络环境下发布，可有效增强安全监测信息在不同工种、不同部门间的协同共享，提高管理效率，并利用 BIM 场景的可视化环境和多源信息直观辅助决策。

本章对基于 BIM 的输水工程安全监测网络可视化技术进行了探讨。首先对比常用 BIM 软件平台各自的优势和特点，确定选用 Autodesk Revit 进行输水工程的 BIM 场景建模。接着，介绍建模过程中"族"的相关概念和运用，以钢管族为例介绍族的基本构建过程。然后，介绍输水工程 BIM 建模方法，建立 BIM 模型与动态安全监测信息间的耦合映射关系，构建输水工程安全监测动态 BIM，进而实现动态 BIM 模型的网络三维可视化。结合工程实例，具体展示输水工程 BIM 模型的建模过程和网络环境下安全监测动态 BIM 的实现情况，验证所提出的基于 BIM 的安全监测网络可视化管理方法的有效性。

2.2 BIM 软件平台选取

BIM 技术的应用需要依托软件来完成，工程项目中不同阶段和参与方会依托不同类型的专业软件，所以 BIM 技术的应用涉及多个不同类型甚至不同厂商的软件。目前，国内主要应用的 BIM 软件有 Autodesk 系列和 Bentley 系列等，图 2.1 列出了工程项目各阶段的常用软件。

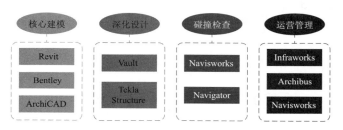

图 2.1 常用的 BIM 软件

除了图 2.1 所示的软件，在 BIM 项目应用过程中还常涉及一些其他的工具类软件，如 Dynamo 在异形体建模方面有独特的优势，Rhino 适用于体量建模，Solibri、Innovaya 适用于造价管理，还有一些软件如 3D max、Lumion 可以在动画制作、模型渲染、结构分析等环节使用。国内根据专业需求和应用特点也开发了一些国产 BIM 软件，如 PKPM 常被用于结构分析，广联达常用于核心建模以及造价管理，鲁班可用于造价分析和模型碰撞检测。

Revit 是由 Autodesk 公司推出的 BIM 建模软件，包括建筑（Revit architecture）、结构（Revit structure）和机电（Revit MEP）系列，常用于国内工民建领域。Revit 软件使用参数化建模的方式，依靠参数为变量建立构件模型，能够实现三维模型的精确设计。本章采用 Autodesk Revit 作为建模平台，通过参数化的方式建立渠道、PCCP 管等主要输水工程建筑物的 BIM 模型。

2.3 输水工程 BIM 构件库建立

2.3.1 族的概念及类型

在 Revit 建模过程中，"族"是一个重要的概念，是构成项目的基本构件，也是参数信息的载体。Revit 中的模型都是基于"族"建立的，使用构件族进行建模，有助于工程项目数据参数的管理和修改，大大提高了设计效率。一个族的不同图元可以根据设计需要定义成多种类型，设置形状、材质、尺寸等参数变量，分别对应的不同数值。族中的每一种类型都由对应的图元和一组参数表示，这组参数称为族类型参数。根据项目需要对族类型参数进行创建和修改，可以使族的图元带有各类参数及信息。

根据使用方法和用途的不同，Revit 中常用到的族可以分为以下 3 种类型：

（1）系统族。系统族是 Revit 软件在项目中已经预定义的族类型，系统族只能在项目中进行创建和修改，不能作为外部族样板文件载入项目，但是可以在项目之间复制、粘贴或传递。

（2）可载入族。Autodesk Revit 提供了族编辑器，通过选择系统提前设定的族样板文件来创建所需类型的族，并根据项目的需要设置族的各类型参数，这种使用族样板在项目外创建的族可以载入到项目中，故称为可载入族。在项目外创建的可载入族是扩展名为".rfa"的族文件，其属性具有高度自定义的特征，所以常被用于系统族属性不匹配的情况。

（3）内建族。内建族也是不同于系统族的新建族类，但与可载入族不一样的是，只能在当前项目中使用，不能应用于外部项目。

2.3.2　族的属性及设置

BIM 模型可以携带大量信息，通过构件属性的设置可以添加形状、材质、尺寸等参数变量，运用到后期运行管理阶段。在 Revit 中，构件族有类型属性和实例属性两种类型，类型属性指同一类构件都具有的并且取值相同的属性，可以在族编辑器里进行设置修改，将设置类型属性的族文件载入到项目文件后，修改一个构件的类型属性值后，属于同类族的其他构件该项类型属性值也发生相同的变化。实例属性指某个指定构件的属性参数，可在项目文件中族的属性面板进行查看。当实例属性的数据值发生变化时只影响当前选中的构件，其他构件的属性值不会改变。

工程项目中，描述对象的属性有很多，以输水工程中的监测仪器为例，包含尺寸、材质、类型、安装位置、制造商等多种信息，这些信息可以通过属性值来体现。在 Revit 族编辑器里，可以在"族类型"对话框中修改添加类型属性，族类型对话框如图 2.2 所示。在族编辑器中对构件的模型进行尺寸标注后，将尺寸标注添加到类型属性中，并为尺寸标注赋予实例参数信息，后期族文件载入工程项目中，可以通过调整每个图元的实例属性值，控制模型的轮廓形状，实现参数化建模。对于安装高程、日期以及生产厂家等族样板中没有的属性，可通过在族编辑器中添加文字属性的方式加入相应的属性名称。将保存的族文件载入项目后，能够在项目中对不同图元的具体信息进行添加描述。

2.3.3　输水工程族的构建

输水工程（如渠道、管道等）跨越区域范围大，存在纵坡、弯道、渐变等结构型式，与房建等其他建筑结构差异明显，单纯靠 BIM 软件提供的系统族难以刻画上述特征，且无法对其材质、属性等参数进行定制表达，故有必要建立适应于输水工程特点的构件族库。构建输水工程的构件库首先要对工程项目的构件组成进行分析，对构件库进行分类管

图 2.2 族类型对话框

理,将不同类型的场景元素采用合理的方式组织在一起,进行发挥 BIM 软件参数化建模的特性,提高建模效率。

2.3.3.1 输水工程构件库的组成

如图 2.3 所示,输水工程构件库可以分为线性工程、附属建筑以及监测仪器 3 种类别。

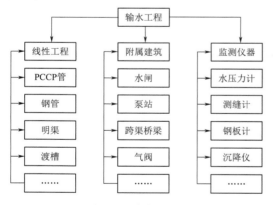

图 2.3 输水工程构件库组成

由于 PCCP 管和明渠等结构需根据工程项目实际情况确定,且要精确地体现结构形态及材质,Revit 自带的系统族难以满足上述需求,因此需要针对此类线性工程自主建立额外的可载入族。对于水闸、泵站、跨渠桥梁和气阀等附属建筑可用 Revit 中已有的可载入族,在项目中载入后选择正确的构件类型并调整结构尺寸即可。对于各类安全监测仪器,由于其外观特征和内部结构并非输水工程安全管理关注的重点,因此采用符号化的方式进行建模,采用不同形状和颜色的模型来区分不同的仪器类型。

2.3.3.2 输水工程可载入族的构建方法

创建各类可载入族的常规步骤基本相同,具体流程如图 2.4 所示。根据该图所列的基本步骤,以钢管族为例说明具体的构建方法(图 2.5)。

(1)选择"公制常规模型"作为样板文件。

（2）从待建模线性建筑物（如钢管）的几何样貌出发，构思模型构件的结构，根据结构变化的位置绘制参照平面及参照线。

（3）几何形状及几何体创建。利用族编辑器里"拉伸""融合""放样""旋转"及"放样融合"等命令，创建模型的三维形态。由于管道等线性工程横截面一般都具有相同的几何形状，在绘制出放样的路径和轮廓线后，便可自动放样生成线性建筑的几何体模型。

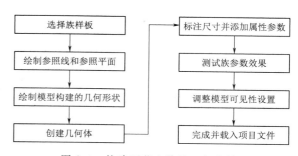

图 2.4 构建可载入族的一般步骤

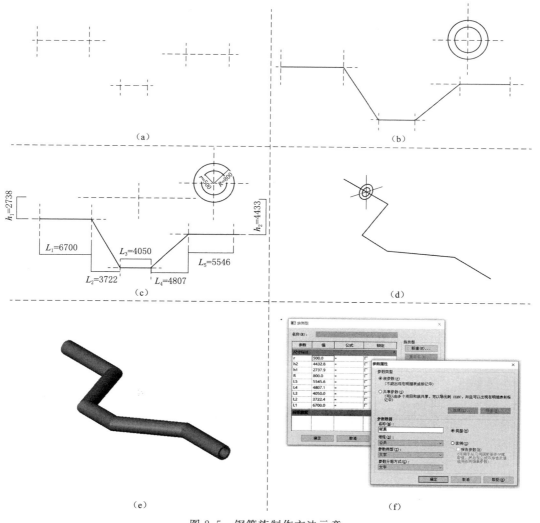

图 2.5 钢管族制作方法示意

（4）标注尺寸并添加属性信息。将绘制好的结构节点约束锁定在建立好的参照平面上，并把尺寸标注添加到族类型属性中，同时添加所需的材质和文字类信息。钢管族尺寸约束有 L_1、L_2、L_3、L_4、L_5、h_1、h_2、r 以及 R，如图 2.5（c）所示。

（5）测试族参数效果。改变尺寸约束的数值，建立的钢管三维模型发生相应的改变，说明族类型参数设置成功。

（6）通过属性面板调整模型可见性，保存为 ".rfa" 族文件，导入项目文件中即可使用。

2.4　输水工程 BIM 建模方法

2.4.1　输水工程 BIM 场景构成分析

输水工程的 BIM 场景既要直观展现工程重点部位信息，又要尽可能精简，以缩小模型体量，便于在不同平台和部门间共享。根据上述原则，确定了"主体结构和安全监测为主、周边地形为辅"的建模方案，即：精细构建工程主体结构和对风险评估有重要作用的安全监测的 BIM 模型，并辅以周围地形元素的粗略建模。

基于上述建模方案，对输水工程 BIM 虚拟场景的元素构成进行了分析，确定输水工程 BIM 场景应包含如下 4 方面的元素：

（1）线性工程：明渠、钢管、PCCP 管、隧洞、渡槽等长距离线性输水建筑物。

（2）附属建筑：水闸、跨渠桥梁、气阀、蝶阀、水泵等附属建筑物。

（3）安全监测布置：渗压计、测缝计、沉降仪和钢板计等布置于输水工程典型断面的各类监测仪器。

（4）周边地形：体现输水工程沿线区域地形起伏和周边环境。

2.4.2　输水工程 BIM 建模

上述对输水工程 BIM 场景元素构成的分析，将 BIM 场景分为了线性工程、附属建筑物、安全监测布置以及周边地形 4 类。根据 2.3.3 节的方法完善项目构件库后，即可对输水工程三维虚拟场景进行 BIM 建模。采用 Autodesk Revit 创建一个新的项目文件时，首先要选择项目样板，软件中默认的样板类型包括构造样板、建筑样板、结构样板和机械样板 4 类，不同的项目样板在单位、线性、构件显示等方面有一定的区别，选用建筑样板来对输水工程进行建模。

2.4.2.1　Revit 坐标系

输水工程各元素和建筑物需要按照实际坐标集成在一起，下面首先对 Autodesk Revit 软件的项目坐标系进行讨论。

Autodesk Revit 项目坐标系的定义涉及项目基点（project base point）和测量点（survey point）这两个概念。项目基点是项目文件的基准坐标点，相对参考坐标的原点，用来表示和模型的相对位置，所有项目文件中的对象坐标都基于该基准点。通常情况下，可以选用项目轴网的某个交点作为项目基点。测量点是项目在世界坐标系中实际测量定位的参考坐标原点，通常用来定义项目在世界坐标系中的位置，当链接到主项目文件时，各子文件的测量点需要彼此重合。当项目基点位置发生改变时，项目基点和建筑物的相对位置不变，但建筑物相对测量点的坐标会发生相应变化，如图 2.6 所示。在图 2.6（a）中，测量点和项目基点重合，构件左下角特征点的坐标为（N4，E5），图 2.6（b）移动项目基点，项目基点的坐标为（N1，E1），此时构件左下角特征点的坐标变为（N5，E6），由此可见，构件和项目基点的相对位置并未发生变化。

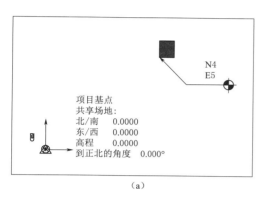
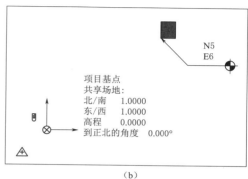

（a）   （b）

图 2.6　测量点及项目基点与构件的位置关系

2.4.2.2　线性建筑物建模

由于输水工程的特殊性，需要单独针对输水工程不同类型的线性建筑物建立相应的可载入族。在 Revit 族样板中建立明渠、隧洞等的横断面，通过放样功能可以将建筑物轮廓沿轴线放样而形成一段明渠或隧洞构件，断面变化区域采用"融合放样"的功能在变化前后界面间建立构件，设定构件的几何信息和材质等属性信息，并保存新建的族样板。根据工程需求，设定项目基点和测量点，确定项目坐标系；绘制项目标高、轴网，确定构件的放置位置，为后续建模提供框架。

将建好的线性建筑物可载入族导入项目中，通过项目中设置的定位轴网可确定构件位置，将不同材质不同走向的建筑物在项目中拼接，通过设定几何参数信息可以修改模型的尺寸，实现管道、明渠等线性建筑物的参数化建模。最后，通过属性的添加和修改，输入线性工程构件的基本属性信息（如构件类型、施工单位、几何尺寸、混凝土等级等）。

2.4.2.3　附属建筑物建模

利用 Revit 中"墙""柱""板"等构件在项目中搭建房屋类建筑物的模型（如水闸、泵站等）。气阀、水泵等机械设备在族样板中制作出其外形，不涉及其精细的内部结构，在项目中放置于已建好的建筑物中。进人孔在族样板中建立，在项目中已建好的建筑物上添加构件即可。最后，通过属性面板对附属建筑物构件的各类属性信息进行定制添加。

2.4.2.4　安全监测建模

因为监测仪器内部结构并非本章关注重点，因此采用符号化的方式进行建模。对于不同类型的监测仪器，在 Revit 中设定相应的类型属性，并用不同的三维形状和贴图颜色进行建模，将建好的安全监测仪器模型，按照其实际安装坐标放置到 BIM 场景的相应位置。最后，修改监测仪器模型的属性，添加构件的基本信息，如仪器厂家、仪器规格、安装日期、安装状态等。

2.4.2.5　周边地形建模

Revit 中地形属于场地建模，因此建模方法区别于上述各类建筑物和监测仪器的建模步骤。首先，在 GoodyGIS 软件中通过经纬度确定目标区域位置，使用矩形工具绘制出需要的范围，提取高程数据并绘制等高线，保存为 ".dwg" 文件。在 Revit 中导入地形 ".dwg" 文件，通过体量和场地选项卡下的地形表面工具，可以根据等高线创建出地形表面。创建完地形表面后，为使地形显示效果更加逼真，并利用周围环境辅助位置判断，在得到的地形面上进行卫星影像贴图。

图 2.7 表示了地形建模过程，其中图 2.7（a）为 Revit 中导入的等高线，图 2.7（b）为利用等高线生成的地形表面，图 2.7（c）展示了使用 "建筑地坪" 功能将地形表面变成有一定厚度的壳体，图 2.7（d）为对地形表面某部分开挖后效果（用于埋管等建筑物的建模），图 2.7（e）为进行卫星贴图后的地形表面效果。

图 2.7　地形建模过程示意

2.5　输水工程安全监测数据构成

从狭义上讲，安全监测数据专指由输水工程安全监测自动化采集系统定期远程采集的各类传感器数据；从广义上讲，该概念则包含了通过各种手段采集的，与输水工程运行安全密切相关的各类数据。本章采用了 "安全监测" 的广义概念，通过梳理，其涉及的数据构成如下：

（1）安全监测自动化系统采集的相关数据。安全监测自动化系统采用分布式技术，通过部署于工程现场的各类传感器（如钢板计、测缝计、沉降仪和渗压计等）对指定监测项目进行信号采集。采集到的数据原始信号经由集线箱内的微控制器就地处理，转换为数字信号，进而通过光纤网络或移动通信网络回传至后方的服务器。通过此类安全监测系统采集的监测指标包括裂缝开合度、外（内）水压力、钢管应变、沉降等。

（2）例行人工巡检所采集的相关数据。尽管自动化系统可对工程重点部位的特点监测项目进行远程数据采集，但却无法全面获取工程全线的安全状况及水质水量等其他指标。因此，实行例行人工巡检，以对安全监测无法覆盖的区域和项目进行检测，仍是全面、准确评估工程安全状态的重要手段。通过人工巡检方式采集的数据包括水质水量数据、现场照片以及巡视记录表等。

对上述安全监测数据进行有效的组织管理，并通过直观、可视化的方式呈现给用户，对于辅助安全评估、风险识别和决策分析具有重要的促进作用。为此，后文探讨了基于 BIM 的安全监测网络可视化方法，构建了输水工程动态 BIM 模型，以提高海量监测数据管理的效率和直观性。

2.6　输水工程安全监测动态 BIM 构建

动态 BIM 技术利用 RFID 射频感应器、温度探头、应变计等各类传感器对项目建设及运行的状态数据进行动态采集，并基于 BIM 模型实现数据的集成、分析和表现，使得传统的静态模型能够动态地反映建筑物的实时建设和运行状态，有助于数据的快速调用和直观理解。工程安全监测动态 BIM 是动态 BIM 技术在输水工程领域的扩展应用，通过安全监测系统与 BIM 模型的集成，其有望提高监测数据管理的效率和直观性，进而辅助快速安全诊断。

安全监测动态 BIM 的构建是通过数据库表与 BIM 元素的关键字段映射实现的，如图 2.8 所示。采用关系型数据库 MySQL 存储应变、裂缝开合度、沉降等自动化监测数据及监测传感器的基本信息（如类型、安装时间、埋设位置等）；以文件的形式存储现场照片、巡视记录等例行巡检信息，只在数据库中保存文件路径的索引。在 BIM 模型中，每个构件元素都有唯一的 ID 编号，运用该 ID 编号与上述安全监测信息关键字段相映射，便能实现动态安全监测信息与静态 BIM 模型的关联，进而实现动态 BIM 的构建。图 2.8 左侧为数据库结构的实体-联系图（entity relationship diagram，ERD）。ERD 由美籍华裔计算机科学家陈品山（Peter Chen）发明，是概念数据模型高层描述所使用的模式图。

自动化监测数据由布置于工程沿线的监测传感器定期采集，被直接映射到 BIM 内的安全监测仪器模型上。如图 2.8 所示，sensor - bim 表格建立了 BIM 场景里监测传感器模型的 ID 号（sensor_model_id）与传感器实际代号（sensor_code）间的一一对应关系，通过表格间的主外键引用，当用户点击传感器模型时，利用获取的 sensor_model_id 便可索引到存储于 sensor_info 表中的传感器信息和存储于 sensor_data 表中的监测数据。

在工程运行管理中，日常巡线、质量检测（如水质、结构状态）等活动往往以区段（section）为单位，故检测数据、现场照片、巡检记录等现场巡检数据面向的对象为工程区段。在图 2.8 中，section - bim 表格定义了工程各个区段（section_id）与 BIM 场景的基本构件元素（element_id）间的隶属关系，即某一区段由哪些构件组成。section_id

作为 section - bim 表的外键引用 section _ info 表，进而关联到检测数据、现场照片和巡检记录等数据。巡检记录和现场照片以文件的形式保存，只在数据库中记录存放路径、所属区段等元数据，另外，inspect _ data 表和 insitu _ photo 表设置了存储采集位置的字段（pos _ lon，pos _ lat 和 pos _ alt）。通过上述映射关系，当用户点击某区段内的任意构件（包括传感器），便可查询到相应属性信息，并可在 BIM 场景中可视化地指示数据采集位置（如照片采集位置）。

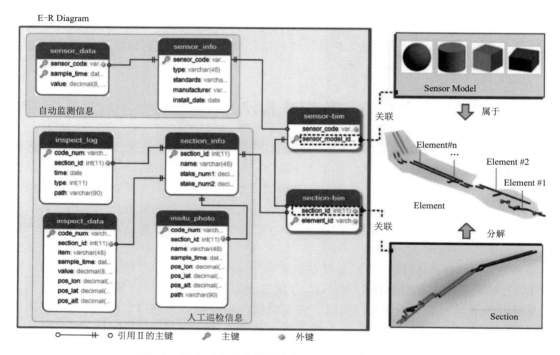

图 2.8　输水工程安全监测信息与 BIM 的动态映射模型

2.7　安全监测动态 BIM 的网络三维可视化

在构建好动态 BIM 后，实现该模型在网络环境下的可视化发布，可使工程参与各方能够随时随地访问、查看相关信息，有助于提高信息共享和调用的效率。

传统的基于桌面的 BIM 往往由一个或多个体量庞大的文件构成，并且需要专业建模人员进行相关分析操作和信息调用。这无疑给模型在不同部门、不同工种间的协同和基于 BIM 信息的管理决策带来了困难。对于输水工程安全管理而言，该问题更为突出：一旦险情发生，管理人员往往需要在最短时间内，以最便捷直观的方式调取相关信息来辅助分析。然而，桌面 BIM 模型由于其庞大的体量、复杂的部署流程和繁琐的操作，难以满足该需求。在意识到桌面 BIM 对于信息共享和辅助决策的不便性后，学界和产业界对基于 Web 的 BIM 网络可视化发布进行了广泛而深入的研究。早期的研究主要基于组件对象模型（component object model，COM），利用 ActiveX 控件实现 BIM 模型在浏览器端的加载、渲染和显示，如 Liu、杨文和马洪琪。由于需要加载控件，该方法在使用便捷性和跨平台兼容性上仍有待改善。

近年来，浏览器性能和互联网技术的迭代更新（如 HTML5、JavaScript 等技术出现）为无控件植入的 BIM 网络发布创造了条件。其中比较有代表性的技术为 WebGL（Web graphics library），其为基于浏览器端的三维图形交互渲染引擎，可利用客户机的图形处理单元（graphics processing unit，GPU）来加速图形渲染，进而增强网页三维展示的流畅性。WebGL 技术是一套 JavaScript API，不需要浏览器插件，可以解决硬件加速技术的不足，能够实现 BIM 模型在 Web 浏览器的三维渲染问题。当前绝大多数浏览器均支持 WebGL，开发人员只需用 JavaScript 代码调用封装好的 API 即可实现复杂的三维展示功能，克服了传统方法对 ActiveX 控件的依赖。

Three.js 作为一款 JavaScript 编写的 WebGL 第三方库，提供了非常多的 3D 显示和交互功能。当前主流的浏览器端 BIM 渲染解决方案，如 Autodesk Forge、广联达协助、Dalux BIM Viewer 等，都是基于 Three.js 进行二次开发的成果。其中，Autodesk Forge 是提供给开发者的云平台，提供了一系列的 API，通过调用这些 API 能完成身份验证、文件上传、模型格式转换等功能。Forge Viewer 是由 Autodesk 公司提供的 Three.js 框架的高级封装，是一个基于 WebGL 的网页端模型查看器，它与 Revit 建立的 BIM 模型之间有良好的数据接口，可以在线浏览 ".svf" 格式的三维模型，具备模型场景浏览、图层控制、信息查询等功能。

可采用 Autodesk Forge 作为 BIM 模型的网络可视化发布方案，如图 2.9 所示。首先，将 Revit 建立的 BIM 模型上传至 Forge 平台，调用云端的 Model Derivative API 对模型进行解绑和转换等轻量化处理。由于 BIM 模型体量庞大，直接在网络环境下传输和加载将耗费大量时间，故需通过轻量化处理对原始模型进行剪裁切分，转换为体量较小、适于网络传输和浏览器显示的文件集。模型经过轻量化处理后，由原来的 ".rvt" 格式转化为 ".svf" 格式。然后，通过 Viewer API 实现轻量化 ".svf" 模型在 Web 端的交互渲染和功能定制。基于该方案，实现了输水工程动态 BIM 的网络可视化发布，使得工程人员可随时随地通过 Web 浏览器对工程安全信息进行查询和管理（图 2.10）。

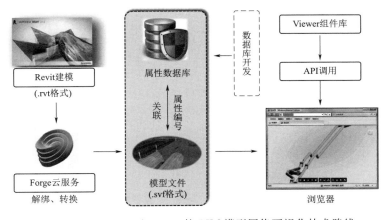

图 2.9　基于 Autodesk Forge 的 BIM 模型网络可视化技术路线

图 2.10 输水工程动态 BIM 三维网络可视化

2.8 实例应用分析

本节将结合工程实例,介绍输水工程构件族库建立、BIM 建模以及安全监测动态 BIM 网络可视化的实现过程和应用情况。示范工程包括位于天津市滨海新区的南水北调配套工程和位于我国西北地区的某输水工程。其中,天津市南水北调中线滨海新区供水工程是承接南水北调中线一期工程天津干线末端的引江配套供水工程,工程起自天津干线末端曹庄泵站,终点为北塘水库和大港区水厂,线路总长约 100.44km,主要采用 PCCP 管和钢管供水,沿线在管道穿越段布置有沉降仪、测缝计、渗压计、钢板计等多种安全监测设备。某输水工程位于我国西北地区,属大(2)型Ⅱ等工程,渠线长 133.6km,穿越高寒荒漠地区,包括引水明渠、隧洞、渡槽、分水闸、节制退水闸、防洪工程以及伴渠公路等水工建筑物。工程运行期为 4 月下旬至 9 月下旬,工程效益主要包括灌溉和工业用水。渠道断面形式为平底梯形断面和弧形底梯形断面,设计流量 $68m^3/s$,加大流量 $75m^3/s$。工程规模庞大,跨越较长的渠线,辖区内包括多种水工建筑物,沿程典型断面布置有水位计和渗压计进行安全监测。

2.8.1 构件族库建立

结合两个示范工程的具体情况,对输水工程构件库的组成元素进行分析,结果如下:

(1)线性工程:南水北调中线滨海新区供水工程主要采用 PCCP 管和钢管供水(均为埋管);对于西北地区某输水工程,主要的线性建筑物为开放式明渠和隧洞。

(2)附属建筑:南水北调滨海新区供水工程的附属建筑包括气阀、蝶阀和水泵等;某输水工程的附属建筑主要为跨渠桥梁和水闸等建筑物。

(3)安全监测布置:南水北调中线滨海新区供水工程对管道沿线的穿越段进行安全监

测布置，主要布置内水压力计、外水压力计、测缝计、应变计、沉降仪等监测仪器；某输水工程则在典型断面布置了水位计和渗压计，工程后续拟增设其他类型监测仪器。

基于上述组成元素分析，使用 Autodesk Revit 构建示范工程的构件族库，对于系统族和可载入族没有包含的类型，自主建立参数化构件族，并通过族的属性设置添加构件参数信息。

表 2.1 列出了构件族库中的部分构件族，其中钢管和 PCCP 管具有不同的材质。

表 2.1　　　　　　　　　　　　　　输水工程部分构件族的模型示例

类　别	图　示	类　别	图　示
钢管		明渠	
PCCP 管		跨渠桥梁	
水闸		测缝计	
气阀		沉降仪	
蝶阀		应变计	
水泵		内水压力计	

2.8.2 BIM 场景的建模

采用现场调研、资料借阅、网络检索等多种方式，搜集了包括工程设计图档、现场照片、DEM（digital elevation model，数字高程模型）、遥感影像等在内的建模基础数据。基于上述多源异构数据，构建了示范工程的 BIM 模型。

输水工程构件库建立好之后，在 Revit 中建立新项目，载入需要的族构建工程三维场景。图 2.11 以南水北调滨海新区供水工程为例，展示了轴网建立和模型放置的过程。首先要根据工程实际坐标，确立项目基准点的位置，接着构建项目的标高和轴网，以便各类建筑物能够在项目中放置在准确的位置［图 2.11 （a）］。根据参数化建立的族文件，在项目中通过实例属性中尺寸参数的修改调整模型外观尺寸，建立符合工程实际的输水工程模型，气阀、蝶阀、水泵、监测仪器等构件通过建立的轴网放置到建筑物正确的位置［图 2.11 （b）］。

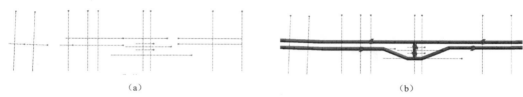

（a） （b）

图 2.11 南水北调滨海供水工程的水工建筑物建模

（a）项目轴网；（b）构件放置于轴网上

图 2.12 为南水北调滨海新区供水工程 BIM 场景的建模成果。由于工程位于天津市滨海新区平原区域，地势无明显起伏，输水建筑物埋于地下，所以对管道附近地形做开挖处理，便于用户查看埋管及其附属建筑。利用工程区域航拍实景影像，对三维地形数据进行贴图，将建立的水工建筑物和安全监测的三维 BIM 模型按照实际坐标集成到地形上，可以直观展现工程区域实际地貌形态。同时，结合工程区域实际情况，对于建筑物周围的地物进行简单模型表达，建立植物、房屋及其他类型的地物模型，以丰富三维 BIM 场景。

图 2.12 南水北调滨海供水工程
BIM 场景的建模成果

西北地区某输水工程的线性建筑物包括渠道和隧洞两个方面。图 2.13 显示了渠道建模的成果。无论是在渠道转弯处，横断面变化处，还是高程起伏处，渠道 BIM 模型都与地形贴合良好，说明渠道线性工程的建模工作取得了较好的效果。图 2.14 为某输水工程示范段的隧洞建模成果，模型对隧洞的入口、入口处的多级边坡、边坡栏杆和牌匾等都进行了细致的模型构建［图 2.14 （a）］；隧洞的洞身部分也依照设计图纸进行了建模，且为了方便用户查看埋藏于山体中的隧洞，将隧洞两侧及上方的山体挖空，并设置了可控制显隐性的上盖板 [图 2.14（b）]。某输水工程的附属建筑物主要包括三座跨渠桥梁和一座水闸，相应的 BIM 模型如图 2.15 所示。在 BIM 模型中，根据安监仪器的直观外形建立三维模型，并按实际安装位置进行布置，同时对于不同类型的监测仪器赋予不同的颜色加以区分 [图 2.16（a）]。由于某输水工程的监测仪器埋设于渠道衬砌下方，在模型中设置了可隐藏的盖板，方便用户查看覆盖在衬砌下方的仪器布置效果，如图 2.16（b）所示。

图 2.13　某输水工程的渠道模型

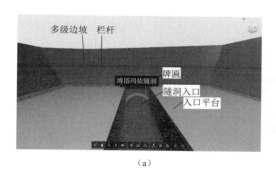 

（a） （b）

图 2.14　某输水工程的隧洞模型

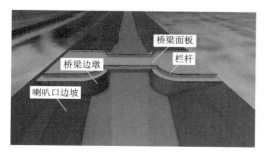 

图 2.15　某输水工程的附属建筑物模型

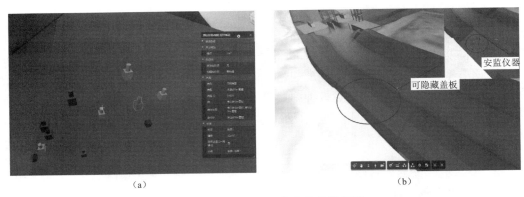

（a）　　　　　　　　　　　　　　　　　　（b）

图 2.16　某输水工程的安监仪器模型

2.8.3　安全监测动态 BIM 网络可视化

2.8.3.1　南水北调天津段供水工程

保存建立好的南水北调天津段供水工程三维场景 BIM 模型，关联动态安全监测信息，构建工程动态 BIM 模型，最后采用 2.7 节的方法实现基于 Web 的动态 BIM 模型的网络可视化。

通过浏览器的三维渲染引擎可对工程三维虚拟 BIM 模型进行操作控制，如图 2.17 所示，点击监测仪器模型或通过条件筛选查询监测仪器，可在三维虚拟场景内对监测仪器位置实现聚焦，同时显示 BIM 模型建立时输入的模型属性信息，实现构件的基本信息、结构属性、设计编号、安装状态等信息的可视化表达。

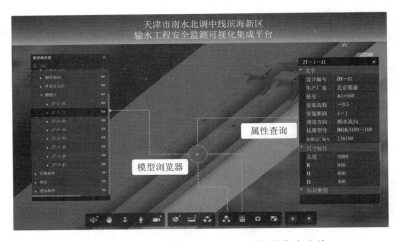

图 2.17　南水北调天津段安全监测仪器信息查询

利用可视化集成平台，可实现南水北调工程安全运行的可视化分析，图 2.18 展示了安全监测信息的查询管理界面：使用 Forge Viewer 自带模型浏览器以及特性查看工具可以查看项目的模型列表和仪器信息。通过直接点击监测仪器模型或点击左侧模型浏览器模型名称均可以在三维虚拟场景内对该模型聚焦，并可以查看监测仪器监测时间、当前监测数据物理量和近期时间内时序图。人工巡检拍摄的现场照片通过手持 PDA 传入系统中，可以实现三维虚拟场景和现场实景的结合分析。

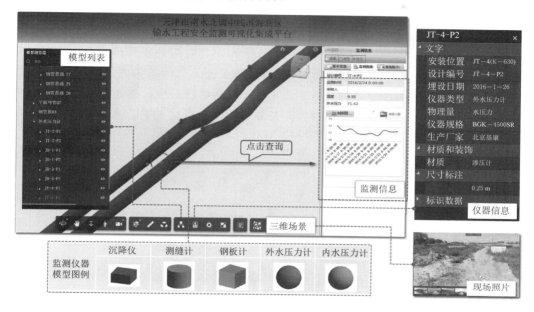

图 2.18　南水北调天津段安全监测可视化管理

另外，平台提供对监测数据处理和分析功能，可以对监测信息预处理（处理供水管道监测数据中含有的系统误差、随机误差和粗差），识别输水管道监测信息异常并提供预警信号，按照监测数据的异常程度将警情分为黄色预警、橙色预警和红色预警 3 种类别。如图 2.19 所示，当监测仪器数据异常时，在监测仪器上方会出现报警标识，点击标识可以显示该监测仪器的具体信息，下方时序图以及警情描述可以看出异常数据的具体情况，帮助管理者下一步决策。

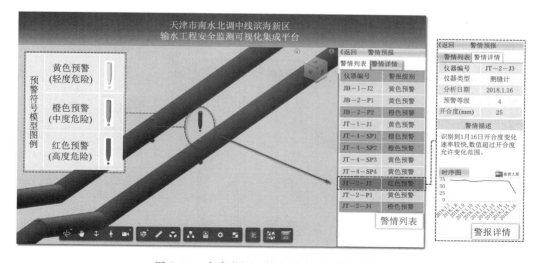

图 2.19　南水北调天津段安全监测信息预警

41

2.8.3.2　西北地区某输水工程

以西北地区某输水工程示范段为依托背景，构建了工程安全监测动态 BIM，并进行了网络可视化发布。图 2.20～图 2.23 为工程动态 BIM 网络可视化的界面截图。

用户可通过点击 BIM 模型内的任意结构构件查询其对应的属性信息，如构件名称、类型、材质、体积等（图 2.20）。如图 2.21 所示，系统平台动态集成了工程自动化安全监测系统，用户可在模型浏览器内查看整个场景的元素层级结构，在选中其中某监测传感器后，可定位聚焦到该传感器的三维模型，并显示其基本信息（如仪器类型、生产厂商和埋设日期等）和所采集历史数据的时程曲线。

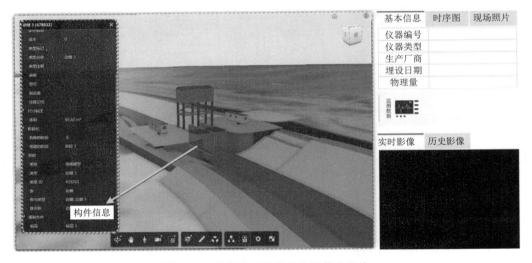

图 2.20　某输水工程结构构件信息查询

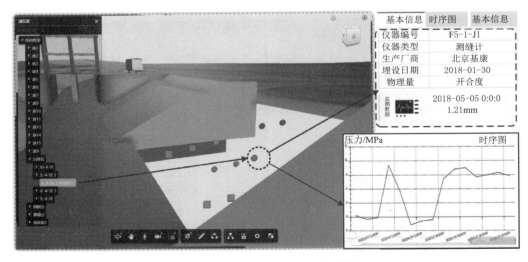

图 2.21　某输水工程安全监测信息管理

　　系统还对传统的人工例行巡检信息进行了集成。如图 2.22 所示，通过选择某一构件，页面上会加载显示与该构件所属渠道区段相关的现场巡检照片，点击任一照片的缩略图，可以查询照片对应的详细信息并定位到照片采集位置。图 2.23 则显示了基于动态 BIM 模型的水质检测和巡检信息查询管理的界面，通过"所见即所得"的方式，用户点击渠道水面上代表水质采样点的高亮标识，可查询到相应的水质检测结果信息，同时可查看以图片形式保存的历史上不同日期的巡检记录。

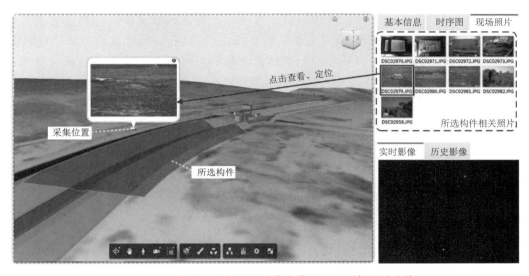

图 2.22　某输水工程例行巡检信息管理——现场照片查询

图 2.23　某输水工程例行巡检信息管理——水质检测及巡检记录

2.9 本章小结

在集成芯片技术和传感器技术发展的推动下，输水工程运行安全数据的获取难度大大降低，但也带来了海量工程数据的管理问题。本章探索了基于 BIM 强大的数据组织、信息可视化能力，进行安全监测数据网络可视化管理的方法。

首先，通过对比常用 BIM 软件平台的特点，确定了选用 Autodesk Revit 作为建模软件；接着，基于对"族"的相关概念和原理分析，构建了输水工程 BIM 模型族库，建立了输水工程 BIM 模型；然后，进行输水工程安全监测数据的构成分析，确定了动态安全监测信息与 BIM 模型间的耦合映射关系，形成了输水工程安全监测动态 BIM；采用 Web-GL 技术在线发布输水工程 BIM 模型，实现了动态 BIM 模型的网络三维可视化管理。工程实例展示了输水工程 BIM 的建模过程和网络环境下安全监测动态 BIM 的实现情况，结果表明将 BIM 模型与动态安全监测信息进行集成，构建输水工程安全监测动态 BIM，可有效提高海量工程数据管理的直观性和效率，增强安全监测信息在不同工种、不同部门间的协同共享，并利用 BIM 场景的可视化环境和多源信息直观辅助决策。

第 3 章

基于深度信念网络的输水工程安全
监测指标预测

3.1 引言

安全监测是保证输水工程安全运行的重要手段，通过实时采集的结构性态相关数据能够掌握当前工程运行的安全状态。现阶段，大坝、桥梁、隧道等诸多大型工程均实现了对建筑物的实时安全监测，通过全天候的监控，有力地保证了结构稳定和工程运行安全。然而，已获得的监测数据体现的是当前的建筑物状态，却不能直接反映数据的未来发展趋势和建筑物结构的潜在危险，也就难以对建筑物可能出现的灾害险情提前采取防范措施。因此，基于第 2 章安全监测管理集成的海量长序列监测数据，建立准确的预测模型，根据已知的安全监测数据，对监测指标数据进行预测是十分必要的。

安全监测指标预测属于多变量非线性问题，具有数据量庞大、数据维数高的特点。传统的数据预测方法难以建立监测指标和各因素间准确的数学关系，同时，在高维非线性的数据预测中，浅层神经网络算法难以提取数据内部的复杂特征，模型预测精度较差。深度学习近年在图像识别、语音识别、数据分析、环境预测等领域得到了广泛的应用，利用深度学习算法可以学习监测指标间的复杂特征，对监测指标的未来发展进行精准预测。深度信念网络（deep belief network，DBN）算法作为深度学习的一种常见方法，已经在语音识别和故障诊断等领域取得了良好的应用效果。DBN 算法采用深层非线性网络结构实现复杂函数的逼近，能够从数据样本中学习数据的本质特征，可用于多变量非线性的监测指标预测。

本章首先详细介绍 DBN 算法的原理和结构，对 DBN 数据预测模型的结构及实现流程进行探讨，分析 DBN 算法用于数据预测问题的基本框架和步骤。接着，分析输水工程安全监测指标的影响因素，并在此基础上建立基于 DBN 的输水工程监测指标预测模型。最后，通过实例应用，对 DBN 算法在输水工程监测指标预测中的应用效果进行评价分析。

3.2　深度信念网络基本原理

深度学习（deep learning）从神经网络发展而来，是机器学习的重要分支，也称为深度结构学习、层次学习或深度机器学习。在深度学习发展的历程中，形成了多层感知器（multilayer perception，MLP）、卷积神经网络（convolutional neural network，CNN）、受限玻尔兹曼机（restricted boltzmann machine，RBM）、深度信念网络（deep belief network，DBN）、循环神经网络（recurrent neural networks，RNN）等具有代表性的算法和模型。

MLP 也称为人工神经网络（artificial neural network），是深度学习网络的一种基础结构，其层与层间的神经元为全连接，往往导致模型参数过多。当隐含层神经元数目设置较多时学习速率慢，当隐含层神经元数目过少时，训练结果则易陷入局部最优，所以 MLP 难以解决较复杂的问题。CNN 本质是 MLP 的一种变体，通过局部连接的方式解决了 MLP 的局限性。CNN 是一种多层高维度的训练算法，适合处理多维空间数据，也是一种包含多隐层的深度神经网络结构，每层神经元之间相互独立，通过共享计算权值降低了模型学习的复杂程度，因此在模式识别和图像处理领域得到了广泛的应用。RNN 是一种具有记忆的神经网络，对之前的输出进行记忆并应用于当前输出的计算中，即隐藏层的输入不仅包括输入层的输出还包括上一时刻隐藏层的输出。通过一个单元重复使用的方式，能够处理模型输入前后互相关联的问题，所以适用于文本分析、语音处理、自然语言处理等领域。RBM 是一种具有层间严格全连接、层内无连接的两层神经网络结构，当给定了可见层单元状态时，隐含层各单元状态可知且单元间独立，有相关研究表明，当隐层神经元个数数量足够多时，RBM 模型可以学习任意离散的数据分布规则。DBN 由多个 RBM 叠加组成，通过无监督的贪婪学习和反向微调两个过程，可以提取数据中的特征，在回归、分类、一维数据建模等方面取得了显著的效果。

输水工程安全监测数据属于一维向量问题，因此选用 DBN 算法作为数据预测的模型基础，下文对 RBM 和 DBN 的相关理论进行详细介绍。

3.2.1　受限玻尔兹曼机

3.2.1.1　受限玻尔兹曼机结构

受限玻尔兹曼机（restricted boltzmann machine，RBM）是由 Hinton 和 Sejnowski 在 1986 年提出的，通常一个 RBM 由两层神经元组成，分别为可见层（visible layer）和隐含层（hidden layer）。RBM 网络是一个无向图结构，典型的 RBM 网格结构如图 3.1 所示，v 代表可见层，v_i 为可见层中第 i 个神经元的状态，h 代表隐含层，h_j 代表隐含层中第 j 个神经元的状态，一般 RBM 的神经元都是二值的，即所有的 v 和 h 取值均为 0 或 1，w 表示可见层和隐含层之间的权重，a 为可见层的偏置，b 为隐含层的偏置。由 RBM 模型结构图可知，其网络结构具有以下特点：神经元在可见层和隐含层之间有连接，神经元在隐含层和可见层内部无连接，所以当给定可见层神经元状态时，可隐含层神经元状态是互不影响的，反之，当给定隐含层神经元状态时，可见层神经元状态也相互独立。

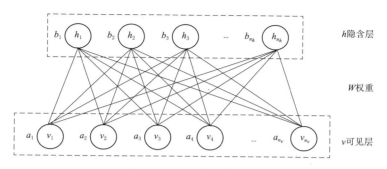

图 3.1　RBM 模型结构图

3.2.1.2　受限玻尔兹曼机训练

RBM 是一个基于能量的模型，在可见层接收到输入的数据向量后，借助激活函数可将特征传递到隐含层，之后通过训练使能量函数达到最小，即可完成对 RBM 的训练。对于给定的 RBM 状态 (v, h)，定义能量函数如下：

$$E_\theta(v,h) = -\sum_{i=1}^{n_v} a_i v_i - \sum_{j=1}^{n_h} b_j h_j - \sum_{i=1}^{n_v} \sum_{j=1}^{n_h} h_j w_{ij} v_i \qquad (3.1)$$

式中：n_v、n_h 分别为可见层和隐含层的神经元个数；a_i、b_j 分别为可见层神经元 v_i 和隐含层神经元 h_j 对应的偏置；w_{ij} 为 v_i 和 h_j 之间连接的权重。

矩阵形式表示为

$$E_\theta(v,h) = -a^{\mathrm{T}} v - b^{\mathrm{T}} h - h^{\mathrm{T}} W v \qquad (3.2)$$

式中：θ 为 RBM 的模型参数，$\theta = \{W, a, b\}$。

利用上述能量函数，可得到 (v, h) 联合概率分布为

$$P_\theta(v,h) = \frac{1}{Z_\theta} \mathrm{e}^{-E_\theta(v,h)} \qquad (3.3)$$

$$Z_\theta = \sum_{v,h} \mathrm{e}^{-E_\theta(v,h)} \qquad (3.4)$$

式中：Z_θ 为归一化因子。

训练 RBM 的核心是要不断调整参数 θ 使得概率分布与训练数据相符，最终求出参数 θ 的值。可见层 v 的概率分布 $P_\theta(v)$ 为式（3.3）联合概率分布 $P_\theta(v, h)$ 的边缘分布，也称这个函数为似然函数：

$$P_\theta(v) = \sum_h P_\theta(v,h) = \frac{1}{Z_\theta} \sum_h \mathrm{e}^{-E_\theta(v,h)} \qquad (3.5)$$

同样地，可得到隐藏层 h 的概率分布 $P_\theta(h)$：

$$P_\theta(h) = \sum_v P_\theta(v,h) = \frac{1}{Z_\theta} \sum_v \mathrm{e}^{-E_\theta(v,h)} \qquad (3.6)$$

由 3.2.1.1 节叙述的 RBM 结构特点可知，当给定可见层神经元状态时，可以得到隐

含层的神经元状态,并且隐含层各神经元状态相互独立。因此,某个隐含层神经元(如 h_k)被激活($h_k=1$)的概率可根据下式推求:

$$P_\theta(h_k = 1 \mid v) = \text{sigmoid}\left(b_k + \sum_{i=1}^{n_v} w_{ik} v_i\right) \tag{3.7}$$

同理,可以得到给定隐含层神经元状态时,某个可见层神经元(例如 v_k)被激活($v_k=1$)的概率为

$$P_\theta(v_k = 1 \mid h) = \text{sigmoid}\left(a_k + \sum_{j=1}^{n_h} w_{kj} h_j\right) \tag{3.8}$$

其中,sigmoid 函数是一种 S 型函数,能够将变量映射到 $[0, 1]$ 区间内,常被用作神经网络的阈值函数,其函数公式为

$$\text{sigmoid}(x) = \frac{1}{1 + e^{-x}} \tag{3.9}$$

已知输入数据 v,通过式(3.7)和式(3.8)可以将数据特征从可见层 v 映射到隐含层 h,然后再返回映射到可见层 v,根据输入数据和返回数据直接的误差,不断调整模型参数。根据式(3.5)可知,要使能量函数 $E_\theta(v, h)$ 最小,就要使得似然函数 $P_\theta(v)$ 的值最大,所求问题即变成求似然函数 $P_\theta(v)$ 最大化时的参数值。当训练样本的数目有 n_s 个时,训练样本集合记为 $S = \{v^1, v^2, \cdots, v^{n_s}\}$,此时似然函数变为

$$L_{\theta,S} = \prod_{m=1}^{n_s} P_\theta(v^m), m = 1, 2, \cdots, n_s \tag{3.10}$$

最大化 $L_{\theta,S}$ 的处理比较复杂,通常采用求其对数函数 $\ln L_{\theta,S}$ 的最大化的方式,因此训练 RBM 的目标从最大化似然函数 $L_{\theta,S}$ 变成最大化对数似然函数 $\ln L_{\theta,S}$。对数似然函数 $\ln L_{\theta,S}$ 最大化求解常用梯度计算公式,通过迭代的方式来逼近,梯度计算公式为

$$\theta = \theta + \eta \frac{\partial \ln L_{\theta,S}}{\partial \theta} \tag{3.11}$$

式中:η 为学习率,$\eta > 0$。

由式(3.11)可知,梯度计算公式求解的关键是对 $\frac{\partial \ln L_{\theta,S}}{\partial \theta}$ 的计算。为方便计算,首先考虑当 $n_s = 1$ 时候的梯度计算,记单一训练样本为 v,此时 $L_{\theta,S} = P_\theta(v)$,梯度计算结果如下:

$$\frac{\partial \ln P_\theta(v)}{\partial \theta} = -\sum_h P_\theta(h \mid v) \frac{\partial E_\theta(v,h)}{\partial \theta} + \sum_{v,h} P_\theta(v,h) \frac{\partial E_\theta(v,h)}{\partial \theta} \tag{3.12}$$

式(3.12)中的前一项是能量梯度函数 $\frac{\partial E_\theta(v,h)}{\partial \theta}$ 在边缘分布 $P(h \mid v)$ 下的期望,后一项是能量梯度函数 $\frac{\partial E_\theta(v,h)}{\partial \theta}$ 在联合分布 $P(v, h)$ 下的期望,因此式(3.12)也常被写成以下两种形式:

$$\frac{\partial \ln P_\theta(v)}{\partial \theta} = -E_{P(h \mid v)}\left[\frac{\partial E_\theta(v,h)}{\partial \theta}\right] + E_{P(v,h)}\left[\frac{\partial E_\theta(v,h)}{\partial \theta}\right] \tag{3.13}$$

$$\frac{\partial \ln P_\theta(v)}{\partial \theta} = -\left[\frac{\partial E_\theta(v,h)}{\partial \theta}\right]_{P_\theta(h \mid v)} + \left[\frac{\partial E_\theta(v,h)}{\partial \theta}\right]_{P_\theta(v,h)} \tag{3.14}$$

上述式（3.12）～式（3.14）是在 $n_s = 1$ 的情况下——只有一个训练样本——得到的梯度计算结果。当 $n_s > 1$ 时（即有多个训练样本），梯度计算结果如下：

$$\frac{\partial \ln L_{\theta, S}}{\partial \theta} = \sum_{m=1}^{n_s} \frac{\partial \ln P_\theta(v^m)}{\partial \theta} \tag{3.15}$$

对梯度函数进行求解时，由于联合分布状态涉及归一化因子 Z_θ，故式（3.12）中的第二项直接求解十分困难，常采取 Gibbs 采样近似求解，但 Gibbs 采样需要经过许多次的状态转移才能保证采集到的样板符合目标，这种方式大大增加了 RBM 训练的复杂程度，使得 RBM 训练效率降低。

3.2.1.3 对比散度算法

由上文可知，尽管利用 Gibbs 采样可得到对数似然函数关于梯度参数的近似值，但 Gibbs 采样在 RBM 求解时需要较多的采样步数，导致训练效率不理想，因此 Hinton 在 2002 年提出了对比散度（contrastive divergence，CD）算法，有效地解决了 RBM 的训练速度难题，目前该方法已经普遍用于 RBM 的训练中。

k 步 CD 算法简记为 CD-k 算法，其求解思路可简单描述如下：从训练样本中任意提取一个样本 v^0，执行 k 步 Gibbs 采样后得到 v^k，利用 v^k 来近似求得式（3.12）联合分布 $P(v, h)$ 下的期望值，即可得到最大化对数似然函数，输出训练好的模型参数 $\theta = \{W, a, b\}$。k 步 Gibbs 采样的基本思想如图 3.2 所示，首先根据数据 v^0 通过式（3.7）得到 h^0，再通过式（3.8）得到重构的数据 v^1，通过重构的 v^1 得到 h^1，直到利用 h^{k-1} 得到 v^k。

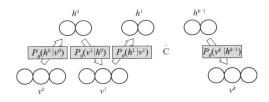

图 3.2 Gibbs 采样步骤

利用 k 步 Gibbs 采样后得到 v^k 可以近似估计式（3.12）的结果，得到 3 个参数 $\theta = \{W, a, b\}$ 的结果分别为

$$\Delta \omega = \frac{\partial \ln P(v)}{\partial \omega_{i, j}} \approx P[h_j = 1 \mid v^{(0)}] v_i^{(0)} - P[h_j = 1 \mid v^{(k)}] v_i^{(k)} \tag{3.16}$$

$$\Delta a = \frac{\partial \ln P(v)}{\partial a_i} \approx v_i^{(0)} - v_i^{(k)} \tag{3.17}$$

$$\Delta b = \frac{\partial \ln P(v)}{\partial b_j} \approx P[h_j = 1 \mid v^{(0)}] - P \mid h_j = 1 \mid v^{(k)}] \tag{3.18}$$

利用上述结果代入式（3.11）即可完成对参数 $\theta = \{W, a, b\}$ 的一次更新，一般选用设置最大迭代次数或设置误差阈值作为算法的终止条件，使用 CD-k 算法可以显著提高 RBM 的训练效率。

3.2.2 深度信念网络结构及其训练

深度信念网络是一个深度网络，由多个 RBM 叠加以及一个回归层或者分类层组合而成，通过逐层无监督的贪婪学习结合一层监督学习达到最佳的训练效果。经典的 DBN 结构是由多个 RBM 和一个 BP 神经网络组成的，DBN 网络的基本结构如图 3.3 所示，图中的 DBN 由 3 个 RBM 结构和 1 个 BP 网络结构自下而上堆叠组成，下面 RBM 的隐含层为

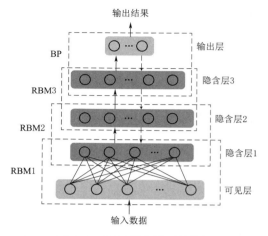

图 3.3　DBN 网络模型结构图

上面 RBM 的可见层，最后一个 RBM 的隐含层作为 BP 神经网络的可见层，以此构成 DBN 网络结构。

DBN 的训练包含预训练和反向微调两个过程，下面对这两个阶段进行详细介绍：

（1）预训练阶段。通过 RBM 无监督学习，采用逐层贪婪算法自下而上的训练 RBM，以确保特征的提取。

对比散度法是一种逐层贪婪学习算法，将每次的训练限定在相邻两层之内，当 RBM1 可见层获得输入数据后，通过梯度更新不断缩小原始输入数据和重构数据之间的误差，使得模型参数能够表达出原始数据本身的分布模式，当 RBM1 网络训练结束得到该层的参数和特征后，将 RBM1 输出层的特征作为 RBM2 的输入，训练并学习第二层 RBM 模型的参数，以此类推，直到所有的 RBM 训练完成，得到各层的模型参数，这种方法能够尽可能地保留输入数据的特征信息。

（2）反向微调阶段。在 DBN 的最后一层设置 BP 网络，根据误差采用自上而下的方式反向调整模型参数。

基于预训练最后一层 RBM 特征的输出，BP 网络将训练结果和实际值进行误差计算，将误差作为目标函数，采用反向传播的方式对每层的网络参数进行梯度更新，达到降低误差的目的，同时也可以有效提高 DBN 的模型精度。这种基于误差的参数更新方式是一种有监督训练过程。

3.3　基于 DBN 的数据预测模型

3.3.1　DBN 预测模型及步骤

基于 DBN 做数据预测属于回归问题，预测模型的基本结构和 DBN 基本结构类似：连续使用多个 RBM 训练，最后顶层的输出需要采用逻辑回归算法。RBM 堆积部分相邻两个层构成一个 RBM，下层 RBM 的输出作为上层 RBM 的输入，利用贪婪学习的训练方法，充分训练最底层 RBM，从输入数据中提取隐含特征，再依次自下而上训练 RBM 进行特征的学习，回归的作用是将前面训练好的 RBM 中得到的特征映射到最后的输出层，对训练提取得到的特征进行综合。基于 DBN 的数据预测模型同样包含误差反向调整的阶段，最后一层得到自下而上学习提取的数据特征后，把上层的值返还给前一层，自上而下地对 DBN 参数进行微调，通过误差的反向传播，可以有效地提高 DBN 预测模型的精度，预训练和反向微调两个环节缺一不可。

图 3.4 为 DBN 数据预测流程图，基于 DBN 的数据预测基本步骤可以总结如下：

（1）获取预测的样本数据，了解数据规模、组成等基本情况，并根据研究对象选取恰当的数据特征，确定 DBN 的模型结构。

（2）对数据进行预处理，清除数据中存在的奇异点和粗差，并对数据归一化处理，形成样本集合。将数据样本集合划分训练样本和测试样本两部分。

（3）DBN 训练阶段，如图 3.4 右侧所示，首先要根据数据规模和特征选择合适的模型初始参数，如 RBM 层数、每层神经元数量以及迭代次数等，接着执行 DBN 训练过程，由上文可知 DBN 训练主要由自下而上的预训练和自上而下的反向微调两个环节组成，由正向训练得到输出值和真实值的误差，根据误差反向传播调整模型参数，直到达到设定的迭代次数或误差满足设定条件时停止训练。

（4）将检验样本代入训练得到的模型，经过模型运算输出预测值，对预测结果进行分析处理，计算评价指标，对建立的 DBN 预测模型的预测能力进行评价分析。

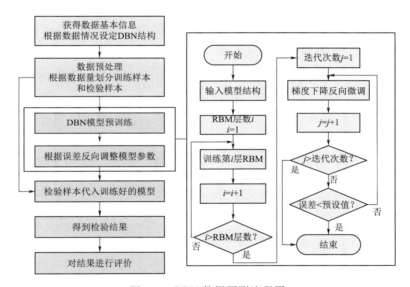

图 3.4　DBN 数据预测流程图

3.3.2　模型性能评价

由 3.3.1 节可知，DBN 的数据预测最后一步是将检验样本代入训练得到的模型，通过结果的分析衡量预测模型的性能。一般采用量化的指标来评判预测结果的优劣程度，常用的 4 种评价指标如式（3.19）～式（3.22）所示，其中 y_i 代表真实值，y_i' 代表预测值，n 为检验样本数量。

（1）均方误差（mean square error，MSE）。

$$MSE = \frac{1}{n} \sum_{i=1}^{n} (y_i - y_i')^2 \tag{3.19}$$

（2）均方根误差（root mean square error，$RMSE$）。

$$RMSE = \sqrt{\frac{1}{n} \sum_{i=1}^{n} (y_i - y_i')^2} \tag{3.20}$$

（3）平均相对误差（mean relative error，MRE）。

$$MRE = \frac{1}{n}\sum_{i=1}^{n}\frac{|y_i - y_i'|}{y_i} \tag{3.21}$$

（4）平均绝对误差（mean absolute error，MAE）。

$$MAE = \frac{1}{n}\sum_{i=1}^{n}|y_i - y_i'| \tag{3.22}$$

不同评价指标对数据的表征特性不同，MSE 和 $RMSE$ 可以体现预测误差值的离散程度，MAE 直接反映了模型预测值和真实值之间的误差大小，MRE 能够反映模型预测值相对于真实值的偏离程度，是一种无量纲的评价方法，常用百分比形式表示。

3.4 输水工程安全监测指标的影响因素分析

3.4.1 监测指标的影响因素

输水工程安全监测指标的变化受多种因素的影响，其预测不同于普通的时序序列预测方法，不能只考虑监测数据时间序列的自回归，还需要充分考虑各类因素对监测结果的影响。因此，使用 DBN 预测输水工程监测数据发展趋势，首先要对监测数据的外部影响因素进行分析，进而构建包含此类影响因素的安全监测指标 DBN 预测模型。

输水工程根据地质条件和结构特点，通常选择铁路、公路、河流穿越段等位置部署安全监测仪器，以对建筑物沉降变形、连接缝开合度、结构应变、外水压力、内水压力等项目进行监测。对输水工程监测指标进行预测需要考虑以下几个方面因素的影响：

（1）供水条件发生变化。输水工程在正常运行期间，其输水流量需要根据供水方案和供水需求的变化不断做出调整，在满足供水需求的前提下，优化调整供水方案能够最大程度地发挥输水工程的社会经济效益。供水条件变化会对输水工程结构带来相应的影响，进而引起监测数据的改变，故对监测数据进行预测时，要考虑供水条件变化的作用。

（2）周围环境的影响。输水工程主要建筑物包含埋管、渠道、渡槽等，这些建筑物的结构安全与所处环境的地形变化、地质条件、周围地物等因素有密不可分的关系。例如，对于埋管来说，地下水位的周期性变化对埋管会产生周期性的作用，进而会引起输水工程监测数据的变化，因此要考虑周围环境对监测数据的影响。

（3）内部结构的改变。输水工程的运行期长，在长期荷载作用下，输水结构的材料特性会发生蠕变，进而引发材料劣化、结构损伤等现象，严重时会导致结构破坏，这些内部结构的变化会导致监测指标的改变。因此，内部结构的改变会对监测数据的变化造成影响，在进行监测数据预测时要给予相应考虑。

（4）监测数据的时序变化。当供水条件一定，周围环境和内部结构的变化微小可以忽略时，监测指标不会始终为同一个数值，随着时间的推移监测数据会有一些波动变化，可以将这种改变称作监测数据的时序变化。在构建监测数据预测模型时，需要考虑监测数据的时序变化。

3.4.2　监测指标与影响因素的相关性分析

　　输水工程安全监测项目包括建筑物沉降变形、连接缝开合度、结构应变、外水压力、内水压力等。由于外水压力、内水压力反应测量点处的水压力变化，可以体现不同因素对沉降变形、开合度、结构应变产生的影响，故预测指标为沉降变形、开合度、结构应变等3个物理量。

　　对输水工程安全监测指标预测时，要考虑多种因素对监测数据变化的影响，根据3.4.1节中的分析可知影响监测指标的因素有供水条件变化、周围环境的影响、内部结构的改变以及监测数据的时序变化。建立输水工程监测数据预测模型时，要合理设置模型输入，以体现上述影响因素对预测结果的作用。

　　输水工程的供水条件是按照制定好的供水方案给出的，一般来说通过调整流量的变化来控制，所以未来一段时间内流量的改变是已知的。此外，在供水条件改变时，内水压力值也会发生变化，所以通过输入流量值和监测到的内水压力值可以反映供水条件对预测指标的影响。周围环境的影响通常为与输水工程直接接触的土体或间接接触的周边地物对输水工程结构的作用，外水压力计布置在输水工程结构外表面，通过外水压力值的变化体现周围环境对预测指标的影响。当管道内部结构发生改变时，结构变化处的内水压力会发生明显的改变，所以通过内水压力计的监测值可以反映管道内部结构发生的变化。对于监测数据的时序变化，可以取监测指标自身的历史数据来表示，根据数据变化趋势预测监测指标的数值。以沉降仪为例，分别对沉降和流量、外水压力、内水压力的相关性进行分析，结果如图3.5～图3.7所示。

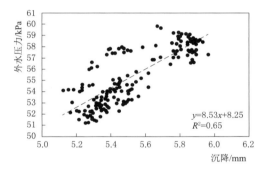

图 3.5　沉降和外水压力的相关性分析

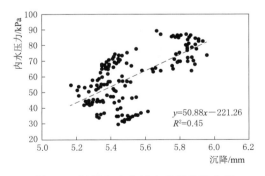

图 3.6　沉降和内水压力的相关性分析

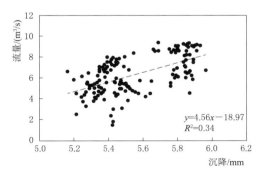

图 3.7　沉降和流量的相关性分析

　　从图3.5～图3.7可以发现：沉降和外水压力的相关性较强，R^2 为 0.65；沉降和流量的相关性相对较弱，R^2 为 0.34。开合度、应变两个物理量与流量、内水压力、外水压力的相关性分析结果在表 3.1 中列出。可以看出,3 个预测物理量和外水压力、内水压力、流量之间都存在一定相关性。由 3.4.1 节可知,历史数据可以体现监测数据的时序变化对监测指标的影响。因此,可将流量、内水压力、外水压力、物理量历史数据作为模型输入反应各类因素对监测指标的影响,具体如图 3.8 所示。

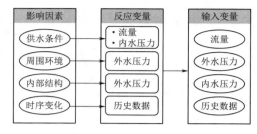

图 3.8 监测指标影响因素及预测模型输入变量

表 3.1　　　　　　　　　　　预测物理量与反应变量的 R^2

项目	外水压力	内水压力	流量
沉降	0.65	0.45	0.34
开合度	0.60	0.51	0.50
应变	0.57	0.22	0.31

3.5　安全监测指标预测的 DBN 建模

3.5.1　模型输入输出确定

根据上文分析,输入为流量、外水压力、内水压力以及历史数据 4 种变量,其中内水压力、外水压力及物理量的历史数据值均可通过监测仪器测得的数据获得。

当预测第 t 时刻的物理量时,第 t 时刻的内水压力、外水压力也未知,故要用 t 时刻之前测得的内水压力、外水压力预测第 t 时刻的物理量。输水工程的流量作为已知数据,可以通过供水计划得到未来时刻的流量值,故预测第 t 时刻的物理量时可由供水计划得到第 t 时刻的流量作为输入。图 3.9 即为预测第 t 天物理量时的输入量,历史数据、内水压力以及外水压力采用前 M 时刻的历史数据,流量用第 t 时刻数据。此外,图中内水压力、外水压力用一组数据仅为示意,实际预测中应取典型段上所有内外水压力作为输入。

在实际工程中,用现有数据对下一时刻的监测物理量进行预测是远远不够的,应预测未来若干个时刻的监测量,以对工程安全运行管理与预警提供基础。因此,本章预测未来 3 个时刻的物理量,即模型的输出层神经元个数为 3,宜采用多步循环预测的思想对输水工程监测指标进行预测,因预测的输出单元数为 3,可采用 3 步循环预测,其基本过程如下式:

$$\begin{cases} \{x_1, x_2, \cdots, x_n\} \to x'_{n+1} \\ \{x_2, x_3, \cdots, x'_{n+1}\} \to x'_{n+2} \\ \{x_3, x_4, \cdots, x'_{n+2}\} \to x'_{n+3} \\ \{x_4, x_5, \cdots, x'_{n+3}\} \to x'_{n+4} \\ \vdots \end{cases} \qquad (3.23)$$

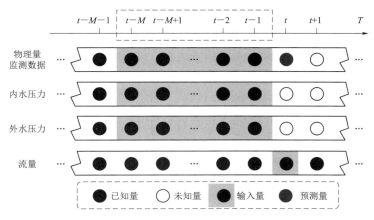

图 3.9　输入变量和预测量的关系

3.5.2　监测指标预测的 DBN 模型结构

根据上文分析，输水工程安全监测指标预测的 DBN 模型结构如图 3.10 所示。输入层由物理量历史数据、外水压力、内水压力和流量构成，前三项的数据是由监测仪器获得，节点数取决于时间窗长度，后一项流量根据供水方案获得。

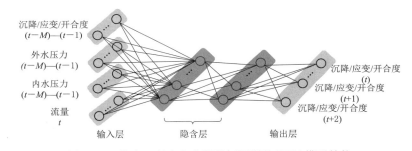

图 3.10　输水工程安全监测指标预测的 DBN 模型结构

对于物理量的监测值，采用式（3.23）所示的 3 步循环预测方法，用预测值反复代入求得 $t+1$ 与 $t+2$ 天的物理量；其中，外水压力和内水压力的 t 和 $t+1$ 天的数据未知，内水压力通过和流量的相关关系求得，外水压力受周围环境（地下水位）周期性影响，故采用自回归模型得到其 t 和 $t+1$ 天的数据。此外，输入的内水压力与外水压力个数由典型段布置的仪器个数决定，图 3.10 中只列一项仅为示意。DBN 模型隐含层的层数以及单元数量根据查阅相关文献确定，采用 2 层隐含层，节点数分别设置为 60 和 20。

3.5.3　时间窗长度的讨论

根据上文的预测量和输入变量的关系可知，用历史 M 个时刻的监测数据和下一时刻的流量值可以预测下一时刻的物理量，如图 3.9 所示。把历史数据的个数 M 称为时间窗长度。随着时间窗的不断滑动，可以连续预测第 t 时刻、$t+1$ 时刻…的物理量。在实际意义上，时间窗长度 M 代表用历史上 M 个时刻的监测数据来预测下一时刻的物理量，认为过去 M 个时刻的历史数据、内水压力、外水压力对预测物理量会带来影响。在 DBN 模型框架中，时间窗长度 M 决定了模型输入层神经元的个数，即每次迭代使用的历史数据的个数。一般来说，使用的历史数据的个数越多，获得的有用信息越多，模型精度越高，预测越准确，但输入节点个数过多会带来模型计算的速率减慢。另外，越久远的历史数据对下一时刻的物理量的影响越小，因此有必要对时间窗长度 M 进行讨论，通过实验确定合适的时间窗长度，既能保证预测模型足够精确，又不会给预测模型带来不必要的复杂计算。

建立一个经典 DBN 预测模型，其隐含层个数为 1，包含 20 个隐含神经元，输入层和隐含层构成一个 RBM，添加一个回归的输出层，输出节点数设为 1。模型其他参数均按照 Hinton 发布的训练 RBM 的指导书设定。不断改变时间窗长度 M 的数值，分别设置为 1、2、3、4、5。根据上述模型设置，分别选取要预测的 3 种不同物理量，设置 3 组试验进行预测，最终得到预测结果和评价指标进行分析，结果见表 3.2。其中，MSE 和 MRE 分别是均方误差和平均相对误差，按照 3.3.2 节计算方法即可得到。

图 3.11 和图 3.12 分别给出了当时间窗长度 M 变化时 3 种预测物理量的误差值变动情况。从图中可以看出：随着时间窗长度的增加，无论是 MSE 还是 MRE 均呈下降趋势，当时间窗长度 M 超过 3 时，误差下降趋势变缓。由于时间窗长度影响模型输入单元个数，从图 3.10 可以看出，当输入层内水压力和外水压力个数均为 1 时，时间窗长度增加 1，输入单元个数增加 3。在实际计算值中，输入节点个数过多会带来模型计算的速率减慢。因此，为平衡模型精度和计算效率，取时间窗长度 M 为 3 较合适。综上，确定了如下时间窗选取和数据输入方案：预测第 t 时刻物理量时，采用 $t-3$ 至 $t-1$ 时刻的监测物理量、内外水压力以及第 t 时刻的流量作为输入。

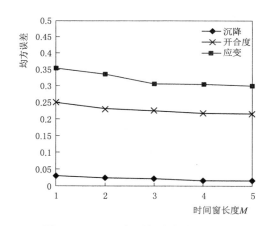

图 3.11　MSE 与时间窗长度的关系

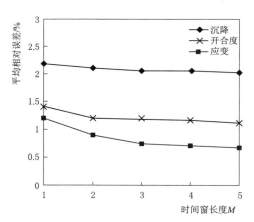

图 3.12　MRE 与时间窗长度关系

表 3.2　　　　　　　　　　　　　　时间窗长度 M 与误差统计

时间窗长度 M	沉 降		开合度		应 变	
	MSE/cm	MRE/%	MSE/mm	MRE/%	MSE/$\mu\varepsilon$	MRE/%
1	0.032	2.18	0.252	1.42	0.352	1.21
2	0.026	2.10	0.232	1.19	0.336	0.90

续表

时间窗长度 M	沉 降		开合度		应 变	
	MSE/cm	MRE/%	MSE/mm	MRE/%	MSE/$\mu\varepsilon$	MRE/%
3	0.020	2.05	0.226	1.18	0.307	0.75
4	0.018	2.05	0.218	1.15	0.305	0.70
5	0.017	2.01	0.215	1.13	0.301	0.66

3.6 实例应用分析

南水北调天津市滨海新区供水工程为双孔管道供水，其中一孔输水管道布置安全监测仪器，对沿程河道、铁路、公路穿越段进行安全监测，主要监测输水管道沉降、连接缝开合度、内水压力、外水压力以及管道应变等项目。全线共布置监测站 34 间，外水压力计 79 支，内水压力计 38 支，测缝计 288 支，沉降仪 21 套，应变计 176 支，数据采集间隔为 1 天。已有监测数据的时段为 2015 年 8 月 21 日—2016 年 2 月 24 日，该时间段为试通水期间，流量变化较大。输水工程设计流量为 10.2m³/s，监测时段内流量变化如图 3.13 所示。

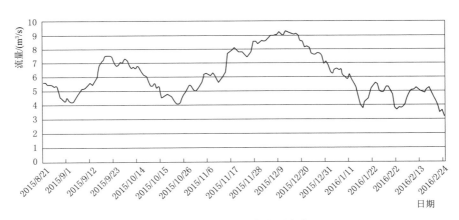

图 3.13 监测时段内流量变化

选取津滨轻轨至津塘公路穿越段作为典型段进行数据分析及预测，该典型段穿越津塘公路路基及津滨轻轨桥孔，共涉及 22 条地下管线。对典型段仪器采集的数据进行预处理，剔除由于仪器损坏导致数据采集存在问题的监测仪器，最终选取测缝计 4 支，外水压力 2 支，内水压力 1 支，应变计 2 支，沉降仪 1 套，各仪器编号见表 3.3。采用 DBN 模型分别对测缝计、应变计、沉降仪监测数据进行预测，训练样本个数为 130 个，预测样本 49 个，模型的结构和参数均按照第 3.5 节选取，图 3.14～图 3.20 给出了预测值和实测值之间的对比，同时在图中给出了相对误差值。为更详细地分析评价结果，将模型评价指标结果进行汇总，见表 3.4。其中，MSE、RMSE、MRE 和 MAE 分别是均方误差、均方根误差、平均相对误差和平均绝对误差，按照 3.3.2 节方法计算得到。

57

表 3.3 所选监测仪器及编号

仪器名称	数量	仪器编号	仪器名称	数量	仪器编号
沉降仪	1	JB-SE	外水压力计	2	JB-WP1、JB-WP2
测缝计	4	JB-J1、JB-J2、JB-J3、JB-J4	内水压力计	1	JB-WP
应变计	2	JB-SP1、JB-SP2			

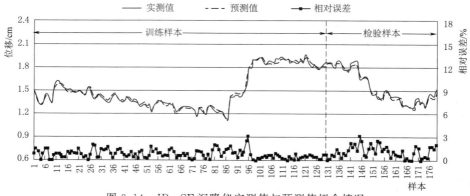

图 3.14 JB-SE 沉降仪实测值与预测值拟合情况

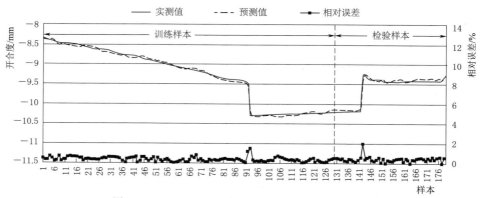

图 3.15 JB-J1 测缝计实测值与预测值拟合情况

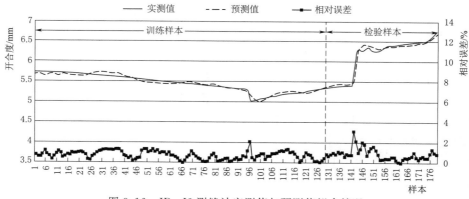

图 3.16 JB-J2 测缝计实测值与预测值拟合情况

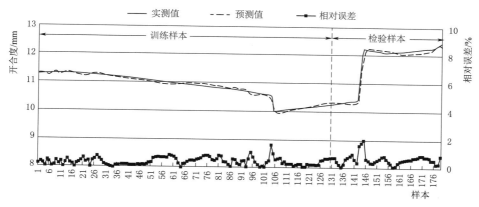

图 3.17　JB-J3 测缝计实测值与预测值拟合情况

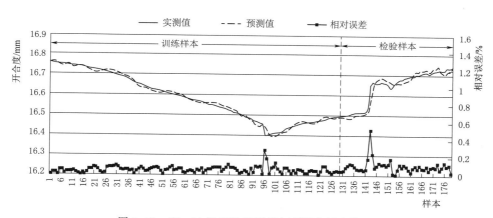

图 3.18　JB-J4 测缝计实测值与预测值拟合情况

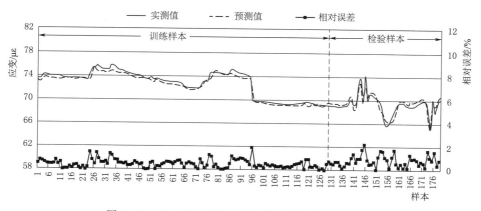

图 3.19　JB-SP1 应变计实测值与预测值拟合情况

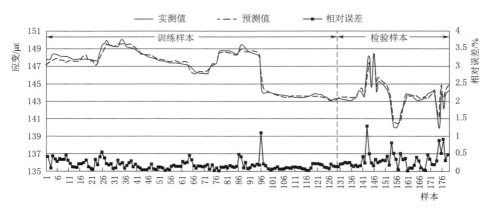

图 3.20 JB-SP2 应变计实测值与预测值拟合情况

表 3.4   预 测 结 果 评 价

预测物理量	仪器编号	MSE	RMSE	MRE/%	MAE
沉降	JB-SE	0.005	0.071	1.04	0.057
测缝计	JB-J1	0.007	0.084	0.77	0.072
	JB-J2	0.003	0.055	0.82	0.047
	JB-J3	0.004	0.063	0.47	0.053
	JB-J4	0.001	0.030	0.07	0.012
应变计	JB-SP1	0.284	0.533	0.62	0.441
	JB-SP2	0.162	0.402	0.21	0.303

对上述预测结果进行分析可知，本章建立的模型得到的预测值能够较好地反映样本数据的变化趋势，各监测指标的实测值和预测值基本相符，平均相对误差值几乎都在 1% 以内，模型精度较高。同时，观察各监测指标预测结果，发现各监测指标均有以下规律：短时间内样本值变化幅度较大时，虽预测结果稍有偏离，对应相对误差值较大，但随后相对误差可快速回归正常水平。因此，本章构建的基于 DBN 的监测指标预测模型精度高、误差小，通过对监测指标影响因素分析，建立的预测模型能够反映各类影响因素对监测指标的潜在影响，进而得到较好的预测结果。

3.7 本章小结

针对安全监测数据的高维非线性的特点，本章基于 DBN 建立监测指标预测模型。首先，介绍了深度信念网络的基本结构和原理，DBN 由多个 RBM 以及一个回归或分类层组成，训练包括自下而上的预训练和自上而下的反向微调两个过程，通常采用对比散度法提高训练效率。然后，根据数据预测问题的特点，介绍了数据预测 DBN 模型的结构和步骤，给出了模型性能的评价指标。接着，分析了输水工程监测指标的影响因素，并根据上述分析，考虑供水条件变化、周围环境影响、内部结构改变和监测数据时序变化对监测指标的影响，建立了安全监测指标预测的 DBN 模型，并讨论了时间窗长度对预测结果的影响。

为了对构建的输水工程安全监测指标预测 DBN 模型进行验证和性能评价，选用南水北调滨海新区供水工程某典型段的监测数据进行预测模拟。试验结果表明，模型对监测指标的预测效果较好，验证了 DBN 算法用于输水工程监测指标预测的可行性，为输水工程安全监测指标预测提供了新的思路。

第4章

基于 D-S 理论的输水工程安全多准则
模糊综合评价*

4.1 引言

实时掌握和提前预测输水工程的安全状态，对于工程运营和维护具有重要意义。长距离输水工程覆盖的地域广阔，沿途和河流、公路、铁路交叉处存在许多穿越设计，此类穿越区域是工程安全重点关注的位置，常常布设有大量的监测仪器以对沉降变形、连接缝开合度、结构应变、内外水压力等多个项目进行考察。如何合理统筹不同种类监测仪器，以及布置于不同位置的同类仪器所采集的不同监测数据，以综合评价输水工程运行安全状态，进而指导工程决策和运行调度，最大限度地减少和消除安全隐患，是确保长距离输水工程正常安全运行所需解决的重要课题。

现阶段，一些科研机构和工程单位结合工程实际，对建筑物安全评价开展了相关研究。向矧采用单位阶跃函数建立统计模型，实现了对不同类型仪器数据的统一处理；吕谋等运用多级模糊综合评价法，对青岛某区域供水管网进行安全评价；李丹等通过引入模糊相似理论和三角模糊数，提出模糊相似评价方法；刘志强利用故障树分析法构建了长距离输水工程的安全评价体系，使用模糊综合评价对专家评判语言进行量化处理，得到输水工程失效概率的评分值；郭瑞等运用改进的模糊综合评价法，选用新的 Fuzzy 合成算子得到渡槽的风险评价结果。然而，由于模糊评价矩阵是由多个专家结合自身工程实践经验及项

---

* 本章的主要内容来源于张亚琳、刘东海、胡东婕的《基于 D-S 理论的输水建筑物安全多准则模糊综合评价》一文，水利水电技术，2019（10）：104-109。

目背景资料得到的，对专家系统的依赖程度高。

Fayaz 等综合考虑供水管道泄漏、深度、使用时间等因素，运用混合层次模糊评价法对供水管道进行风险评估。练继建等从安全监测和运行管理两个方面，运用模糊综合评价方法对输水建筑物进行安全评估。孙可等建立了健康监测数据的 6 层指标评价体系，运用模糊综合评价方法逐层得到单个监测管片、单个监测断面以及隧道权限的综合评价值。这些都是依据实际监测数据进行评价分析，提高了评价结果的客观性。

然而，在评价过程中，监测数据异常评判的准则有很多，如置信区间法、标准评判法、趋势识别法等，不同的评判准则立足于不同的衡量角度，往往会得到不同的数据异常判别结果，进而导致最终得到的工程综合状态不尽相同。单一评价准则往往不能准确评价输水建筑物运行状态，因此，需要融合不同评判方法获得的评价结果，得到基于不同评价准则的综合状态。D-S证据理论可以综合不同专家或数据源的知识和数据来科学全面地评价对象的状态，已广泛应用于信息融合、情报分析、专家系统等领域。将 D-S 理论用于输水工程综合评价，可以有效统筹多种不同的评价准则和多类不同的评价指标，进而对输水工程的综合运行状态做出客观全面评价。

本章基于 D-S 理论的多准则模糊综合评价的总体思路如图 4.1 所示。首先，在明确评价目的的基础上，分析长距离输水工程的评价指标，并确定综合评价的结构体系。接着，根据不同评价准则分别对各类监测指标进行单项评价，进而融合不同指标，得到每个准则下的多指标综合评价结果。最后，采用 D-S 证据理论，对不同准则下的不同评价结果进行统筹综合，得到基于多准则多指标的综合评价结果。

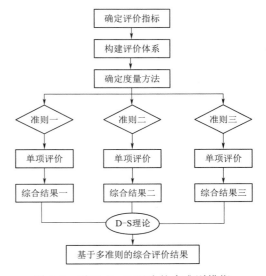

图 4.1 基于 D-S 理论的多准则模糊
综合评价总体思路

4.2 输水工程运行安全评价指标体系构建

由于输水工程安全状态是一个动态演化的过程，因此其需要根据沿线布置的安全监测仪器动态采集的监测数据来进行实时评估。输水工程沿线布置有多种类型的安全监测仪器，以对建筑物沉降、连接缝开合度、结构应变等物理量进行长期监测。本章所谓"输水工程运行状态安全评价"便是要根据监测仪器获得的数据分析得到工程的综合运行状态，而其所基于的评价指标则为输水工程沿线布置的各类监测仪器所采集的物理量。

输水工程安全评价体系的构建应根据实际工程中安全监测仪器的布设情况而定，按照监测物理量类别设定一级指标（如连接缝开合度、建筑物沉降、结构应变等）。由于同种

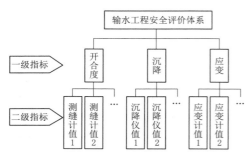

图 4.2　输水工程安全评价指标体系

类型的监测仪器布置数量并不唯一，可以在各个一级指标下再设若干个数量不等的二级指标，每个二级指标对应某一个具体监测仪器的监测数值。依据上面描述，便可构建起如图 4.2 所示的输水工程安全评价指标体系。安全监测是一个动态持续性的过程，本章对输水工程运行状态综合评价是针对某一时刻监测数据得到的所研究空间范围内的输水工程综合运行状态。

4.3　安全监测指标的不同度量方法

为了得到各个评价指标的综合运行状态，首先需要对各指标进行安全判断和评价，得到各个指标的评价结果。从不同的角度出发，对监测数据的评价有多种不同的度量准则，本章采用置信区间、标准评定和趋势识别等 3 种度量准则对各个监测指标进行单项评价，下面分别对 3 种度量方法进行介绍。

1. 置信区间法

设 θ 为总体分布 X 的一个未知参数，对于给定的 $\alpha(0<\alpha<1)$，若存在随机区间 $[\theta_1, \theta_2]$，满足

$$P\{\theta_1 \leqslant \theta \leqslant \theta_2\} = 1-\alpha \tag{4.1}$$

则称区间 $[\theta_1, \theta_2]$ 是 θ 的置信水平（置信度）为 $1-\alpha$ 的置信区间，θ_1 和 θ_2 分别称为置信下限和置信上限，$1-\alpha$ 为置信度，α 为显著水平。当给出某个估计值 95% 的置信区间为 $[a, b]$，其意义为有 95% 的把握认为总体的参数真值在区间 $[a, b]$ 内。

一般认为监测序列并不符合严格的正态分布，对于某一个序列 $\{X_n\}$，其总体均值和总体方差分别为 $\bar{X}$ 和 σ^2，根据中心极限定理，当 n 足够大时，可认为监测序列 $\{X_n\}$ 符合平均数和方差分别为 $\bar{X}$ 和 σ^2/n 的正态分布，因此给定置信水平 $1-\alpha$ 可以得到对应的置信区间如下：

$$\left[\bar{X} - \frac{\sigma}{\sqrt{n}} z_{\alpha/2}, \bar{X} + \frac{\sigma}{\sqrt{n}} z_{\alpha/2}\right] \tag{4.2}$$

由于通过安全监测布置得到的监测序列 $\{X_n\}$ 是固定时间间隔的监测值集合，并不是整个仪器所有时刻的监测值，所以监测序列 $\{X_n\}$ 是总体监测值的一个样本，此时原总体方差 σ^2 未知，可以用监测序列 $\{X_n\}$ 的样本方差 S^2 代替计算，认为监测序列 $\{X_n\}$ 符合样本平均数和样本方差分别为 $\bar{X}$ 和 S^2/n 的 t 分布。此时置信水平 $1-\alpha$ 对应的置信区间为

$$\left[\bar{X} - \frac{S}{\sqrt{n}} t_{(\alpha/2, v)}, \bar{X} + \frac{S}{\sqrt{n}} t_{(\alpha/2, v)}\right] \tag{4.3}$$

式中：$\bar{X}$ 为样本均值；S 为样本标准差；n 为样本个数；v 为自由度，$v = n-1$；$t_{(\alpha/2, v)}$ 与 α 和 v 有关，通过查表得到。

由 t 分布可知，自由度 v 越大，t 分布越逼近正态分布，通常当 $n > 120$ 时，t 分布可按照标准正态分布计算。因此可对式（4.3）做近似处理，此时置信水平 $1-\alpha$ 对应的置信区间为

$$\left[\bar{X} - \frac{S}{\sqrt{n}} z_{\alpha/2}, \bar{X} + \frac{S}{\sqrt{n}} z_{\alpha/2} \right] \tag{4.4}$$

采用置信区间法度量监测指标的状态，确定置信水平 $1-\alpha$，根据式（4.4）求得对应的置信区间，若某监测值有 $1-\alpha$ 的概率落在置信区间范围内，认为该监测值正常，否则认为该监测值是异常的。

2. 标准评定法

标准评定法主要依据监控标准来对各个监测指标进行评判，是应用较为广泛的异常评判方法。该方法的核心问题是监控标准的拟定，监控标准一般可以通过规范、专家经验、工程类比、数值分析等途径初步拟定，在施工或运行中根据实际的监测资料对监控标准进行修正调整，或根据长期的监测信息进行统计分析拟定。监测值在设定的监控标准范围内，认为监测值正常，当监测值超过设定的监控标准时，认为监测值异常。

3. 趋势识别法

趋势识别从监测序列的发展趋势出发，当出现 N 个监测数值连续变大或变小，且当前监测值相对于上一个监测值变化差异过大时认为当前数值异常。设监测序列 $\{X_n\}$ 的标准差为 δ，对于开合度、沉降以及应变等物理量，监测数值越大越危险，定义当连续 N 个监测数值变大且满足 $x_{i+1} - x_i > \sqrt{2}\delta$ 时，$i+1$ 的监测值异常，否则监测值正常，认为结构安全。

上述分析可以看出，置信区间、标准评定、趋势识别3种度量方法分别从不同的角度对监测数据中的异常值进行判定。置信区间法考虑数据的整体分布情况，标准评定法考察监测数据的绝对数值大小，趋势识别法从数据连续变化的趋势进行异常识别。将上述3种度量方法作为对输水工程运行状态评价的3种评价准则，建立对应的隶属度函数，可以得到各个评价指标在不同评价准则下的单指标运行状态。

4.4　指标模糊隶属度函数构建

由4.2节内容可知，输水工程安全评价指标根据监测仪器类型可分为开合度、沉降以及应变等3种一级评价指标，而同类型的不同监测仪器采集的数据则构成了二级指标。由于各监测仪器布置位置不同，即便是同种监测仪器具有相同的监测数值，其对应的运行状态也不一定相同，因此通过监测数值反应监测指标运行状态具有一定的模糊性，可以通过隶属度函数来确定评价指标对于不同运行状态的隶属程度。隶属度函数构造步骤如下。

1. 确定评价等级集合

为反映输水工程安全运行状态，需要对不同评价指标进行量化处理，建立多种安全等级。本章根据输水工程数据特点建立3个安全等级，对应的评语为 $V = \{V_1, V_2, V_3\} = \{$安全，不确定，不安全$\}$。其中，"安全"表示该指标评价结果为安全状态，"不确定"则表示该指标评价结果无法确定，"不安全"表示该指标评价结果为不安全状态，有可能是安全状

态，也有可能是不安全状态。

2. 隶属度函数构建

根据评价指标度量准则，利用模糊集理论构造隶属函数，从而获得各个指标对不同评语的基本概率赋值。本章构造两种类型的隶属度函数，如图 4.3 中所示。

当用置信区间法作为评价准则时，对于沉降、开合度、应变 3 种评价指标，认为监测值在置信区间范围内是安全的，反之为不安全状态，因此符合图 4.3（a）型隶属度函数分布，由已知监测序列求得置信度为 95% 和 99% 对应的置信区间，根据监测指标运行状态的模糊性，定义图 4.3（a）中 a 和 e 分别为 99% 置信水平确定的置信区间下限和上限，b 和 d 分别为 95% 置信水平确定的置信区间下限和上限，c 为监测序列的平均值，满足 $c = (a+e)/2 = (b+d)/2$。

当用标准评定法作为评价准则时，对于沉降、开合度、应变三种监测指标，给定不同监测指标对应的监控标准，认为监测值小于监控标准是安全的，因此符合图 4.3 中（b）型隶属度函数分布，根据监测指标运行状态的模糊性，设图 4.3（b）中 b 为监控标准，选取 $\pm10\%$ 的标准波动，定义 a 和 c 分别为 $0.9b$ 和 $1.1b$。

当用趋势识别法作为评价准则时，对于沉降、开合度、应变 3 种评价指标，给定异常评判标准 δ，定义当连续 N 个监测数值变大且满足 $x_{i+1} - x_i > \sqrt{2}\delta$ 时，$i+1$ 的监测值异常，否则监测值正常，因此符合图 4.3（b）型隶属度函数分布，根据监测指标运行状态的模糊性，设图 4.3（b）中 b 为 $\sqrt{2}\delta$，选取 $\pm10\%$ 的标准波动，定义 a 和 c 分别为 $0.9b$ 和 $1.1b$。

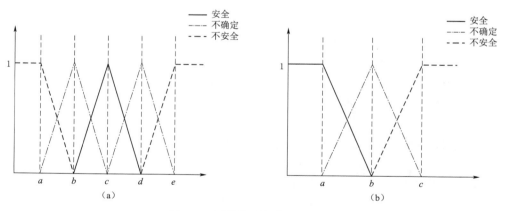

图 4.3 两种类型的隶属度函数

4.5 单种度量下运行安全模糊综合评价方法

4.5.1 模糊综合评价模型

选取某种度量方法作为评价准则，对单个评价指标运行状态进行评价，根据隶属度函数可以得到各个评价指标对应评语集合的隶属程度，按照之前建立的评价体系，即可得到一级指标的模糊关系矩阵 $\boldsymbol{R}^t$ 如下：

$$\boldsymbol{R}^t = \begin{bmatrix} r_1^t \\ \cdots \\ r_i^t \\ \cdots \\ r_n^t \end{bmatrix} = \begin{bmatrix} r_{11}^t & r_{12}^t & r_{13}^t \\ \cdots & \cdots & \cdots \\ r_{i1}^t & r_{i2}^t & r_{i3}^t \\ \cdots & \cdots & \cdots \\ r_{n1}^t & r_{n2}^t & r_{n3}^t \end{bmatrix} \tag{4.5}$$

式中：t 为不同度量方式对应的不同评价准则，对应上文 3 种度量方法；n 为一级评价指标的个数；r_{i1}^t、r_{i2}^t、r_{i3}^t 分别为第 i 个评价指标在第 t 种度量方法下的"安全""不确定""不安全"的隶属函数值，$i=1$，2，$\cdots$，n。

当某种监测仪器有多个监测值（即多个二级评价指标）时，需要综合各个二级指标评价结果，得到一级指标关系矩阵，此时第 i 个一级指标评价结果 r_{i1}^t、r_{i2}^t、r_{i3}^t 可以按照式（4.6）方法得到

$$(r_{i1}^t, r_{i2}^t, r_{i3}^t) = W_2 \begin{bmatrix} r_{i11}^t & r_{i12}^t & r_{i13}^t \\ \cdots & \cdots & \cdots \\ r_{ij1}^t & r_{ij2}^t & r_{ij3}^t \\ \cdots & \cdots & \cdots \\ r_{im1}^t & r_{im2}^t & r_{im3}^t \end{bmatrix} = (W_{21}, \cdots, W_{2j}, \cdots, W_{2m}) \begin{bmatrix} r_{i11}^t & r_{i12}^t & r_{i13}^t \\ \cdots & \cdots & \cdots \\ r_{ij1}^t & r_{ij2}^t & r_{ij3}^t \\ \cdots & \cdots & \cdots \\ r_{im1}^t & r_{im2}^t & r_{im3}^t \end{bmatrix} \tag{4.6}$$

式中：m 为第 i 个一级评价指标对应的二级指标数量；r_{ij1}^t、r_{ij2}^t、r_{ij3}^t 分别为第 i 个一级评价指标下的第 j 个二级评价指标，在第 t 种度量方法下的"安全""不确定""不安全"的隶属函数值；W_2 为二级指标的权重向量；W_{2j} 为第 j 个（$j=1$，2，$\cdots$，m）二级指标的权重。

根据权重和模糊关系矩阵运用复合运算得到某种评价准则对应的综合评价向量 $\boldsymbol{B}^t$，如式（4.7）所示。

$$\boldsymbol{B}^t = W_1 \boldsymbol{R}^t = (W_{11}, \cdots, W_{1i}, \cdots, W_{1n}) \begin{bmatrix} r_{11}^t & r_{12}^t & r_{13}^t \\ \cdots & \cdots & \cdots \\ r_{i1}^t & r_{i2}^t & r_{i3}^t \\ \cdots & \cdots & \cdots \\ r_{n1}^t & r_{n2}^t & r_{n3}^t \end{bmatrix} = (b_1^t, b_2^t, b_3^t) \tag{4.7}$$

式中：b_1^t、b_2^t 和 b_3^t 分别表示采用第 t 种评价准则，考虑所有评价指标的输水工程综合运行状态为"安全""不确定"和"不安全"的隶属度值；W_1 为一级指标的权重向量；W_{1i} 为第 i 个（$i=1$，2，$\cdots$，n）一级指标的权重。

4.5.2　AHP 法求权重

层次分析法（analytic hierarchy process，AHP）是一种定性和定量相结合的分析方法，能够表示每种因素的优劣次序，利用 AHP 法可求得输水工程各级评价指标权重。本章认为同种类型的监测仪器的权重相同，即输水工程评价体系的二级评价指标的权重 W_{2j} 相同，则式（4.6）中二级指标的权重为

$$W_{21} = \cdots = W_{2j} = \cdots = W_{2m} = \frac{1}{m} \qquad (4.8)$$

式中：m 为某个一级评价指标对应的二级指标数量。

因此，只需对一级评价指标采用 AHP 法求得权重。传统的 AHP 采用 1~9 标度，这种标度方法简单但不够准确，易出现判断矩阵一致性检验不通过等问题，因此本章选用 $9^{0/9} \sim 9^{8/9}$ 的指数标度方法，其标度描述见表 4.1。

表 4.1　　　　　　　　　　　　两 种 标 度 的 描 述

1~9 标度	$9^{0/9} \sim 9^{8/9}$ 标度	含　义	1~9 标度	$9^{0/9} \sim 9^{8/9}$ 标度	含　义
1	$9^{0/9}$	前者与后者影响相同	7	$9^{6/9}$	前者比后者强烈重要
3	$9^{2/9}$	前者比后者稍重要	9	$9^{8/9}$	前者比后者极端重要
5	$9^{4/9}$	前者比后者明显重要			

选取若干名专家，对 3 个一级评价指标开合度、沉降和应变的重要性进行评判，给出表 4.2 的判断矩阵，根据判断矩阵可以求得相应的特征值 $\lambda_{\max} = 3.03$，经归一化后得权重向量 （0.33，0.28，0.67），为了度量判断的可靠程度，可计算一致性指标

$$CI = \frac{\lambda_{\max} - 1}{n - 1} = 0.013 \qquad (4.9)$$

表 4.2　　　　　　　　　　输水工程一级评价指标的判断矩阵

项目	开合度	沉降	应变
开合度	$9^{0/9}$	$9^{0/9}$	$9^{0/9}$
沉降	$9^{0/9}$	$9^{0/9}$	$1/9^{2/9}$
应变	$9^{0/9}$	$9^{2/9}$	$9^{0/9}$

一致性指标 $RI = 0.35$，可计算一致性比率

$$CR = \frac{CI}{RI} = \frac{0.013}{0.35} \approx 0.04 < 0.1 \qquad (4.10)$$

通过计算满足一致性检验，即得到一级评价指标开合度、沉降、应变的权重向量为 $W_1 = (W_{11}, W_{12}, W_{13}) = (0.33, 0.28, 0.39)$。

4.6　基于 D-S 证据理论的多种评价结果融合

根据上文内容，可以获得采用某种评价准则得到的输水工程综合运行状态，但监测指标的度量方法多种多样，不同度量方法立足于不同的衡量角度，因此当采用不同度量方法作为输水工程运行状态的评价准则时，得到的输水工程综合运行状态评价结果也存在差异。为了保证评价结果的合理性和全面性，需要将多种度量准则的评价结果进行融合，得到基于多种评价准则的输水工程综合运行状态。D-S 证据理论适用于解决多准则不确定问题，可以综合考虑多个证据得到的判别结果，降低评价中的"不确定"信息。因此，在上文利用不同评价准则得到多种评价结果的基础上，本节采用 D-S 证据理论将多种评价

结果融合，实现基于多准则的输水工程综合运行状态评价。

4.6.1 D－S 证据理论基本原理

D－S（Dempster－Shafer）证据理论于 20 世纪 60 年代由美国哈佛大学数学家 Dempster 提出，后来 Shafer 引入信任函数的概念，对证据理论做了进一步发展，形成了基于"证据"和"组合"来处理问题的数学方法。D－S 证据理论采用 Dempster 合成规则将不同专家或数据源的知识或数据综合起来，可以聚焦同个问题的不同描述和判断中的一致性信息，排除矛盾信息，在信息融合、专家系统、多属性决策等多个领域得到了广泛的应用。

设 Ω 是一个识别框架，表示一个问题所有可能的结果的集合，其中元素间是两两相互排斥的。对于已知的识别框架 Ω，函数 $M: 2^{\Omega} \to [0, 1]$ 若满足下列条件：

$$\begin{cases} M(\varnothing) = 0 \\ \sum_{A \subset \Omega} M(A) = 1 \end{cases} \tag{4.11}$$

则称函数 $M(A)$ 为 A 的基本概率赋值，称为 Mass 函数，表示对于事件 A 的可信度。式（4.11）中两个式子分别表示不可能事件的可信度为 0，所有事件可信度的和为 1。

在识别框架 Ω 上，$\forall A \subset 2^{\Omega}$，定义函数 Bel：$2^{\Omega} \to [0, 1]$，满足：

$$\text{Bel}(A) = \sum_{B \subset A} M(B) \tag{4.12}$$

称函数 Bel 是识别框架 Ω 上的信任函数，表示对命题 A 的信任程度。

在识别框架 Ω 上，$\forall A \subset 2^{\Omega}$，定义函数 Pl：$2^{\Omega} \to [0, 1]$，满足：

$$\text{Pl}(A) = 1 - \text{Bel}(-A) \tag{4.13}$$

称函数 Pl 是识别框架 Ω 上的似然函数，表示对命题 A 非假的信任程度。

两个 Mass 函数可按 Dempster 合成规则进行证据合成，如 $\forall A \subset \Omega$ 上两个 Mass 函数 M_1 和 M_2 的 Dempster 合成规则如下：

$$M_1 \oplus M_2(A) = \frac{1}{K} \sum_{B \cap C = A} M_1(B) M_2(C) \tag{4.14}$$

其中，K 为归一化常数，其计算方法如下：

$$K = \sum_{B \cap C \neq \varnothing} M_1(B) M_2(C) = 1 - \sum_{B \cap C = \varnothing} M_1(B) M_2(C) \tag{4.15}$$

n 个 Mass 函数的 Dempster 合成规则为

$$(M_1 \oplus M_2 \oplus \cdots \oplus M_n)(A) = \frac{1}{K} \sum_{A_1 \cap \cdots \cap A_n = A} M_1(A_1) M_2(A_2) \cdots M_n(A_n) \tag{4.16}$$

其中，K 的计算公式如下：

$$K = \sum_{A_1 \cap \cdots \cap A_n \neq \varnothing} M_1(A_1) M_2(A_2) \cdots M_n(A_n)$$

$$= 1 - \sum_{A_1 \cap \cdots \cap A_n = \varnothing} M_1(A_1) M_2(A_2) \cdots M_n(A_n) \tag{4.17}$$

4.6.2 基于 D－S 证据理论的融合方法

D－S 证据理论通过 Dempster 合成规则将多重证据结果合并起来，可以用于输水工程运行状态多准则评价结果的融合。采用 4.5 节中的单种度量下模糊综合评价方法，可以得到各评价准则对应的不同综合评价结果，将不同的评价准则看作 D‐S 证据理论中的不同"证据"，按照式（4.16）和式（4.17）将多种评价准则对应的不同评价结果 B' 进行融合，可以得到基于多准则的综合评价结果。

根据式（4.7）可以获得采用不同评价准则得到的多种评价结果，采用 D‐S 理论可将多种评价结果融合。多准则融合过程如式（4.18）所示，融合后综合评价结果 B 为

$$
\begin{aligned}
B &= B^1 \bigoplus B^2 \bigoplus B^3 \\
&= (b_1^1, b_2^1, b_3^1) \bigoplus (b_1^2, b_2^2, b_3^2) \bigoplus (b_1^3, b_3^2, b_3^3) \\
&= (b_1, b_2, b_3)
\end{aligned}
\tag{4.18}
$$

式中：B^1、B^2、B^3 分别为采用本章 3 种评价准则得到的 3 种模糊综合评价结果；b_1、b_2、b_3 分别为基于多准则多指标的输水工程综合运行状态为"安全""不确定""不安全"的隶属度值。

4.7 实例应用分析

采用南水北调天津市滨海新区供水工程监测数据做实例应用分析，按照如图 4.1 所示步骤对该工程运行状态进行综合评价。由于该工程沿程布置监测仪器较多，本章选取某典型段为研究对象，考虑典型段监测站范围内所有监测仪器的监测数据，进而评价典型段在某时刻的综合运行状态。

经资料分析，南水北调滨海新区供水工程沿程共布置监测站十余个，分别管理不同穿越段的监测信息，选取津滨水厂二次穿越段作为研究对象，根据上文研究思路，评价其在 2016 年 2 月 24 日的综合运行状态。

4.7.1 确定评价指标及构建评价体系

根据 4.2 节相关分析，选取沉降仪、测缝计和应变计测量的物理量作为一级评价指标，其下再基于各类仪器的具体数目设置若干个二级评价指标。对选取的典型段安全监测布置进行统计分析可得，该典型段布置测缝计 6 支、沉降仪 1 套、应变计 6 支，建立评价体系及各指标编号见表 4.3。

表 4.3 评价体系及指标编号

一级指标名称	一级指标编号	二级指标名称	二级指标编号
开合度	u_1	开合度 1	u_{11}
		开合度 2	u_{12}
		开合度 3	u_{13}
		开合度 4	u_{14}
		开合度 5	u_{15}
		开合度 6	u_{16}
沉降	u_2	沉降	u_{21}

一级指标名称	一级指标编号	二级指标名称	二级指标编号
		应变 1	u_{31}
		应变 2	u_{32}
应变	u_3	应变 3	u_{33}
		应变 4	u_{34}
		应变 5	u_{35}
		应变 6	u_{36}

4.7.2 单准则多指标综合评价

对各评价指标采用 4.3 节中列举的置信区间法、标准评定法、趋势识别法 3 种度量方法作为评价准则分别对各评价指标运行状态进行评价。建立 3 种安全等级 $V=\{$安全，不确定，不安全$\}$，分别采用 3 种评价准则，根据隶属度函数可确定单指标评价结果，再根据评价体系和指标权重，可得到该评价准则下模糊综合评价结果。下面分别对 3 种度量方法的评价过程加以描述。

1. 置信区间法

根据历史监测数据，对评价指标的监测序列进行统计分析，可得到不同置信水平下的置信区间。4.4 节内容可知，置信区间评判符合图 4.3（a）类隶属度函数，a 和 e 分别为 99% 置信水平确定的置信区间下限和上限，b 和 d 分别为 95% 置信水平确定的置信区间下限和上限，c 为监测序列的平均值。对典型段各评价指标历史监测序列统计分析，可得评价结果见表 4.4。

表 4.4 置信区间法评价结果

一级指标	一级指标评价结果	一级指标权重 W_1	二级指标	二级指标权重 W_2	单指标评价结果
			u_{11}	1/6	(0.77, 0.23, 0)
			u_{12}	1/6	(0, 0, 1)
u_1	(0.41, 0.33, 0.26)	0.33	u_{13}	1/6	(0.53, 0.47, 0)
			u_{14}	1/6	(0.45, 0.55, 0)
			u_{15}	1/6	(0, 0.44, 0.56)
			u_{16}	1/6	(0.71, 0.29, 0)
u_2	(0, 0.63, 0.37)	0.28	u_{21}	1	(0, 0.63, 0.37)
			u_{31}	1/6	(0, 0.23, 0.77)
			u_{32}	1/6	(0.51, 0.49, 0)
u_3	(0.33, 0.39, 0.28)	0.39	u_{33}	1/6	(0.33, 0.67, 0)
			u_{34}	1/6	(0.46, 0.54, 0)
			u_{35}	1/6	(0.68, 0.32, 0)
			u_{36}	1/6	(0, 0.09, 0.91)

二级指标之间权重相同，所以可得到一级指标评价结果，根据 4.5.2 节中计算得到的一级指标权重 $\boldsymbol{W}_1 = (\boldsymbol{W}_{11}, \boldsymbol{W}_{12}, \boldsymbol{W}_{13}) = (0.33, 0.28, 0.39)$ 和式（4.7），可以得到置信区间度量方法的模糊综合评价结果：

$$\boldsymbol{B}^1 = \boldsymbol{W}_1 \boldsymbol{R}^1 = (0.33, 0.28, 0.39) \begin{bmatrix} 0.41 & 0.33 & 0.26 \\ 0 & 0.63 & 0.37 \\ 0.33 & 0.39 & 0.28 \end{bmatrix} = (0.26, 0.43, 0.31) \quad (4.19)$$

2. 标准评定法

标准评定法的核心是通过工程经验、规范、工程类比等途径确立评价指标的衡量标准，根据工程经验，本章对评价指标评价标准拟定如下：连接缝开合度 12mm，沉降 1.50cm，应变 $200\mu\varepsilon$。由 4.4 节内容可知，标准评定法符合图 4.3（b）类隶属度函数，则对开合度监测值评价，图 4.3（b）中取 a 为 10.8mm，b 为 12mm，c 为 13.2mm；对沉降监测值评价，取 a 为 1.35cm，b 为 1.5cm，c 为 1.65cm；对结构应变评价，取 a 为 $180\mu\varepsilon$，b 为 $200\mu\varepsilon$，c 为 $200\mu\varepsilon$。

对典型段的各评价指标数据分析，可得评价结果见表 4.5。根据一级指标权重 $\boldsymbol{W}_1 = (\boldsymbol{W}_{11}, \boldsymbol{W}_{12}, \boldsymbol{W}_{13}) = (0.33, 0.28, 0.39)$ 和式（4.7），可以得到标准评定度量方法的模糊综合评价结果：

$$\boldsymbol{B}^2 = \boldsymbol{W}_1 \boldsymbol{R}^2 = (0.33, 0.28, 0.39) \begin{bmatrix} 0.52 & 0.15 & 0.33 \\ 0.66 & 0.34 & 0 \\ 0.43 & 0.12 & 0.45 \end{bmatrix} = (0.53, 0.19, 0.28) \quad (4.20)$$

表 4.5　标准评定法评价结果

一级指标	一级指标评价结果	一级指标权重 $\boldsymbol{W}_1$	二级指标	二级指标权重 $\boldsymbol{W}_2$	单指标评价结果
u_1	(0.52, 0.15, 0.33)	0.33	u_{11}	1/6	(1, 0, 0)
			u_{12}	1/6	(1, 0, 0)
			u_{13}	1/6	(0.29, 0.71, 0)
			u_{14}	1/6	(0.83, 0.17, 0)
			u_{15}	1/6	(0, 0, 1)
			u_{16}	1/6	(0, 0.02, 0.98)
u_2	(0.66, 0.34, 0)	0.28	u_{21}	1	(0.66, 0.34, 0)
u_3	(0.43, 0.12, 0.45)	0.39	u_{31}	1/6	(0, 0, 1)
			u_{32}	1/6	(1, 0, 0)
			u_{33}	1/6	(0.58, 0.42, 0)
			u_{34}	1/6	(0, 0, 1)
			u_{35}	1/6	(1, 0, 0)
			u_{36}	1/6	(0, 0.3, 0.7)

3. 趋势识别法

由于南水北调滨海新区供水工程安全监测采集周期为 1 天，因此考虑最近 3 天的数据趋势作为识别长度。假设当前为第 t 天，当连续 3 天的监测数值变大且当前监测数据满足 $x_t - x_{t-1} > \sqrt{2}\delta$ 时，认为当前监测值异常，否则监测值正常，结构安全。由上述分析可知，趋势识别法符合图 4.3 (b) 类隶属度函数，即图中 a 为 $0.9\sqrt{2}\delta$，b 为 $\sqrt{2}\delta$，c 为 $1.1\sqrt{2}\delta$。

对典型段各评价指标历史监测数据统计分析，可得评价结果见表 4.6。根据一级指标权重 $W_1 = (W_{11}, W_{12}, W_{13}) = (0.33, 0.28, 0.39)$ 和式 (4.7)，可以得到趋势识别度量方法下的模糊综合评价结果：

$$\boldsymbol{B}^3 = \boldsymbol{W}_1 \boldsymbol{R}^3 = (0.33, 0.28, 0.39) \begin{bmatrix} 0.81 & 0.06 & 0.13 \\ 1 & 0 & 0 \\ 0.79 & 0.11 & 0.10 \end{bmatrix} = (0.86, 0.06, 0.08) \quad (4.21)$$

表 4.6   趋势识别法评价结果

一级指标	一级指标评价结果	一级指标权重 W_1	二级指标	二级指标权重 W_2	单指标评价结果
u_1	(0.81, 0.06, 0.13)	0.33	u_{11}	1/6	(1, 0, 0)
			u_{12}	1/6	(1, 0, 0)
			u_{13}	1/6	(0, 0.22, 0.78)
			u_{14}	1/6	(1, 0, 0)
			u_{15}	1/6	(0.86, 0.14, 0)
			u_{16}	1/6	(1, 0, 0)
u_2	(1, 0, 0)	0.28	u_{21}	1	(1, 0, 0)
u_3	(0.79, 0.11, 0.10)	0.39	u_{31}	1/6	(0, 0.40, 0.60)
			u_{32}	1/6	(1, 0, 0)
			u_{33}	1/6	(0.74, 0.26, 0)
			u_{34}	1/6	(1, 0, 0)
			u_{35}	1/6	(1, 0, 0)
			u_{36}	1/6	(1, 0, 0)

4.7.3 基于 D-S 证据理论的多准则综合评价

根据式 (4.19) ～式 (4.21)，可以得到不同度量方法对应的模糊综合评价结果，采用 D-S 证据理论对多准则下的评价结果进行综合。根据式 (4.16) 和式 (4.17)，可得到基于多准则的输水工程综合运行状态，计算结果如下：

$$K = \sum_{A_1 \cap A_2 \cap A_3 \neq \varnothing} M_1(A_1) M_2(A_2) M_3(A_3) = 0.51 \quad (4.22)$$

$$M(安全) = (M_1 \oplus M_2 \oplus M_3)(安全)$$
$$= \frac{1}{K} \sum_{A_1 \cap A_2 \cap A_3 = \{安全\}} M_1(A_1)M_2(A_2)M_3(A_3)$$
$$= 0.90 \tag{4.23}$$

$$M(不确定) = (M_1 \oplus M_2 \oplus M_3)(不确定)$$
$$= \frac{1}{K} \sum_{A_1 \cap A_2 \cap A_3 = \{不确定\}} M_1(A_1)M_2(A_2)M_3(A_3)$$
$$= 0.01 \tag{4.24}$$

$$M(不安全) = (M_1 \oplus M_2 \oplus M_3)(不安全)$$
$$= \frac{1}{K} \sum_{A_1 \cap A_2 \cap A_3 = \{不安全\}} M_1(A_1)M_2(A_2)M_3(A_3)$$
$$= 0.09 \tag{4.25}$$

因此,可得该典型段基于多准则的综合运行状态:综合运行状态"安全"的隶属度为 0.90,综合运行状态"不确定"的隶属度为 0.01,综合运行状态"不安全"的隶属度为 0.09,整理评价结果见表 4.7。

通过表 4.7 可以看出:3 种评价准则中,准则二和准则三的"安全"隶属度显著高于"不安全"状态,准则一"安全"隶属度比"不安全"状态稍低,可初步判断综合运行状态偏向为安全状态,而通过 D-S 证据理论得到的综合评价结果中,"安全"的隶属度远远高于"不安全"状态,结果符合初步判断;同时,综合评价结果的"不确定"状态隶属度为 0.01,远远低于 3 种准则对应的"不确定"状态隶属度。因此,通过 D-S 证据理论可以减小评价的不确定程度,提高评估结果的准确性。

表 4.7　　　　　　　　　不同度量准则及多准则融合的评价结果

评价等级	准则一	准则二	准则三	综合结果
安全	0.26	0.53	0.86	0.90
不确定	0.43	0.19	0.06	0.01
不安全	0.31	0.28	0.08	0.09

4.8　本章小结

本章详细介绍了基于多准则多指标的输水工程运行安全模糊综合评价方法。首先,分析了输水工程运行安全评价指标的选取和评价体系的构建,介绍了安全监测指标的 3 种不同度量方法。在此基础上,构建了各度量方法对应的评价指标隶属度函数,总结了单种度量方法下,综合多种评价指标的运行安全模糊综合评价方法,同时简要介绍了 AHP 法求指标权重的过程。接着,将 3 种监测指标度量方法作为三种评价准则,采用 D-S 证据理论融合多个评价结果,将不同的评价准则看作 D-S 理论中不同的"证据",根据 Dempster 合成规则可以得到基于多准则多指标的输水工程综合运行状态评价结果。采用上述综合评价方法,既可以对已得到的监测仪器实测值进行分析,以得到输水工程当前的综合运行状态，又可以对第 3 章得到的安全监测预测值进行分析评价，以预测输水工程综合运行状态的未来发展趋势。

以南水北调天津市滨海新区供水工程某典型段为例，根据监测数据对该典型段当前运行状态做出评价，得到融合多种评价结果和多个评价指标的典型段综合运行状态。结果表明，采用基于 D-S 证据理论的综合评价方法，可减小评价的不确定程度，为输水工程运行状态综合评价提供一种更为客观的评价手段，进而为输水工程的运行管理提供决策支持和科学依据。

第2篇
无人机巡检与智能识别

第 5 章

耦合动态 BIM 的输水渠道无人机
增强现实巡检技术

5.1 引言

传统的人工巡检效率低、覆盖范围有限，难以适应长距离输水工程线状分布、空间跨度大、沿途环境复杂的特点。采用无人机取代人力进行自动化巡检可大大提高巡检效率和覆盖范围，有助于及时发现潜在安全隐患。当前国内外应用无人机进行巡检的案例已有很多，然而现有研究主要集中在房建、桥梁等点状或面状工程，在输水工程等线性工程上的应用则较为少见。因此，现有无人机技术及产品能否适用于输水渠道复杂环境（严寒、高海拔、大风）下的长航程巡检是有待研究的一大问题。

另外，基于无人机采集的航拍视频进行安全状况分析和风险评估是安全巡检的重要一环。全方位多源工程信息的集成对决策分析具有辅助作用，如结构的几何形体尺寸有助于判断当前险情的影响范围、安全监测数据有助于分析险情的演化过程等。然而，现有研究缺乏有效的技术手段在巡检过程中快速、直观地提供此类信息来辅助决策。动态建筑信息模型作为输水渠道项目的数字孪生，不仅包含了结构几何形态、空间布置、构件类型和材质等静态信息，还可集成工程安全监测、水质抽检、现场照片等动态信息。利用虚拟的动态 BIM 对无人机采集的航拍实景进行信息增强，实现无人机的增强现实巡检，将有助于工程管理人员更好地认识航拍巡检视频中发现的疑似险情。

综上所述，本章首先给出基于动态 BIM 信息增强的无人机巡检技术方案，并根据复杂环境下长距离输水渠道的巡检需求进行适用无人机的选型；然后，重点介绍 BIM 模型仿真相机三维交互渲染的原理，及其与真实相机参数的匹配转换算法；接着，介绍巡检航拍视频在网络环境下的发布技术，提出基于航拍图物理光学参数的航拍视频–BIM 模型实时联动方法；最后，通过实例应用评价航拍视频–BIM 模型虚实联动算法的匹配精度，来验证所述方法的有效性。

5.2　动态 BIM 信息增强的无人机巡检技术路线

针对现有方式难以在无人机巡检过程中快速提供可辅助决策的直观信息的问题，提出了动态 BIM 辅助的无人机增强现实巡检技术方案，如图 5.1 所示。

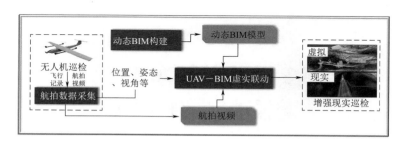

图 5.1　耦合动态 BIM 的无人机增强现实巡检技术方案

增强现实（augmented reality，AR）是近年来兴起的一种可视化和交互技术，从广义上讲，凡是通过虚拟信息和现实的交互联动来辅助人类更好地理解现实世界的系统、方法和技术均可认为是增强现实。根据动态 BIM 辅助的无人机巡检方案，利用航拍影像对应的飞行记录信息（坐标、姿态、视场角等）来实现动态 BIM 模型（虚拟空间）与航拍视频（现实空间）的同屏联动，以 BIM 模型之"虚"拟信息来增强航拍视频之"实"景记录，增强了信息的集成度和调用的便捷性，有利于辅助支撑风险评估和安全诊断，是增强现实技术在输水工程巡检领域的外延和应用创新。

耦合动态 BIM 的无人机增强现实巡检技术方案主要由 3 个步骤构成，分别为航拍数据采集、动态 BIM 构建以及 UAV–BIM 虚实联动。

1. 航拍数据采集

如图 5.2 所示，数据采集流程为：利用工业级固定翼无人机进行远距离沿渠巡检，现场巡检人员通过地面站及遥控器对飞机进行航线规划，并在必要时介入，实时调整飞机位置和姿态。在巡检过程中，航拍视频图像实时回传地面站。由于输水工程所穿越的个别地区不覆盖 4G 移动网络，或即便覆盖 4G 信号也存在传输延迟的问题，航拍视频难以在线从地面站回传后方营地。故可采用"本地存储＋数据上传"的模式，具体来说，现场人员巡检完成后，将保存下来的巡检航拍视频和飞行记录（包括坐标、姿态、视场角等数据）通过系统数据接口上传至后方数据库服务器。随后，后方管理人员通过所开发的 BIM 辅助的无人机巡检 Web 客户端可查看巡检过程视频，并结合同步漫游的渠道 BIM 模型进行决策判断。

2. 动态 BIM 构建

自动化安全监测、定期水质抽检、重点部位的人工巡检记录等安全监测信息是工程管理人员对渠道运行状态进行诊断评估的重要依据。采用第 2 章介绍的基于 BIM 的网络可视化方法，构建输水工程安全监测动态 BIM 模型，可以对动态安全监测数据进行可视化的管理和呈现，有助于信息的高效获取和调用，进而在险情发生时快速地辅助决策。如第 2 章所述，安全监测动态 BIM 的构建可归纳为如下 3 个步骤：首先，采用 Revit 等软件建立长距离输水工程的 BIM 模型；然后，通过元数据描述和结构化存储的方法，实现安全监测信息到 BIM 模型的动态映射集成；最后，对建模成果进行轻量化处理，将其转换为适合互联网传输并可被浏览器引擎解析的数据格式，进而实现动态 BIM 的网络可视化发布。

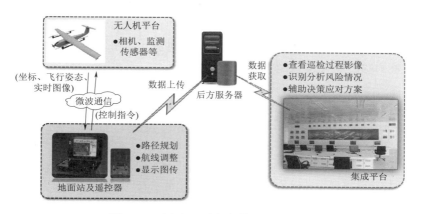

图 5.2　无人机巡检航拍数据采集流程

3. UAV – BIM 虚实联动

UAV 是无人机（unmanned aerial vehicle）的英文缩写。在 UAV 航拍视频和动态 BIM 都具备的情况下，本章通过动态 BIM 随航拍视频在同一个页面的联动来实现所谓的"增强现实"巡检。通过视频流的方式实现航拍巡检视频在浏览器页面的显示，调用位置坐标、云台姿态、相机焦距等飞行状态数据，进行坐标转换和虚实相机参数匹配，实现动态 BIM 虚拟场景与航拍视频实景的匹配，最终达到虚拟动态 BIM 随航拍视频同步漫游的效果。

通过上述方式，将构建好的输水工程安全监测动态 BIM 模型与无人机巡检航拍视频耦合，实现二者的虚实同步匹配（虚实联动），利用动态 BIM 的信息对巡检视频实景进行信息增强。这可以方便管理人员在察看巡检视频的同时，快速地调取动态 BIM 中的多源信息，从而对风险状况做出全面科学的评价，有助于决策分析和应急方案制定。

5.3　长距离输水渠道巡检适航无人机选型

从输水渠道巡检的功能角度出发，所选无人机应具备航拍录像和在线图传的基本功能。航拍录像的功能保证了航拍影像资料的保存和归档，以便于后续耦合 BIM 的安全风险评估和基于机器学习的自动险情识别。为容纳大量采集的航拍视频，所选无人机应具备足够的存储容量。所谓在线图传是指利用无线通信技术将无人机摄像头获取的航拍影像（视频或图片）实时传输到现场操控人员的指定终端（如地面站、移动设备等），该功能保证了操作人员对飞机的实时可控，有利于飞行安全和巡检路线的灵活变更（如：根据看到的疑似险情动态调整航线）。

从长距离输水渠道的特点出发，所选用无人机应满足长时间续航和复杂环境（高海拔、严寒、刮风）下稳定运行的技术需求。首先，由于输水工程跨度大、距离长，巡检无人机应具备突出的续航能力以适应长航程飞行。当前，大多数旋翼式无人机续航时间一般为 20～50min，加之此类机型航速较慢（50～80km/h），其续航里程有限。固定翼无人机则航速快、续航时间长，可轻松承担百公里级的飞行任务。其次，长距离输水工程沿途可能穿越各类气象地理条件复杂的区域，保证无人机在此类复杂环境下的稳定运行是进行航拍巡检的必要条件。对于无人机而言，影响其飞行稳定性的因素包括海拔和风力等级两方面：①海拔越高，空气越稀薄，越难以提供飞行所需的机翼升力；②风力越强，气流越紊乱，复杂的空气动力学条件将严重影响飞行安全。综合上述分析，巡检无人机应满足长距离续航、适应高海拔飞行和抗风能力好的技术需求。

从上述功能需求和技术需求出发，进行了相关无人机产品的调研，其结果见表 5.1。其中，北京数维翔图的两款机型（DM－150G 高原型和 DM－150 经典型）虽然从飞行航程、图传范围、高寒环境适应性等方面考虑，基本能满足输水渠道的巡检需求，但因其需助跑起降，操作较复杂，一般需要 3～4 人操控（操控人员需进行 1 个月技能培训）。成都纵横的CW 系列无人机可垂直起降，具备全自主起飞能力，航程最高可超过 300km，飞控/图传距离最高达 50km，同时搭载可见光和红外线摄像机，可悬停多角度跟踪目标。该系列无人机兼具固定翼和旋翼式机型的特点，操作维护简单（操作人数为 2 人，培训天数为 10 天），具有超长的续航时间和模块化的设计，因而更适于进行长距离复杂环境下的巡检应用。

表 5.1　　　　　　　　　　　　　　　备选无人机型号主要参数

产品照片	型号	厂商	相关参数	备注
	DM－150G	北京数维翔图	◇　海拔：3000～5000m ◇　航程：250km ◇　抗风等级：6 级 ◇　飞控范围：20km ◇　图传距离：15km ◇　价格：80＋万	起飞要求高，操作较难，不能悬停聚焦，不推荐
	DM－150	北京数维翔图	◇　海拔：＜3000m ◇　航程：250km ◇　抗风等级：5 级 ◇　飞控范围：20km ◇　图传距离：15km ◇　价格：60＋万	起飞要求高，操作较难，不能悬停聚焦，不推荐
	CW－30D	成都纵横	◇　垂直起降，全自主起飞 ◇　RTK 定点起降、精准导航 ◇　航程：300＋km ◇　抗风等级：6 级 ◇　海拔：4000～5000m ◇　飞控/图传距离：30～50km ◇　可见光/红外线摄像机（30 倍变焦） ◇　价格：90＋万	性能突出，但价格过高，不推荐

续表

产品照片	型号	厂商	相关参数	备注
	CW-10D	成都纵横	◇ 垂直起降、全自主起飞 ◇ 航程：70km ◇ 抗风等级：6 级 ◇ 海拔：1000～3000m ◇ 飞控/图传距离：20km ◇ 可见光/红外线摄像机（30 倍变焦） ◇ 价格：60＋万	起飞场地要求低，操作较容易，可悬停聚焦，航程等指标满足工程应用要求，且价格适中，推荐

基于上述分析和成本考量，采用 CW-10D 机型进行本章的输水渠道巡检实例应用。图 5.3 为该机型的设计图和实物图，其机身长度为 1.6m，翼展 2.6m，重量（包括提供的相机和电池）为 12kg，驱动方式为电动马达驱动，无线电链路范围 30km，采用 DGPS RTK/PPK 进行坐标定位。搭载设备包括光电吊舱 MG-200L、两轴双光云台（方位角范围 360deg×N，俯仰范围 ±90deg）、可见光相机（分辨率 1920×1080、制式 1080P 和 30Hz、30 倍光学变焦）和长波红外相机。飞机采用垂直起降方式，巡航速度 72km/h（即 20m/s）、最大速度 108km/h（即 30m/s）、抗风等级为 6 级（10.8～13.8m/s）、最大飞行时间 120min、图传范围 20km。

图 5.3　CW-10D 型固定翼无人机

5.4　动态 BIM 仿真相机三维交互渲染原理

三维交互渲染（或交互式三维渲染，interactive 3D rendering）是指在用户的干预和交互下，从三维场景中实时渲染生成静态图像或动画，进而显示于计算机的二维显示屏上的过程。随着计算机图形学（computer graphics，CG）和图形处理单元（graphics processing unit，GPU）的飞速发展，三维交互渲染技术所能处理的三维形体日趋复杂，渲染分辨率和帧率越来越高。三维交互渲染技术的突飞猛进不仅在影视、娱乐等行业给人们带来了前所未有的三维感官体验，也使得 BIM 等计算机辅助的三维设计成为可能。

　　要使 BIM 模型内的三维建筑物形体显示在二维的计算机屏幕上，就需要设置一定的投影规则，从而建立虚拟三维空间与屏幕二维像素间的动态映射关系。这就像在 BIM 中存在一个仿真的虚拟相机，根据相机位置和光学参数（如视场角或焦距）的不同，需要实时计算位于相机视野范围内的建筑构件元素，推求元素间的景深和遮挡关系，进而投影（成像）在计算机屏幕上。目前，三维渲染领域常用的投影方式有两种，分别为正交投影和透视投影，如图 5.4 所示。正交投影（orthographic projection）也称为正射投影或平行投影，其原理示意图如图 5.4（a）所示，该投影方式的视景体是一个长方体，对处于视景体内的三维结构元素采用正交于近/远截取面的射线进行投影，以使其显示于视口上。由于经过投影后对象的尺寸和角度保持不变，正交投影常常用于 BIM 模型的设计和施工阶段，以便确保出图时对象的尺寸比例一致。如图 5.4（b）所示，透视投影（perspective projection）的视景体呈现棱台状，类似一个顶部被截去的棱锥（因此也被称为截头锥体）。该方式类似于真实相机或人眼的小孔成像原理，通过连接视点与对象间的射线对处于视景体内的三维结构元素进行投影成像，因此，能模拟出"近大远小"的效果，符合人类肉眼的观察习惯。图 5.5 展示了对同一输水工程场景，正交投影和透视投影两种方式渲染结果的差异，显然，后者更符合人类的实际观察习惯。

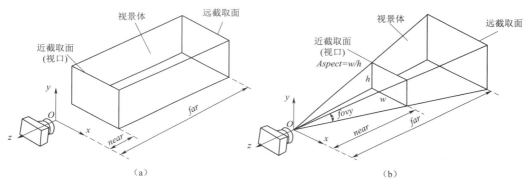

图 5.4　常用投影方式原理示意图

(a) 正交投影；(b) 透视投影

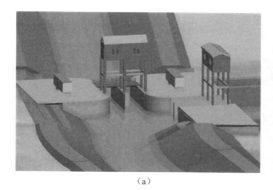

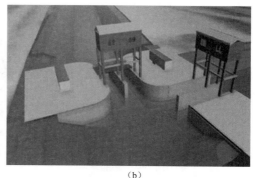

（a）　　　　　　　　　　　　　（b）

图 5.5　不同投影方式对相同场景的渲染效果

(a) 正交投影；(b) 透视投影

如第 2 章所述，输水工程安全监测动态 BIM 的三维渲染是依靠 WebGL 在浏览器端进行的。由于在输水工程的运行管理和辅助巡检阶段，BIM 模型的真实几何形体外观并非关注的重点，因此，为了使得 BIM 场景能够以符合用户习惯的方式呈现给工程人员，进而直观辅助无人机安全巡检，决定采用"透视投影"的方式进行三维交互渲染。在采用 WebGL 的透视投影函数时，需要对 BIM 场景内虚拟相机的参数进行定义。这些参数包括两方面，一方面是跟相机物理姿态相关的参数，如下所示：

$$\{x, y, z, v_{eye}, v_{up}\} \tag{5.1}$$

其中，x、y 和 z 为描述仿真相机在 BIM 场景内位置的三维空间坐标；单位矢量 v_{eye} 和 v_{up} 则描述了仿真相机的三维姿态，前者表示相机主光轴（或视线）朝向的方向，后者则表示相机刚体垂直向上的方向。

另一方面的参数主要跟相机光学性质的模拟相关，主要包括如下参数：

$$\{fov, aspect, near, far\} \tag{5.2}$$

式中：fov、$aspect$ 分别为相机的视场角和投影视口的宽高比；$near$、far 分别为虚拟相机视景体近截取面和远截取面到原点的距离。

5.5　虚实相机对应物理光学参数的解算

图 5.6 从物理参数和光学参数两方面，建立了无人机机载相机与 BIM 仿真相机间的参数对应模型。对于无人机机载相机而言，描述其状态的参数包括物理参数和光学参数两方面。物理参数是指描述相机刚体在真实物理空间中位置和姿态的参数，其中位置信息用无人机实时获得的卫星定位数据表示，即经度 longitude、纬度 latitude 和海拔 altitude，姿态信息用相机的偏航角 yaw、俯仰角 pitch 和横滚角 roll 来表示；从光学参数角度来看，常用相机的成像一般是基于针孔成像原理，其描述参数包括焦距和分辨率等。如 2.7 节所述，动态 BIM 模型在 Web 端的交互渲染是基于 WebGL 三维引擎库实现的。该库规定了三维模型中虚拟相机的相关参数，如描述位置的向量（x，y，z）和描述相机姿态的矢量 v_{eye} 和 v_{up}。除了上述物理参数，WebGL 还模拟了类似现实世界针孔成像原理的光学投影方式，即透视投影。

基于上述物理光学参数对应模型，推导了由真实相机参数解算虚拟相机参数的转换表达式。

1. 位置坐标的转换

由真实相机位置坐标推求虚拟相机位置的方法如式（5.3）所示：

$$p_{BIM} = f_{trans}(p_{WGS84}) \tag{5.3}$$

式中：p_{WGS84}、p_{BIM} 分别为真实相机和虚拟相机在 WGS84 和 BIM 项目坐标系下的坐标向量，即 $\begin{bmatrix} lon & lat & alt \end{bmatrix}^T$ 和 $\begin{bmatrix} x & y & z \end{bmatrix}^T$；$f_{trans}(x)$ 为转换函数，一般包含国家/地区坐标系转换、投影坐标转换、当地坐标转换和 BIM 项目坐标转换 4 个步骤，如图 5.7 所示。

（1）国家/地区坐标系的转换。由于采用不同的参考椭球面，不同的国家和地区使用的地理坐标系统也不尽相同，如中国的北京 54 坐标系，美国的 1983 年北美坐标系等。由

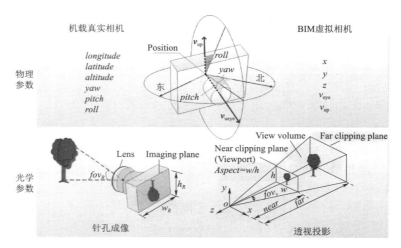

图 5.6 实景相机与仿真虚拟相机的物理光学参数对应模型

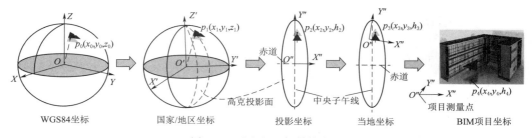

图 5.7 无人机坐标转换流程

WGS84 到国家/地区坐标系的转换本质是两个不同的三维空间直角坐标系间的转换，如图 5.8（a）所示。式（5.4）为对应的 7 参数模型转换公式。

$$\boldsymbol{p}_1=(1+m_1)\begin{bmatrix} 1 & \varepsilon_Z & -\varepsilon_Y \\ -\varepsilon_Z & 1 & \varepsilon_X \\ \varepsilon_Y & -\varepsilon_X & 1 \end{bmatrix}\boldsymbol{p}_0+\begin{bmatrix} \Delta X_1 \\ \Delta Y_1 \\ \Delta Z_1 \end{bmatrix} \tag{5.4}$$

式中：$\boldsymbol{p}_0$、$\boldsymbol{p}_1$ 分别为无人机位置坐标在 WGS84 系统和国家/地区坐标系统下的坐标向量 $(x_0，y_0，z_0)^\mathrm{T}$ 和 $(x_1，y_1，z_1)^\mathrm{T}$；ε_X、ε_Y、ε_Z 分别为绕 X 轴、Y 轴和 Z 轴的旋转角度；m_1 为尺度因子；$[\Delta X_1 \quad \Delta Y_1 \quad \Delta Z_1]^\mathrm{T}$ 为平移向量。

（2）投影坐标转换。由于投影方法并不唯一（如高斯投影、墨卡托投影等），地理坐标系到平面投影坐标的转换并没有通用的简单公式。在确定椭球参数、投影方法、分带标准（3°或 6°）和中央子午线等参数的前提下，可用 GIS 软件完成转换工作。假设转换结果为 $\boldsymbol{p}_2(x_2，y_2，h_2)$，则转换过程可表示如下：

$$\boldsymbol{p}_2=f_{\mathrm{proj}}(\boldsymbol{p}_1) \tag{5.5}$$

式中：$f_{\mathrm{proj}}(x)$ 为所采用投影方式对应的转换函数。

（3）当地坐标转换。如图 5.8（b）所示，由国家/地区系统平面坐标到地方平面坐标的转换为两个不同的二维平面直角坐标系间的转换。相对于参考椭球面的大地高需转换为工程应用中常用的正常高。转换方法可表示为式（5.6）：

$$\boldsymbol{p}_3 = (1+m_3)\begin{bmatrix} \cos\omega & -\sin\omega & 0 \\ \sin\omega & \cos\omega & 0 \\ 0 & 0 & \dfrac{1}{1+m_3} \end{bmatrix}\boldsymbol{p}_2 + \begin{bmatrix} \Delta X_3 \\ \Delta Y_3 \\ -\zeta \end{bmatrix} \tag{5.6}$$

式中：$\boldsymbol{p}_3$ 为无人机位置坐标在当地坐标系下的平面坐标向量$(x_3，y_3，h_3)^{\mathrm{T}}$；$\omega$ 为旋转参数；m_3 为尺度因子；ΔX_3、ΔY_3 为平面坐标平移量；ζ 为似大地水准面与参考椭球面间的高程异常。

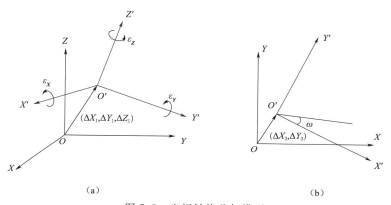

图 5.8　坐标转换几何模型

（a）空间直角坐标系转换；（b）平面直角坐标系转换

（4）BIM 项目坐标转换。BIM 项目的测量点一般被设置为项目所在的当地坐标系中的某个控制点，BIM 项目坐标系便是以该控制点为原点，坐标轴方向维持不变的坐标系统，其转换如式（5.7）所示。

$$\boldsymbol{p}_4 = \boldsymbol{p}_3 + \begin{bmatrix} \Delta X_4 \\ \Delta Y_4 \\ 0 \end{bmatrix} \tag{5.7}$$

式中：$\boldsymbol{p}_4$ 为无人机位置坐标在 BIM 坐标系下的坐标向量$(x_4，y_4，h_4)^{\mathrm{T}}$；$\Delta X_4$、$\Delta Y_4$ 为平移量，取测量点坐标的相反数。

2. 相机姿态的转换

在 WebGL 下，虚拟相机姿态用观察方向向量 $\boldsymbol{v}_{\mathrm{eye}}$ 和相机向上向量 $\boldsymbol{v}_{\mathrm{up}}$ 等两个向量表示，它们的推求方法如式（5.8）和式（5.9）所示。

$$\boldsymbol{v}_{\mathrm{eye}} = \left[\cos\beta\cos\left(\frac{\pi}{2}-\alpha\right), \cos\beta\sin\left(\frac{\pi}{2}-\alpha\right), \sin\beta\right]^{\mathrm{T}} \tag{5.8}$$

$$\boldsymbol{v}_{\mathrm{up}} = \begin{bmatrix} \sin\left(\dfrac{\pi}{2}-\alpha\right)\sin\varphi - \cos\left(\dfrac{\pi}{2}-\alpha\right)\sin\beta\cos\varphi \\ -\cos\left(\dfrac{\pi}{2}-\alpha\right)\sin\varphi - \sin\left(\dfrac{\pi}{2}-\alpha\right)\sin\beta\cos\varphi \\ \cos\beta\cos\varphi \end{bmatrix} \tag{5.9}$$

其中：α、β、φ 分别为描述真实相机姿态的偏航角（yaw）、俯仰角（pitch）和横滚角（roll）。

3. 光学参数的转换

虚拟相机采用透视投影的方式，以模拟真实相机针孔成像原理所产生的"近大远小"的效果，如式（5.10）所示。

$$\begin{bmatrix} fov_V \\ aspect \\ near \\ far \end{bmatrix} = \begin{bmatrix} fov_R \\ w_R/h_R \\ m \\ +\infty \end{bmatrix} \tag{5.10}$$

式中：fov_V 规定了虚拟相机的视场角；fov_R 为真实相机的视场角；$aspect$ 为透视投影平面的宽高比；w_R、h_R 分别为真实相机成像矩形的宽和高；$near$、far 分别表示虚拟相机视景体近截取面和远截取面到原点的距离，为模拟真实相机的视距，应分别取一个极小常数和无穷远。

5.6 网络环境下巡检航拍影像的在线发布

图 5.9 为网络环境下航拍影像在线发布的技术方案。为保证视频在线播放的流畅性和实时性，采用流媒体技术进行巡检航拍视频的网络发布。流媒体，又叫流式媒体，是具备边传边播特点的一种多媒体，如音频、视频和其他多媒体文件。流媒体技术将采集到的连续非串流格式的视频和音频编码压缩成串流格式放到网站服务器上，用户通过客户端播放器进行数据解析查看，而不再需要全部下载之后才能观看。"流"媒体的流是指其传输方式采用流式传输方式，此传输方式具有边传边播的优势，是流媒体技术的关键。流媒体的出现极大地方便了人们的工作和生活。简而言之，流媒体将音视频文件经过压缩处理后，放在网络服务器上，在 Internet

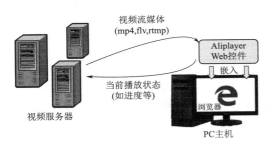

图 5.9 基于流媒体的巡检航拍视频网络发布

中使用流式传输技术分段传送，客户端计算机仅需将起始几秒的数据先下载到本地的缓冲区中就可以开始播放，后面收到的数据会源源不断输入到缓冲区，可实现即时收听和收看。流媒体应用的一个最大的好处是用户不需要花费很长时间将多媒体数据全部下载到本地后才能播放，这样节省了下载时间和存储空间，使延时大大减少。

巡检航拍视频流从服务器传输到 Web 浏览器后，需要通过播放器进行解码和播放。采用 Aliplayer Web 浏览器视频播放控件进行视频解析播放。该控件支持的视频类型包括mp4、flv、rtmp 等多种格式，并且提供功能丰富的二次开发接口，有利于后续通过调取视频播放进度来匹配 BIM 模型漫游。

5.7 基于航拍图物理光学参数的渠道 BIM 实时联动

在确定参数匹配关系和航拍视频在线发布之后，本节讨论虚实场景联动漫游的实现方法，如图 5.10 所示。在巡检视频处于播放状态的情况下，监听用户是否触发开始联动漫游，如果"是"，通过 WebGL 接口获得 BIM 场景照相机的当前状态 S_t（p_4，v_{eye}，v_{up}），此处 p_4、v_{eye} 和 v_{up} 的定义见第 5.5 节。因为 fov_v、$aspect$ 等光学参数对于同一个巡检设备是固定的，故假设它们作为预设值已事先写入程序中。下一步需要从无人机飞行数据中获得 BIM 相机的目标状态。首先通过视频播放器接口得到当前的播放进度 t_L，加上巡检视频的开始录像时间 t_S，以推求当前帧画面的全局采样时间 t_G，然后以 $t+\Delta t = t_G$ 为条件从服务器的飞行记录中检索对应的姿态数据。无人机姿态数据检索完毕后，利用 5.5 节的方法进行坐标转换和参数匹配便可得 BIM 相机的目标状态 $S_{t+\Delta t}$（p_4，v_{eye}，v_{up}）。

利用 Tween.js 实现状态 S_t 到状态 $S_{t+\Delta t}$ 间的平滑漫游。Tween.js 是基于 JavaScript 的一个简单的补间动画库。该库允许开发者以平滑的方式修改元素的属性值，只需要对 Tween 指定想修改的目标初始值、动画结束时的最终值，以及动画花费时间的长短等信息，Tween 引擎就可以计算从开始动画点到结束动画点之间的过渡值，进而产生平滑的动画效果。Tween 对象进行实例化时需要指定初态、终态、持续时间和缓动函数，其中，初态和终态分别为 S_t 和 $S_{t+\Delta t}$，持续时间为初态过渡到终态所需的时间，缓动函数为平滑过程采用的运动形式（如线性匀速 Linear，正弦缓动 Sine 等）。平滑运动过程结束后，若用户没有下达停止指令，程序自动进入下一周期，重复执行上述过程。如此循环往复，即可实现 BIM 场景随巡检视频持续地联动漫游。

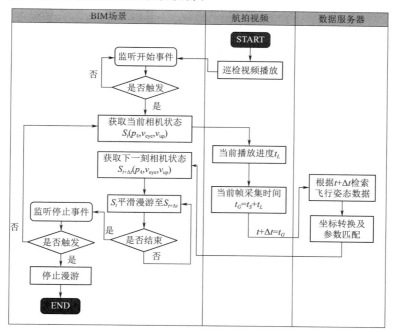

图 5.10 基于航拍图物理光学参数的虚实耦联漫游实现流程

5.8 实例应用分析

将本章提出的无人机增强现实巡检方法应用于我国西北地区某输水工程。如前文所述，该工程属大（2）型Ⅱ等工程，主要输水建筑物为梯形断面明渠。运行期为每年的 4 月下旬至 9 月下旬，主要功能是向沿线农业开发区及下游地区输送工农业用水。某输水工程位于大陆腹地，所处地区均为荒漠和戈壁，环境条件相当恶劣，人群居住稀少，气候主要表现为夏季炎热、冬季寒冷，最高气温和最低气温分别为 39.6 ℃和－42.7 ℃，每年都会出现较为频繁的季风活动，尤其是在 4—5 月期间风力最强。工程规模庞大，跨越较长的渠线，辖区内包括多种水工建筑物。上述复杂的自然及工程条件给项目的运行管理和日常巡检带来了巨大的挑战，工程对应用新技术手段来提高巡检及险情识别效率有较大的实际需求。

5.8.1 长距离渠道无人机巡检适用性分析

利用选型的无人机 CW－10D 沿示范工程进行巡检。示范应用过程中无人机飞行平稳，在不足 1h 以内完成了总计 32km 渠道的往返覆盖。采集航拍视频的分辨率达到 1920×1080，实际图传覆盖距离约 18km，图传延时较低，基本无卡顿和数据丢包现象；无人机存储容量大，可同时保存多个长航程航拍视频。应用结果表明，所选型的无人机可有效满足复杂环境（严寒、高海拔、刮风）下长时间运行的技术需求，以及航拍录像和在线图传的功能需求，证明了无人机在长距离输水渠道巡检应用中的适用性和可行性。

5.8.2 航拍影像－BIM 虚实联动的匹配精度分析

通过示范应用，获得了总计时长 59min、覆盖范围 32km 的航拍视频。基于本章提出的算法，实现了采集的航拍视频与构建的工程安全监测动态 BIM 的虚实耦联（视频演示链接 https：//www.iqiyi.com/v_19rxkn4lo8.html）。

为评价虚实联动算法的匹配精度，截取两段不同位置、时长分别为 74s 和 60s 的航拍视频匹配结果进行分析。图 5.11 在示范工程地图上标注了两段视频的摄录区域。视频片段一拍摄区域接近桩号 K64＋000，航拍对象包括渠道、水闸和隧洞入口渐变段；视频片

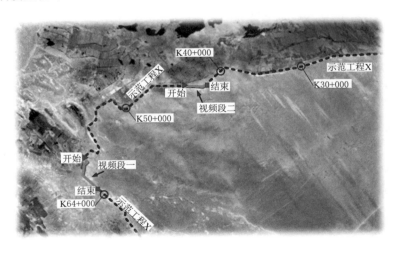

图 5.11 待分析样例视频的摄录区域

段二拍摄区域在桩号 K40＋000～K50＋000 之间，航拍对象包括渠道和一座跨渠桥梁。在每段视频开始虚实景联动漫游后，每间隔一定时间（约 3s）进行一次屏幕截屏，每次截屏可得到一组虚实图像（BIM 场景和航拍影像），对所有数据进行汇总处理，最终得到如图 5.12 和图 5.13 所示的多组虚实影像（上方为 BIM 虚拟场景，下方为航拍巡检实景）。采用问卷调查的方式评价每组影像的匹配程度：每个被访问者按"符合""基本符合""不

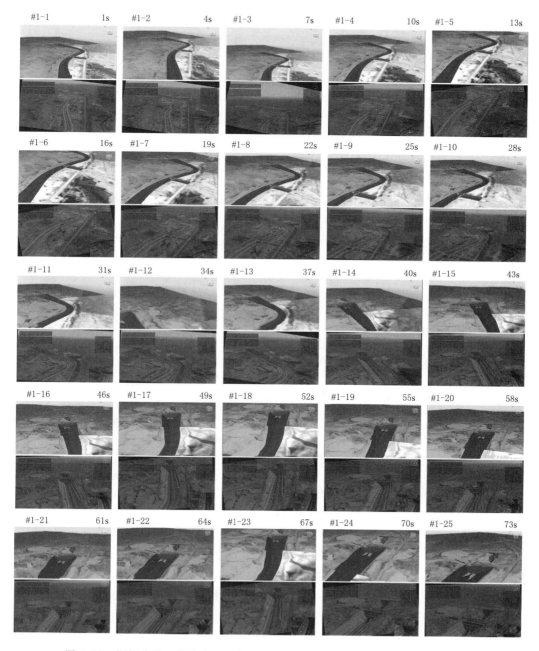

图 5.12　视频片段一的虚实匹配结果（每组图像上方为 BIM，下方为航拍图）

符合"三个级别分别对每组影像的匹配情况给予评级，然后综合所有受访者的反馈结果，采用"多数投票"原则，每组影像获得票数最高的评级即为其最终的评价结果（若出现并列最高票数，取评价较低者为最终评价）。

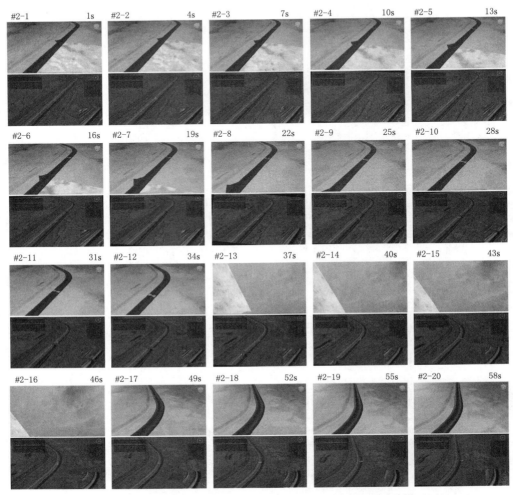

图 5.13　视频片段二的虚实匹配结果（每组图像上方为 BIM，下方为航拍图）

本次调查共收到了 10 位受访者反馈的问卷表格，经统计得到了如图 5.14 和图 5.15 所示的虚实影像匹配程度的投票分布及评价结果。其中，最终评价等级为"符合""基本符合"和"不符合"的影像组数量分别为 40、0、5，占比各为 88.9%、0% 以及 11.1%，见表 5.2。在实际应用中认为达到"基本符合"及以上的便是成功匹配，上述结果（基本符合及以上占比 88.9%）表明本章所提方法能够满足实际工程应用需求。

需要指出，上述虚实影像组中存在五组不匹配的情况，即♯1-12 和♯2-13～♯2-16。通过进一步分析，发现这几组航拍影像的 GPS 定位数据相对于其前后几帧图像的数据差别较大，因此，推测未能成功匹配的原因为 GPS 定位存在漂移误差，造成按该错误的位置信息漫游的 BIM 模型不能正确匹配航拍图像。经观察，发现 GPS 漂移的误差一般

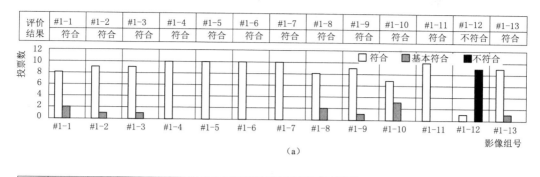

（a）

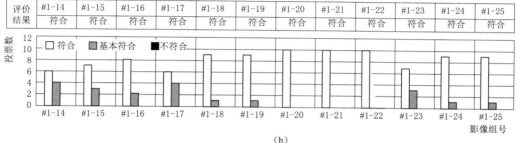

（b）

图 5.14　视频片段一匹配程度问卷评价结果

（a）#1-1～#1-13；（b）#1-14～#1-25

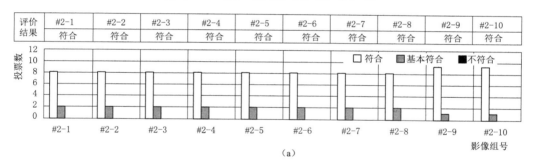

（a）

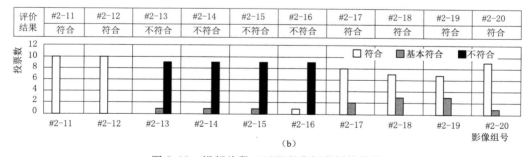

（b）

图 5.15　视频片段二匹配程度问卷评价结果

（a）#2-1～#2-10；（b）#2-11～#2-20

都达到数百甚至上千米，因此，考虑通过添加一个误差判断算法来进一步提高匹配的精度，即：若当前帧画面坐标数据相比前一帧数据的位置移动超过一定阈值（如500m），则认为当前数据产生了GPS漂移，舍弃该数据，跳到下一循环。

表 5.2 　　　　　　　　　　　　虚实影像匹配结果统计分析

符合程度	视频段一		视频段二		总计	
	数量	占比/%	数量	占比/%	数量	占比/%
符合	24	96	16	80	40	88.9
基本符合	0	0	0	0	0	0
不符合	1	4	4	20	5	11.1

5.8.3　动态 BIM 辅助的无人机增强现实巡检应用

图 5.16 为动态 BIM 辅助的无人机增强现实巡检系统界面（视频演示链接：http：//www.iqiyi.com/w_19s8acdav9.html）。在巡检视频播放的情况下，用户可激活 BIM 视口进行同步漫游，若工程人员从航拍巡检视频中发现引起异常的疑似险情，可在 BIM 视口中查看调用相关信息，从而辅助决策判断。通过随无人机巡检视频的联动漫游，输水工程动态 BIM 为辅助巡检提供了增强信息。一旦触发 BIM 场景的漫游起始按键，动态 BIM 便会开始匹配视频的视野画面，并随之运动。当管理人员从播放的巡检视频中发现疑似异常情况（如冰塞、坠物、滑坡等），可随时介入停止 BIM 场景的自动漫游，并通过视场的操作控制，放大聚焦到异常位置附近的安全监测仪器，进而通过对安全监测数据和当前区域近期的巡检数据（巡检记录、现场照片等）的分析进行险情确认、评估和原因诊断。

图 5.16　动态 BIM 辅助的无人机增强现实巡检应用

5.9　本章小结

为解决传统人工现场巡检效率低、覆盖范围有限的问题，本章提出采用无人机进行长距离输水渠道的巡检，介绍了由动态 BIM 对航拍视频进行信息增强的解决方案，以提高无人机巡检的协同性并辅助全面、科学的安全诊断。首先，本章给出了动态 BIM 辅助的无人机增强现实巡检技术方案，根据输水工程长距离巡检的功能需求和技术指标要求，进行了适用无人机的调研和选型；然后，介绍了动态 BIM 仿真相机实现三维交互渲染的基本原理；接着，从虚实相机对应物理光学参数解算、网络环境下巡检航拍视频发布以及基于 Tween.js 库的 BIM 实时联动方法等 3 个方面描述了动态 BIM 与无人机巡检影像的虚实联动算法；最后，开展实例应用，考察航拍实景视频与 BIM 虚拟场景的匹配联动精度，并验证了所提出的增强现实巡检方法的有效性。

在西北地区某输水工程的实例应用表明，采用固定翼无人机在长距离输水渠道复杂环境下巡检的适用性，本章所提出的虚实联动方法可达到 88.9% 的匹配准确率；本章所介绍的方法可有效提高长距离输水渠道巡检的效率、覆盖范围和前后方协同性，并辅助支撑全面、直观、科学、快速的安全诊断和应急决策。

第 6 章

BIM 驱动的输水渠道航拍图像
兴趣区提取方法

6.1 引言

无人机的应用在提高输水工程巡检效率的同时，也产生了海量的航拍影像数据。采用机器学习、图像处理等方法自动识别航拍图像中的险情灾害（如冰塞、滑坡等），可大大提高海量数据的处理效率，降低数据处理的人力成本和时间成本，有助于渠道险情的及时发现。然而，由于输水渠道航拍影像的特点（尺度大、范围广），航拍图中存在大量与识别任务无关的背景区域（周边地貌、天空等），这给感兴趣区域内（即渠道或渠内水面）险情的识别提出了巨大的挑战。因此，有必要在开展冰塞、异物和滑坡等险情的自动图像识别前，进行图像的兴趣区提取预处理。

传统的兴趣区提取方法依赖于人工特征分析或手动数据标注，故而普适性差、自动化水平不高、计算资源耗费大。BIM 在反映输水工程结构构件的几何形状和空间布置的同时，还关联了构件的语义信息（类别、名称等）。因此，在 BIM 渲染的图片上，兴趣区对应的像素区域可以根据目标构件与其空间位置的对应关系确定。若根据航拍图采集时的位置、相机姿态等地理标签参数在 BIM 中渲染对应的图像，则此 BIM 渲染的图像将可作为航拍图兴趣区提取的有用参考。

本章首先通过分析输水渠道航拍图像的特点和现有方法的局限性，阐述了进行渠道航拍影像兴趣区提取的必要性；然后，详细介绍了 BIM 驱动的输水渠道兴趣区提取算法流程，针对个别图像兴趣区提取结果不甚理想的问题，提出了基于航拍视频时空连续性的改进算法；最后，结合工程实例，分析了所介绍算法的准确性和计算效率。

6.2　输水渠道航拍图兴趣区及提取的必要性

6.2.1　渠道航拍图兴趣区的构成

兴趣区（region of interest，ROI），又称为"感兴趣区域"，是指计算机视觉、图像处理领域中，从被处理的图像上以方框、圆、椭圆、不规则多边形等方式勾勒提取出的需要处理的区域。该区域往往是后续图像处理分析所关注的重点，兴趣区提取是一项重要的图像预处理步骤，有助于实现计算机视觉或图像处理任务的有的放矢，减少冗余处理、提高精度。不同领域的不同图像分析任务，所关注的感兴趣区域也不尽相同。比如，在医学图像处理中，肿瘤边界所构成的图像区域是关注的重点，因为此类区域的提取有助于分析肿瘤的几何尺寸。再如，为了从医学影像中评估患者的心功能，需要重点关注心动周期不同阶段时心脏内膜边界区域的变化。

出于险情识别的目的，输水渠道航拍影像所关注的兴趣区包括两个方面，分别为渠道结构和渠内液面。

所谓"渠道结构"是指渠道线性工程及建于其上的水闸、桥梁等附属建筑，渠道结构兴趣区主要用于后续边坡破坏和滑坡等险情的图像识别，另外，其还是渠内液面兴趣区提取的前提基础。所谓"渠内液面"是指渠道内处于不同物态（流动水、固态冰及二者混合物）的水体，其提取主要用于后续冰凌拥堵、异物入侵等险情的图像识别。

6.2.2　渠道兴趣区提取的必要性

输水渠道巡检航拍图像具有尺度大、范围广的特点，这就使得渠道险情图像识别感兴趣的区域（如渠道）往往只占整幅图片的一小部分，而无关的背景（周边地形、地物、天空等）则占大幅区域。若无法从此类大尺度航拍图中确定兴趣区的渠道或渠内液面的位置，则险情的自动识别将难以达到预期的精度和效率。作为图像识别和目标检测任务的一项前处理步骤，兴趣区提取起到了降低假正（false positive，FP）概率和提高模型效率的作用。兴趣区提取的必要性可从以下两方面论述：

（1）减少假正现象，提高精度。与"真正（true positive）"相对应，"假正（false positive）"是指机器学习分类任务中错误地被识别为正例的样本。在渠道险情识别中，图片中出现险情的样本被视为正例。假正现象发生的越频繁，模型的预测精度越低，就越有可能发出误报警（没有险情却报警），进而引起错误出警，造成不必要的资源浪费。若不对渠道图片进行兴趣区提取，则背景上与险情相似的特征将有可能被错误地识别为险情，造成误报警。图6.1（a）以渠道边坡破坏为例对上述情况进行了说明。纹理被视为图像识别所依据的重要特征。在图6.1（a）左侧中，检测出了两处具有相似的滑坡纹理特征的区域，因此模型识别出了右侧图中用绿色边框标注的两处滑坡位置。显然，真实的情况是只有位于渠道内的那个预测值是真的发生了滑坡，而另一处是附近的小山包被误识别为正例。由此可见，无关背景可能对模型的识别精度产生重大干扰，因此，为减少假正现象、提高精度，有必要对兴趣区进行提取。

　　（2）避免无效滑窗处理，提高效率。在大尺度场景的图像目标检测中，常采用滑窗法来识别图像中的目标类型及位置。具体来说，就是采用一系列不同大小的矩形滑窗以一定间隔从左到右、自上而下地对整张图片进行扫描，然后对每个滑窗内的图像分别处理，以判断目标（即渠道险情）是否存在。滑窗操作本质上属于一种遍历算法，因而极其消耗计算资源。如图 6.1（b）所示，若不对图像进行兴趣区提取，则根据传统做法，需要对整张图片进行遍历扫描，以判断险情是否存在。这个遍历过程涉及大量对于无关背景的无效滑窗操作（因为险情只发生在渠道兴趣区内），造成了大量的计算资源浪费。相反，若已知兴趣区位置，则可以只针对兴趣区进行滑窗扫描，从而大大提高识别模型的运行效率。

（a）

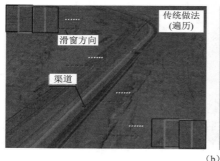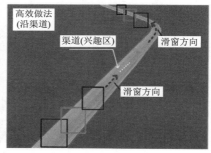

（b）

图 6.1　无关背景对兴趣区内识别任务的影响

（a）无关背景引起假正；（b）无关背景引起冗余处理

6.2.3　现有兴趣区提取方法的不足

　　现有的兴趣区提取方法可以分为两类：一是基于图像处理的先验特征法，二是基于数据集训练的语义分割法。前者依赖待提取目标的先验外形特征，利用特定的图像处理方法对图像中具备此类特征的像素区域进行提取分割。Mueller 等人根据大多数人造地物均具有长直边缘和规则形状的特点，提出了从卫星图中提取街道、房子等人造物的图像分割方法。Sidike 等人应用自适应阈值和颜色特征从无人机单目航拍图中去除植被等背景，并用基于凸包的形态学操作实现了建筑物的精细提取。Huang 等人分析了建筑物对象与周边复杂城市环境的图像特征区别，发现建筑物屋顶相比粗糙的植被纹理显得更加平滑；应用这一发现，他们改进提高了建筑兴趣区提取算法的性能。此类方法通过目标的特定特征实现兴趣区的提取或背景的去除，然而，对某类提取对象适用的特征模式却不一定适用于其他类型对象的提取。输水渠道布置形态多样（直段、弯段、渐变段），涉及建筑物类型众多（水闸、桥梁、明渠等），且与周边环境特征区别较小，难以确定对工程全线不同部位均适用的、可与背景显著区分的、统一的特征模式来提取兴趣区。

基于数据集训练的语义分割法采用机器学习技术在人工标注的图像集上进行训练，以获得图像的语义分割模型。基于分割结果提供的语义信息，用户可以得到对于分析任务有用的兴趣区和无关的背景区。Azar 和 McCabe 研究了从工地监控视频中自动提取自卸卡车的方法，该方法以 HOG（histogram of oriented gradient）描述子为特征输入，8 个不同朝向的自卸汽车为输出，基于上万张图片进行了支持向量机模型的训练。Golparvar - Fard 等人基于语义纹理基元森林（Semantic texton forest）训练了高速公路设施的图像语义分割模型。类似的研究还包括 Wu 和 Tsai、Ansari 等以及 Kalke 和 Loewen 的研究。

上述两类方法，无论是基于目标区的先验特征还是基于人工标注的训练集，从本质上都有赖于人工先验知识的驱动。这些方法普适性不高、需要大量手动图片标注或特征分析，难以适用于形态多样、附属建筑物众多的输水渠道。不同于传统的兴趣区提取任务，巡检航拍图关联了地理标签信息（Georeferenced），并且输水工程 BIM 模型可提供现成的构件语义-空间信息对应关系，而这些信息可用于驱动输水渠道航拍图兴趣区的自动批量提取。

6.3　基于 BIM -航拍图配准的渠道结构提取方法

6.3.1　总体流程

由于 BIM 模型中包含了待提取的语义目标（渠道结构）的几何形状和空间布置信息，利用 BIM 驱动航拍图兴趣区的提取可有效避免传统方法对人工先验知识的依赖。为此，提出了基于 BIM -航拍图配准的渠道结构兴趣区提取算法。该算法的总体流程如图 6.2 所示，共包含 BIM 元素可见性控制、航拍图-BIM 配准、BIM 掩膜生成和渠道结构提取等 4 个步骤。具体步骤如下：

（1）根据待提取目标的结构元素类型，对 BIM 模型中元素的可见性进行操作，使其只显示待提取的目标元素。如图 6.3 所示，待提取的目标元素为渠道结构，故对无关的地形元素进行了隐藏。可见性控制使得 BIM 场景中只显示与提取目标相关的结构元素，而其他无关区域都呈现统一的简单色彩特征（图 6.3 中的纯白色），这为后续的图像配准和掩膜生成打下了基础。

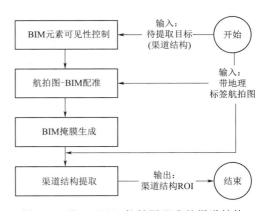

图 6.2　基于 BIM -航拍图配准的渠道结构提取算法流程图

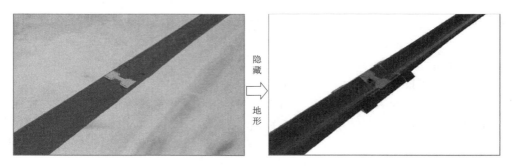

图 6.3　BIM 场景元素可见性控制

（2）基于输入的航拍图及其相应的地理标签信息（坐标、姿态、视场角等）进行 BIM 模型与航拍图的配准操作。6.3.2 节将对此步骤进行详细介绍。

（3）利用配准好的 BIM 图片生成二值化掩膜，以便后续对渠道结构兴趣区进行提取。6.3.3 节将对此步骤进行详细介绍。

（4）用上步生成的掩膜对待提取航拍图进行矩阵点乘处理，提取航拍图像中的渠道结构兴趣区，详细过程请参见 6.3.4 节。

6.3.2　基于位置和图像配准的航拍图－BIM 匹配方法

在根据提取目标在 BIM 里控制元素可见性后，需要对待处理的航拍图和 BIM 场景进行配准，以便于后续利用 BIM 生成的掩膜提取兴趣区。如图 6.4 所示，整个配准流程分为基于位置的初步匹配和基于图像配准的精确匹配两个步骤。

6.3.2.1　基于空间位置的航拍图－BIM 初步匹配

无人机沿渠巡检采集的航拍影像是带有地理信息标签的数据。这些关联的地理标签参数包括存储在飞行记录中的三维坐标（x，y，z）、相机姿态［偏航角（yaw）、俯仰角（pitch）、横滚角（roll）］以及相机焦距（focal length）和分辨率等。如前所述，这些地理标签参数跟 BIM 内渲染引擎的虚拟相机参数并不一致，故需采用第 5.5 节介绍的方法进行参数转换。利用转换好的地理标签参数，便能在 BIM 中相同的位置，以相同的相机姿态和成像参数进行三维渲染，进而截屏获得对应于真实航拍影像的 BIM 图像。将生成的 BIM 图像叠加到对应的航拍图上，便实现了二者的初步匹配。如图 6.4（a）的最下方所示，初步匹配后，BIM 图像与航拍图之间仍存在部分未对齐的区域，二者的吻合程度有待提高。

6.3.2.2　基于图像配准的航拍图－BIM 精确匹配

由于传感器精度、成像畸变、数据噪声等多方面因素的影响，初步匹配后的 BIM 图像往往难以做到与航拍图像的完全吻合，故还需要采用图像配准技术对二者进行精确匹配。

图像配准（image registration）是指将同一场景在不同空间尺度、不同时间下或由不同传感器（跨模态）采集的不同图像转换到同一个坐标系下进行对准。具体来说，就是根据某种准则对待配准图像进行空间变换以使其能够与参考图像匹配对齐。根据配准准则的

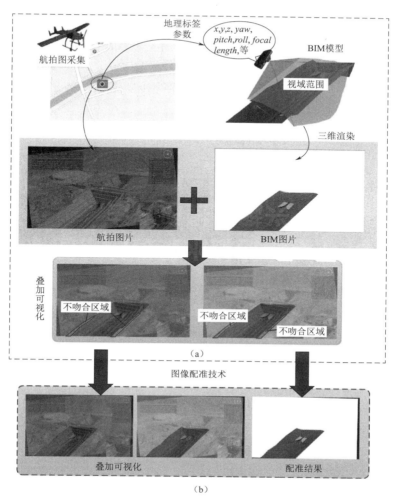

图 6.4　航拍图-BIM 配准流程图

(a) 基于位置的初步匹配；(b) 基于图像配准的精确匹配

不同，图像配准可分为基于强度（Intensity - based）的方法和基于特征（feature - based）的方法。

不同于实景图像，BIM 渲染的图像只采用颜色和形状对不同对象进行区分，而不具备复杂的纹理特征。因此，BIM 图像和航拍图像可以看作是由不同传感器采集的跨模态数据。相关研究表明，常用的特征提取算法（如 SIFT、SURF、ORB 等）难以提取跨模态图像间的对应特征点；而过往的应用案例表明，基于强度的图像配准方法在跨模态图像间的应用效果良好。所以本章拟采用基于强度的方法，以 BIM 图像为待配准图像、航拍图为参考图像，对二者进行精确匹配。

1.BIM 图像仿射变换

图像配准时的空间变换方式包括刚体变换（平移、旋转）、相似变换（平移、旋转和缩放）以及仿射变换（平移、旋转、缩放和错切）。为保证待配准图像空间变换的自由度，采用了仿射变换对 BIM 图像进行变换操作，如式（6.1）所示。

$$\begin{bmatrix} x_{\mathrm{BIM}t} \\ y_{\mathrm{BIM}t} \\ 1 \end{bmatrix} = \begin{bmatrix} 1 & 0 & t_x \\ 0 & 1 & t_y \\ 0 & 0 & 1 \end{bmatrix} \begin{bmatrix} \cos\theta & -\sin\theta & 0 \\ \sin\theta & \cos\theta & 0 \\ 0 & 0 & 1 \end{bmatrix} \begin{bmatrix} s_x & 0 & 0 \\ 0 & s_y & 0 \\ 0 & 0 & 1 \end{bmatrix} \begin{bmatrix} 1 & sh_x & 0 \\ sh_y & 1 & 0 \\ 0 & 0 & 1 \end{bmatrix} \begin{bmatrix} x_{\mathrm{BIM}} \\ y_{\mathrm{BIM}} \\ 1 \end{bmatrix} \tag{6.1}$$

式中：$[x_{\mathrm{BIM}} \quad y_{\mathrm{BIM}} \quad 1]^{\mathrm{T}}$、$[x_{\mathrm{BIM}t} \quad y_{\mathrm{BIM}t} \quad 1]^{\mathrm{T}}$ 分别为转换前后 BIM 图片像素的齐次坐标；

$\begin{bmatrix} 1 & 0 & t_x \\ 0 & 1 & t_y \\ 0 & 0 & 1 \end{bmatrix}$、$\begin{bmatrix} \cos\theta & -\sin\theta & 0 \\ \sin\theta & \cos\theta & 0 \\ 0 & 0 & 1 \end{bmatrix}$、$\begin{bmatrix} s_x & 0 & 0 \\ 0 & s_y & 0 \\ 0 & 0 & 1 \end{bmatrix}$ 和 $\begin{bmatrix} 1 & sh_x & 0 \\ sh_y & 1 & 0 \\ 0 & 0 & 1 \end{bmatrix}$ 为转换矩阵，分别对应平

移、旋转、缩放和错切操作；t_x、t_y 分别为沿两个图像坐标轴的平移量；θ 为旋转角度；s_x、s_y 分别为沿不同坐标轴的缩放因子；sh_x、sh_y 分别为沿不同坐标轴的错切因子。

2. 基于强度的图像配准

基于强度的图像配准的目标是优化上述 BIM 图像的转换矩阵，以使得互信息（mutual information）指标最大化。互信息是信息论里一种有用的信息度量，它可以看成是一个随机变量中包含的关于另一个随机变量的信息量，或者说是一个随机变量由于已知另一个随机变量而减少的不确定性。在基于互信息评价 BIM 和航拍图的配准效果时，该值表征了转换后 BIM 图像与航拍图像间的相似性，如式（6.2）所示。

$$I(R,B) = \sum_{r,b} P_{RB}(r,b) \log_2 \frac{P_{RB}(r,b)}{P_R(r)P_B(b)} \tag{6.2}$$

式中：$I(R, B)$ 为实景航拍图与 BIM 图像间的互信息指标；r 和 b 分别为实景航拍图和 BIM 图像上的像素强度；$P_R(r)$、$P_B(b)$ 分别为航拍图和 BIM 图像像素强度的边缘分布；$P_{RB}(r, b)$ 为联合概率分布。

3. 进化算法求解

上文所述优化问题可采用遗传算法等进化算法来求解，该优化问题的待优化变量为 $[t_x \quad t_y \quad \theta \quad s_x \quad s_y \quad sh_x \quad sh_y]^{\mathrm{T}}$，其由式（6.1）转换矩阵中的未知参数构成。优化目标是使互信息最大化，即

$$\max I(R,B) = \sum_{r,b} P_{RB}(r,b) \log_2 \frac{P_{RB}(r,b)}{P_R(r)P_B(b)} \tag{6.3}$$

根据配准的实际需求，确定变量的约束条件如下：

$$\left. \begin{aligned} -h &\leqslant t_x \leqslant h \\ -w &\leqslant t_y \leqslant w \\ -\pi &\leqslant \theta \leqslant \pi \\ 0 &< s_x < 2 \\ 0 &< s_y < 2 \\ -h/w &< sh_x < h/w \\ -w/h &< sh_y < w/h \end{aligned} \right\} \tag{6.4}$$

式中：w、h 分别为 BIM 图像的宽和高（以像素衡量）。

采用如下的遗传算法设置：编码方式为实数编码，以互信息 $I(R, B)$ 为适应度函数，设种群大小为 200，根据约束条件随机产生初始种群，采用轮盘赌法进行种群个体选

择，对个体进行自适应交叉和突变，以达到最大迭代次数为终止条件。

遗传算法的实施流程分为初始化、评价、选取和变异等四步。在初始化阶段，首先随机生成转换矩阵中未知参数的初始化种群；然后对种群中每个个体的适应度值进行评价，选取最有可能优化 $I(R，B)$ 的个体作为下一代种群衍生的基础；在变异阶段，通过交叉和突变操作产生新的种群用于下一阶段的适应度评价。这个"评价—选取—变异"的过程会一直循环，直到满足最大迭代次数的终止条件为止。

利用上述算法优化得到的转换矩阵对 BIM 图像进行处理，便可得到配准后的结果。由图 6.4（b）可以看出，在经过图像配准操作后，原始 BIM 图像被进行了旋转和一定程度的横向压缩，通过该处理，原来未吻合的区域达到了较高程度的匹配。

6.3.3　BIM 掩膜生成方法

上述精确配准得到的 BIM 图像需要进一步处理以生成可用于兴趣区提取的掩膜。在数字图像处理领域，所谓掩膜是由"非零即一"的像素构成的二值图，用其与待处理图像相乘，可得到兴趣区图像。如图 6.5 所示，BIM 掩膜生成的过程包括 3 个步骤，分别为灰度图转换、基于阈值的二值化处理和基于形态学的膨胀处理。最终得到的图 6.5（d）便是可用于后文渠道结构兴趣区提取的 BIM 掩膜。

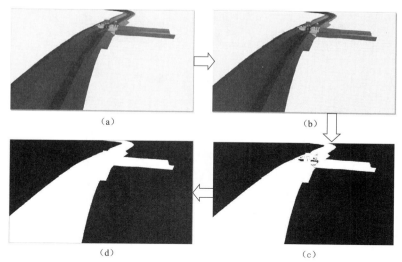

图 6.5　BIM 图像掩膜生成流程
（a）原始 RGB 图；（b）灰度图；（c）二值图；（d）BIM 掩膜

1. 灰度图转换

原始的 BIM 彩色图片由 R（Red）、G（Green）、B（Blue）这 3 个颜色通道构成，为减少运算量并为后续处理打下基础，需要将 RGB 图片转换为单通道的灰度图。该转换本质上是根据某种对应关系将 R、G、B 这 3 个数值映射到灰度上，一个常用的映射关系如式（6.5）所示。采用 MatLab 图像处理工具包中的 rgb2gray（）函数实现上述转换。

$$gray = 0.2989R + 0.5870G + 0.1140B \tag{6.5}$$

2. 基于阈值的二值化处理

在根据提取目标控制元素可见性后，BIM 图片上除兴趣区以外的区域均显示为统一均匀的颜色（如纯白色或米白色），这为 BIM 灰度图的二值化处理提供了便利。所谓基于阈值的二值化处理，就是在灰度值分布区间 [0，1] 内，以某个灰度数值为分界线，小于该灰度值的像素的灰度值都映射为 1（即白色），而大于该灰度值的像素的灰度值都映射为 0（即黑色）。图 6.5（c）即为以 0.85 为阈值对灰度图处理的结果。

3. 基于形态学的膨胀处理

此步骤处理的主要目的是对上一步生成的二值图进行去噪处理。如图 6.5（c）所示，二值化处理得到的兴趣区（白色区域）内存在零散分布的黑色孔洞。这是由于兴趣区内个别构件颜色亮度与背景相近，从而造成在阈值分割时被映射到黑色的背景空间。采用基于形态学的膨胀处理（dilation）来对兴趣区内的黑色孔洞进行填充。形态学图像处理一般涉及前景区域 A 和结构元素 B 两个部分，如图 6.6 所示，其中结构元素 B 的原点为中央深色像素。基于形态学的膨胀处理的大致流程如下：

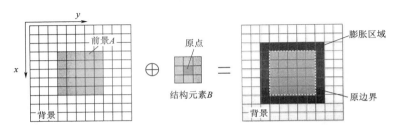

图 6.6　基于形态学的膨胀算法原理

用结构元素 B 对图像进行遍历扫描，当结构元素 B 与前景区域 A 的交集为非空时，将此时 B 原点所在位置的像素纳入前景中，如此循环直至遍历所有像素，便可实现前景区域的膨胀扩大。上述过程可表示为

$$A \oplus B = \{(x,y) \mid (B)_{(x,y)} \cap A \neq \varnothing\} \tag{6.6}$$

式中：$(x，y)$ 为图像上的像素坐标；$(B)_{(x,y)}$ 为结构元素原点移动到 $(x，y)$ 位置时所占的区域。

上述膨胀处理，结合形态学重建、补集和交集等算法，便可对兴趣区中的孔洞进行自动填充。

采用 MatLab 图像处理工具包的 imfill（）函数进行孔洞膨胀填充，图 6.5（d）便是图 6.5（c）膨胀填充孔洞后的结果，也是最终生成的 BIM 掩膜。

6.3.4　基于掩膜的渠道结构提取

利用前述步骤生成的掩膜可对航拍图像中的渠道结构兴趣区进行提取，其原理本质上是两个图像矩阵间的点乘运算，如图 6.7 所示。在经过图像精确匹配后，生成的 BIM 掩膜上值为 1 的像素（白色）构成了本方法预估的兴趣区（以 Ω_{roi} 表示）；相反，强度值为 0 的像素（黑色）代表了估计的无关背景。掩膜的图像矩阵可以用 (m_{ij}) 表示，其中 i 和

j 分别为行号和列号。原航拍图的图像矩阵为 (o_{ij})，其元素 o_{ij} 表示位于 i 行和 j 列的像素的颜色强度值。使 (m_{ij}) 和 (o_{ij}) 两个矩阵内每个对应元素相乘，得到的一个新矩阵 [以 (e_{ij}) 表示] 便是渠道结构兴趣区提取的结果。该操作在维持原航拍图中兴趣区不变的同时，把所有无关背景都变为统一的黑色区域。

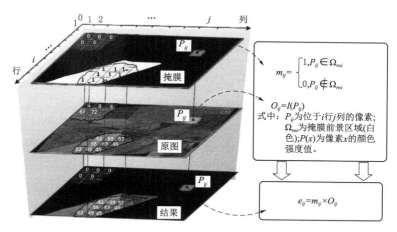

图 6.7　掩膜提取兴趣区的原理图

6.4　基于视频时空连续性的渠道结构提取算法改进

　　渠道结构兴趣区提取的效果不仅影响到渠内液面的提取，而且会对后续的险情图像识别精度产生重要影响，而由于 GPS 定位、罗盘仪及图像配准等误差的存在，上文介绍的算法会不可避免地存在个别图像难以得到理想的提取结果。为应对可能的兴趣区提取效果不佳的情况，有必要对渠道结构兴趣区提取算法进行改进，以提高总体提取精度。

　　无人机巡检所采集的航拍视频具有时空连续性。从时间角度看，航拍视频沿时间单一维度向前线性发展，整个过程连续不断、没有间隔；从空间角度看，航拍视频内各帧画面均是由相机从连续变化的不同空间位置对同一场景捕获得到。基于航拍视频时空连续分布的特点，给出了图 6.8 所示的渠道结构提取改进算法，该算法分为关键帧处理和邻近帧处理两大模块。下面以图 6.9（b）和图 6.9（c）所示的两帧航拍视频图像为例展开介绍。

　　1. 关键帧处理

　　（1）从待提取航拍视频的图像序列中选择某帧图像作为关键帧。为确保后续邻近帧特征点提取的成功率和兴趣区提取的精度，应在待分析视频中选择与其余邻近帧相似、平滑衔接且具有"承上启下"作用的图像作为关键帧。当航拍图像序列间无明显相似特征时，应将其分成多个子序列，然后对每个相似的子序列选取关键帧。

　　（2）在确定关键帧 I_aerial_t 后，调取其相应的 BIM 图像 I_bim_t（通过第 6.3.2 节基于位置的初步匹配方法获得），进而手动选取二者间的特征对应点，如图 6.9（b）和

图 6.9（f）所示。值得注意的是，基于特征的图像配准方法受特征点个数、选取准确度等

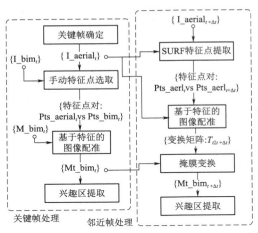

因素的影响，一般而言，特征点数越多，选取越准确，后续配准的精度越高。所以，在进行特征点的手动选取时，应确保特征点的个数和选取准确度。

（3）利用这些手动选取的特征点，采用基于特征的图像配准方法将 I_bim$_t$ 对应生成的掩膜 M_bim$_t$ 与 I_aerial$_t$ 进行配准。图 6.9（j）和图 6.9（i）分别显示了配准前后掩膜 M_bim$_t$ 和 Mt_bim$_t$ 与原航拍图的叠加效果，可以看出，经过配准后，BIM 掩膜与关键帧航拍图的匹配程度显著提高。

（4）用配准后的掩膜 Mt_bim$_t$［图 6.9（e）］从 I_aerial$_t$ 中提取出关键帧的兴趣区，如图 6.9（a）所示。

图 6.8　基于视频时空连续性的渠道结构
兴趣区提取改进算法

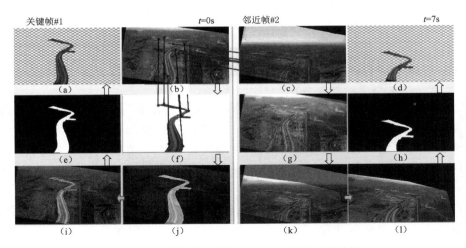

图 6.9　渠道结构兴趣区提取改进算法实施示例

2. 邻近帧处理

尽管上述手工选取特征的方法达到了较高的兴趣区提取精度，但对每一帧图像都进行同样的手动操作显然并不现实。为此，基于视频图像序列分布的时空连续性，需对与关键帧相邻近的图像（称为"邻近帧"）进行自动批处理。

假设某邻近帧与关键帧的时间间隔为 Δt，则该邻近帧图像可用 I_aerial$_{t+\Delta t}$ 表示。由于视频拍摄的连续性，图像 I_aerial$_{t+\Delta t}$ 和图像 I_aerial$_t$ 间存在一致的特征对应点，这些特征对应点可用 SIFT、SURF 等算法进行自动识别提取。SURF 算法是 speeded up robust features 的英文缩写，其是 SIFT（scale–invariant feature transform）的改进，可从图像中检测提取出对平移、旋转、错切、视角和尺度等变换具有鲁棒性的特征点，并且大

大提高了算法的运行速度，因此，可采用 SURF 算法进行特征提取。

图 6.9（b）和图 6.9（c）显示了两张图像间，用 SURF 算法提取特征对应点的结果。可以看出，提取的 5 个点均配对成功。基于自动提取的 SURF 特征点可以将图像 I_aerial$_t$ 配准到 I_aerial$_{t+\Delta t}$。图 6.9（g）和图 6.9（k）分别表示配准前后 I_aerial$_t$ 与 I_aerial$_{t+\Delta t}$ 叠加的效果。由于掩膜 Mt_bim$_t$ 与图像 I_aerial$_t$ 是匹配的，而经过变换的 I_aerial$_t$ 与相邻帧 I_aerial$_{t+\Delta t}$ 也是匹配的。因此，将由 I_aerial$_t$ 到 I_aerial$_{t+\Delta t}$ 的变换矩阵 $T_{t2t+\Delta t}$ 作用于掩膜 Mt_bim$_t$，便可以得到当前邻近帧的掩膜 Mt_bim$_{t+\Delta t}$，如图 6.9（h）所示；进而以之提取 I_aerial$_{t+\Delta t}$ 中的兴趣区，如图 6.9（d）所示。

6.5　基于 HSV 空间阈值分割的渠内液面提取方法

渠内液面（包括自由水、固态冰等各种物态）的提取是在渠道结构提取完成的基础上进行。根据渠道边坡衬砌与渠内液面颜色特征的区别，采用 Otsu 算法（即大津法）自适应确定的阈值可将图像分割为前景（渠内液面）和背景（边坡衬砌），进而采用形态学操作对分割结果进行去噪处理，最后便可根据分割得到的掩膜提取渠内液面。

图 6.10 为渠内液面提取的具体流程图，步骤如下：

（1）将输入的渠道结构兴趣区图像从 RGB 色彩空间转换到 HSV 空间，并将 H（色相）、S（饱和度）和 V（明度）3 个通道分离（关于 HSV 色彩空间的介绍见第 7.4.1 小节）。之所以采用 HSV 色彩模式，是因为该模型可将对象本质的色彩信息单独提取到 H 通道，从而避免光照、阴影等外在因素的影响。如图 6.10 左下角所示，将原图进行 HSV 转换和通道分离后，渠内液面和边坡衬砌在 H 通道上的色彩强度呈现了显著的区别。

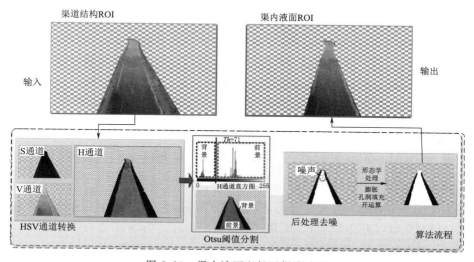

图 6.10　渠内液面兴趣区提取流程

（2）采用 Otsu 自适应阈值算法对 H 通道图像进行阈值分割。由于渠内液面处于不同物态时呈现的颜色不尽相同，而不同工程的边坡衬砌特征也存在细微区别，因此，难以确定适用于所有各类工况的固定分割阈值。Otsu 算法根据给定图像的直方图统计特性自适应地确定分割阈值，可有效地解决上述问题。该算法又名最大类间方差法，由日本学者 Otsu（大津）于 1979 年提出，它根据单通道图像（或灰度图）的强度特性将图像分为背景和前景两部分。以 Th 为阈值，小于 Th 的像素为背景，大于 Th 的像素划分为前景，背景和前景之间的类间方差越大，说明构成图像的两部分间的差别越大，进而表明以 Th 为阈值的前景/背景划分越准确。因此，通过遍历整个图像的强度直方图，确定使得类间方差最大时对应的阈值 Th，便可得到 Otsu 算法的结果。如图 6.10 下方中间的模块所示，$Th=71$ 为采用 Otsu 算法确定的输入图像的分割阈值，以该阈值进行分割，便可得到相应的前景像素和背景像素。

（3）Otsu 阈值分割的结果存在孔洞等不连续分布的噪声，如图 6.10 右下角进行形态学处理前的图像所示。为此，采用了膨胀、开运算、孔洞填充等形态学操作对 Otsu 分割结果进行去噪后处理，处理结果如图 6.10 右下角所示。

（4）以去噪处理后的图像为掩膜，采用第 6.3.4 小节的方法便可从渠道结构兴趣区图像中提取出渠内液面兴趣区。

6.6　实例应用分析

6.6.1　兴趣区提取评价指标

为定量评价兴趣区提取的精度，本章采用了图像分割和目标检测领域常用的交并比指标（intersection over union，IoU）来确定兴趣区真值（ground truth）和预测值间的重叠程度。以 R_{gro}、R_{ext} 分别表示兴趣区真值和本章方法所提取的兴趣区预测值，则 IoU 被定义为 R_{gro} 和 R_{ext} 交集的面积与 R_{gro} 和 R_{ext} 并集的面积之比：

$$\text{IoU} = \frac{A(R_{gro} I R_{ext})}{A(R_{gro} U R_{ext})} \tag{6.7}$$

式（6.7）中，$A(x)$ 表示区域 x 的面积，可以用区域内的像素数量来计量。IoU 的值越大，所提取的兴趣区预测值与真值的符合程度越高；当 IoU=1 时，说明二者完全重叠。通过调研参考文献，在目标识别和兴趣区提取领域，一般认为 IoU 指标超过 50% 即可归为正确的结果，下文将以此为基准对所提出的 BIM 驱动的兴趣区提取算法进行评价。

6.6.2　基于 BIM –航拍图配准的渠道结构提取结果

以西北地区某输水工程为应用案例，对渠道结构的提取效果进行了定量分析。算法的运行环境为 ASUS VivoBook S15 笔记本（搭载 Intel Core i7 – 8550U 处理器和 Nvidia GeoForce MX150 图形处理单元），采用 Autodesk Forge Viewer 进行 BIM 图像的渲染，采用 MatLab 图像处理工具包进行图像配准。

为保证评价分析的鲁棒性，对采集的巡检航拍视频进行了有针对性的截取，以使测试样本尽可能多地覆盖不同工况、不同渠道布置形态和结构类型。最终，截取的测试样本由 41 帧航拍图片构成，其涉及渠道直段、渠道弯段等不同布置形态以及跨渠桥梁、水闸和高边坡等不同结构类型。表 6.1 中列出了渠道结构兴趣区提取测试样本的构成情况，由于在远距离航拍视角下，渠道及其上的桥梁、水闸尺度一致，所以兴趣区提取把"渠、闸、桥"统一作为建筑物结构的一类，而隧洞入口高边坡（简称"高边坡"）为另一类；布置形态分为直段和弯段两类。上述不同分类的典型例子如图 6.11 所示。

图 6.12～图 6.14 列出了不同建筑类型、不同布置形态的部分航拍图的兴趣区提取结果，其中每组图像的第一行为标注了兴趣区真值的原图，第二行为本章方法提取的结果（其上标注了提取精度 IoU）。

表 6.1　渠道结构兴趣区提取测试样本的构成

结构类型	布 置 形 态		总计
	直段	弯段	
渠、闸、桥	9	21	30
高边坡	10	1	11
总计	19	22	41

注　表中数字代表样本个数。

渠道直段　　　　　　　　　　渠道弯段

(a)

渠、闸、桥　　　　　　　　　隧洞入口高边坡

(b)

图 6.11　不同类型测试样本的典型例子

(a) 不同渠道布置形态；(b) 不同建筑类型

为分析本章方法对于不同建筑类型的适用性，对"高边坡"和"渠、闸、桥"等两类建筑物的提取 IoU 的分布进行了统计分析，如图 6.15（a）所示。图中的数据只考虑了直段布置的建筑物图像（"高边坡"和"渠、闸、桥"分别为 10 张和 9 张），以避免布置形态对结果的干扰。从图 6.15 中可以看出，所有的高边坡和渠、闸、桥影像的提取 IoU 都超过了基准控制值 50%，高边坡影像和渠、闸、桥影像的平均 IoU 分别为 77.0% 和72.8%，说明所提出的方法对于上述两类建筑物都能达到较为理想的提取效果。尽管如此，从图 6.15 中可以观察到高边坡的提取精度略好于渠、闸、桥，这可能与两类建筑物的占地规模有关。高边坡的占地面积大，在相同的相机距离和视场角下，成像面积更大，因而对传感器定位精度（如全球卫星导航系统 GNSS）、成像畸变等因素造成的影响较渠、闸、桥而言更不敏感，进而使得其在相同条件下的交并比更高。

图 6.15（b）对不同布置形态的交并比分布进行了统计分析。为避免建筑物类型的影

响，图中以所有的渠、闸、桥影像为考察对象（直段布置和弯段布置分别为 9 张和 21 张）。绝大部分影像（超过 70%）的提取结果都超过了 50% 的控制基准，并且直段布置和弯段布置影像的平均 IoU 值分别达到 72.8% 和 54.4%，表明所述方法对于不同的渠道布置形态均能达到基准以上的提取效果。然而，直段布置的渠道 IoU 值高于弯段布置的 IoU 值，这或许是由于弯道布置具有一定的不规则性，所以图像兴趣区提取对定位误差的敏感性增高，图像配准的难度也相应加大。

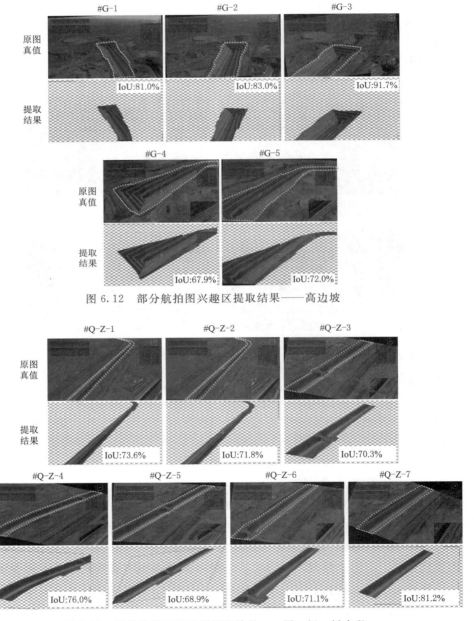

图 6.12 部分航拍图兴趣区提取结果——高边坡

图 6.13 部分航拍图兴趣区提取结果——渠、闸、桥直段

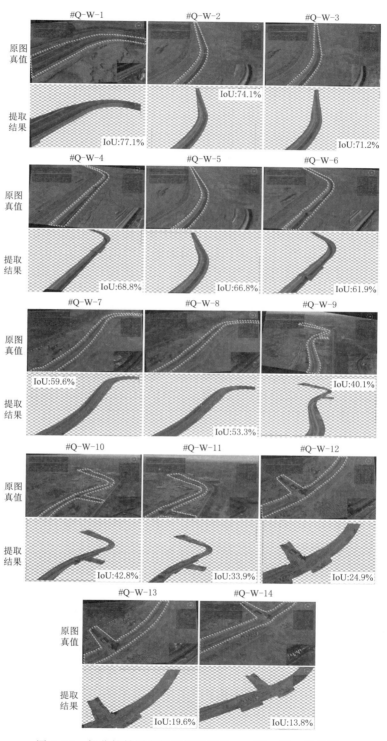

图 6.14　部分航拍图兴趣区提取结果——渠、闸、桥弯段

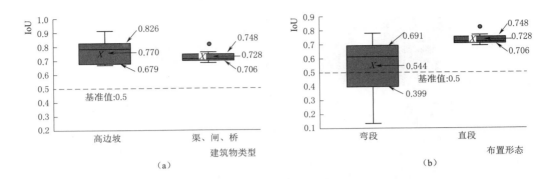

图 6.15　不同建筑类型、布置形态的提取精度分布

（a）不同建筑物类型 IoU 箱形图；（b）不同布置形态 IoU 箱形图

如图 6.16 所示，对所有样本初步匹配和精确匹配的提取结果 IoU 进行了汇总。这里所说的初步匹配提取结果为利用初步匹配得到的 BIM 掩膜对兴趣区提取的结果。利用初步匹配掩膜提取的兴趣区 IoU 平均值为 59.4%，这表明基于无人机提供的地理标签信息即可实现较为准确的兴趣区提取效果，但值得注意的是此结论不具有普遍性：无人机产品的硬件水平参差不齐，所能提供的地理标签信息精度也不尽相同。采用的 CW－10D 无人机可提供 DGPS RTK/PPK 坐标定位信息，云台控制精度高，因此可提供准确程度较高的数据来指导 BIM 图像的定位和生成，而其他型号和精度的无人机对初步匹配精度的影响有待进一步研究。经过图像配准操作后，基于精确匹配的兴趣区提取的 IoU 值有所提高，达到 64.4%，提升幅度大约为 5%。

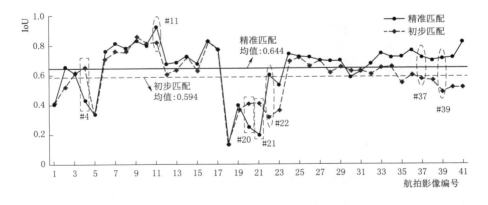

图 6.16　所有影像初步匹配和精细匹配提取 IoU 对比

图 6.16 表明，图像配准操作对提取兴趣区起到的效果因具体的图像而异，对绝大部分的图像起到了提升的作用，而对部分图像则在一定程度上削弱了匹配的效果。图 6.17 和图 6.18 分别罗列了图像配准效果提升和削弱的典型案例。

图 6.19 为测试样本兴趣区提取 IoU 的频率分布直方图。兴趣区提取 IoU 总体平均值

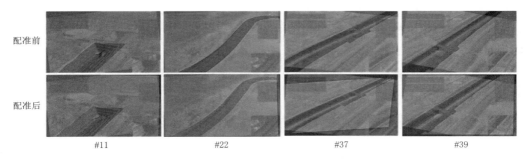

配准前

配准后

#11　　　　　　#22　　　　　　#37　　　　　　#39

图 6.17　图像配准效果提升案例

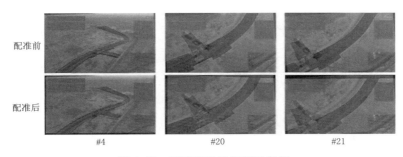

配准前

配准后

#4　　　　　　　#20　　　　　　#21

图 6.18　图像配准效果削弱案例

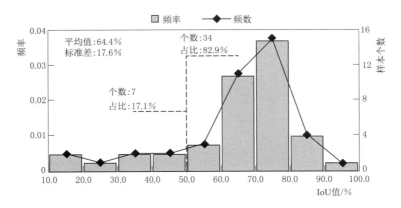

图 6.19　测试样本 IoU 频率分布直方图

为 64.4%，效果良好，在 41 个样本中共有 34 个超过了 50% 的标准，占比达到 82.9%。在 ASUS VivoBook S15 笔记本的运行环境下，所提出算法平均每张图像的处理时间为 250s，算法的效率有望通过使用高性能运算工作站得到进一步提升。

6.6.3　基于视频时空连续性的渠道结构提取改进结果

尽管所提方法对渠道结构航拍图兴趣区提取的总体效果良好（平均 IoU 超过控制基准 14.4%），但仍有部分图像的提取精度不甚理想（不足 50%）。图 6.20 中列出了提取效果不佳的航拍影像及其附近帧图片，其中每张图片上方左侧的编号对应于图 6.16 中的编号，右侧为当前帧图片在整个航拍视频中的播放进度。从图 6.20 中可以看出，提取效果不佳的图像呈现出"集中于相同时间、相同区域"的规律（影像♯1～♯5 和影像♯18～♯21）。利用上述规律，采用第 6.4 节提出的基于视频时空连续性的渠道结构提取改进算法来提高兴趣区提取精度。

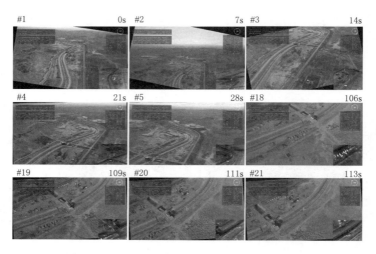

图 6.20　兴趣区提取效果不佳的航拍影像序列

如图 6.20 中，图像♯1～♯2 和图像♯3～♯5 间视场角度变化较大，难以形成有效的相似特征，故而将其作为两个子序列处理，并分别选择♯1 和♯4 作为关键帧；♯18～♯21 为一个序列，选择♯19 作为关键帧。用所提出的改进算法对这些图像进行处理，并对比改进前后的 IoU 值，结果如图 6.21 所示。

改进前，在 9 张样本图像中共有 7 张提取 IoU 未达到 50% 的控制标准；采用改进算法后，未达标图像数量显著降低到只有 1 张。改进后未达标图像为图像♯3，从图 6.21 第三行可以看出，用改进算法提取出来的区域实际上比改进前更吻合，但由于其与关键帧（图像♯4）拍摄范围有较大的不同，造成了用关键帧变形后的掩膜只能提取出部分兴趣区，因此其 IoU 值较低。总体来看，改进后算法提取兴趣区的平均 IoU 值为 63.5%，较改进前的 IoU 平均值（37.8%）有显著提高。

6.6.4　渠内液面提取结果

以天津市某输水渠道为应用案例，对所提出的渠内液面兴趣区提取方法进行了定量评价。

由于缺少应用案例的 BIM 模型，所提出的由 BIM 驱动的渠道结构兴趣区提取方法并不适用，故采用手动方式先从采集到的航拍图像中提取出渠道结构兴趣区。需要说明的是，此处不考虑渠道结构提取误差对渠内液面提取的可能影响，而仅考察渠内液面提取方法自身的精度，所以假设待分析图像内的渠道结构均已被准确地提取出。算法的运行环境为 ASUS VivoBook S15 笔记本（搭载 Intel Core i7 - 8550U 处理器和 Nvidia GeoForce

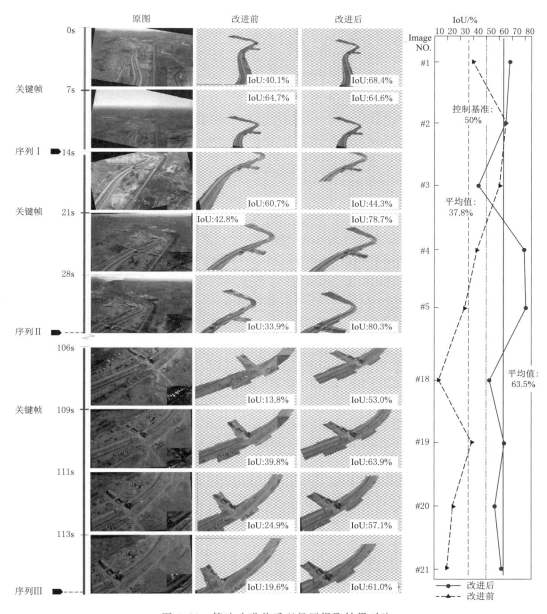

图 6.21　算法改进前后兴趣区提取结果对比

MX150 图形处理单元），采用 MatLab 图像处理工具包进行算法实现。

　　图 6.22 为针对应用案例的渠内液面提取结果，其中第一行是采用手动方法提取的渠道结构兴趣区，黄色虚线高亮部分为渠内液面兴趣区真值；第二行是用所提出方法提取的渠内液面，其上标注了与真值的交并比（IoU）。从图 6.22 中可以看出，提取精度较高，所有测试样例提取 IoU 值都超过了 90%，平均 IoU 值为 94.4%。平均每张图像的处理时间为 0.446 s，说明算法运行效果较高，处理时间几乎可以忽略不计。

115

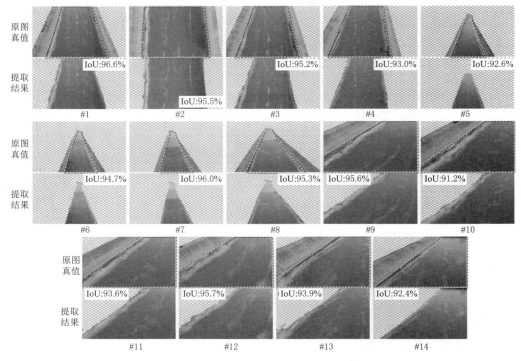

图 6.22　渠内液面兴趣区提取结果

6.7　本章小结

本章首先通过分析输水渠道航拍图像的特点和现有方法的局限性，阐述了输水渠道航拍影像兴趣区提取的必要性；然后，给出了基于 BIM–航拍图配准的输水渠道结构兴趣区提取方法，包含 BIM 元素可见性控制、航拍图–BIM 配准、BIM 掩膜生成和渠道结构提取等 4 个步骤；接着，针对个别图像因为 GPS 定位漂移、图像配准误差而提取效果不佳的问题，介绍了基于视频时空连续性的渠道结构兴趣区提取改进算法；进而，基于渠道结构提取的结果，介绍了采用 Otsu 大津法对航拍图像的 H（色相）通道进行自适应阈值分割，实现了渠内液面兴趣区的提取。最后，通过实例分析，验证了本章所提方法的可靠性和性能：其可在较短时间内，分别以 64.4% 和 94.4% 的精度完成渠道结构和渠内液面兴趣区的提取。对于原来提取效果不佳的个别图像，采用基于视频时空连续性的渠道结构改进算法可有效提升提取精度，平均提升幅度超过 25%。

116

第 7 章

寒区输水渠道冰情的智能图像识别

7.1 引言

为满足受供地的用水需求，部分供水工程需要进行冬季冰期输水。大型长距离输水渠道纬度跨越范围大，渠口开敞，水体直接与空气接触，因此常常面临严重的渠道冰冻问题。比如，渠水封冻会造成水头损失，影响正常发电；再如，渠内流凌拥堵，引起冰塞，会威胁渠道及相关附属建筑（如水闸、跨渠桥梁等）的结构安全。对渠内冰情状况（尤其是潜在的危险冰情）进行及时的评估识别，可以为工程调度和应急响应提供关键信息，有助于减少由渠道冰冻问题所引起的各种损失。

传统的冰情识别方式通过流量、水位等间接指标反推冰情状况，往往难以做到冰情事件的直接识别和准确定性。尽管随着传感器和监测技术的发展，shallow water ice profilers（SWIP）等新型设备已可对河冰覆盖面积进行高分辨率测量，但此类设备往往极其昂贵且安装复杂。相对而言，采用无人机进行沿渠巡检，可以快速地获得覆盖工程全线的渠内水体图像；另外，现有的输水渠道一般都沿渠布置了视频监控网点，此类视频监控系统造价低、维护简单，可以低廉的价格提供大量关于渠内冰情状态的长期图像序列。针对此类图像数据（由无人机或视频监控采集），采用图像处理、特征工程和机器学习等方式，实现渠内冰情状态的自动识别，有望在降低冰情监控成本的同时，大大提高识别的时效性和准确率。

本章详细介绍了寒区输水渠道冰情的图像智能识别方法。首先，给出了渠道冰情图像识别的技术路线，对渠道冰期输水的冻融演化过程进行了分析，确定了对运行调度和结构安全有重要影响的冰情阶段类型；然后，从颜色和纹理等角度出发，介绍了 4 个不同的冰情图像特征描述指标，基于效应量（effect sizes）定量分析了上述指标与冰情状态间的相关性；进而，以相关特征指标为输入，冰情状态为输出，建立了基于支持向量机的冰情状况图像识别模型；最后，介绍了实例应用与分析。

7.2　渠道冰情状态识别的技术路线

　　根据渠道冰期输水运行调度和风险管理的实际需求，从分析对象、前提假设和识别目标等 3 方面，对冰情图像智能识别的内容和任务进行了如下界定：

　　（1）分析对象。为适应不同技术手段在不同场景下采集的图像数据，本识别任务的分析对象包括无人机、手持相机、智能手机等不同设备于不同工程、不同时间、不同光照条件下拍摄的渠内水体（自由水、冰或者冰水混合）图像。这可确保后续的识别模型能同时满足无人机巡检和定点视频监控等不同应用场景的需求，并增强模型对拍摄视角、工程类型、光照等因素的鲁棒性。

　　（2）前提假设。分析对象只包含渠内液面兴趣区，或已通过第 6 章所述方法进行兴趣区提取预处理。此前提假设可有效避免岸坡、天空、植被等无关背景对冰情特征提取和识别的影响，有助于提高模型预测精度。

　　（3）识别目标。渠道冰情智能识别的目标是：输入满足上面（1）和（2）两个条件的图像，模型能自动分类识别出其中的冰情状况。此处具体的冰情状况如何划分和定义根据后文对冰情冻融演化过程的分析确定。

　　针对上述任务和内容，制定了渠道冰情图像智能识别研究的总体技术路线，如图 7.1 所示。具体步骤如下：

　　（1）开展渠道冰期输水的水体冻融演化过程分析。通过划分界定冰期输水经历的各个阶段，来确定冰情智能识别的目标类型。

　　（2）从对不同冰情状态图像的经验观察出发，基于图像特征工程的相关方法和技术，给出可用于区分不同冰情状态的图像特征描述指标。

　　（3）基于方差分析的效应量，评价上述指标与不同冰情状态间的相关程度，以便于后续把不相关或弱相关的特征指标排除在冰情识别模型之外，这有助于避免不相关噪声对模型识别产生的干扰。

　　（4）基于支持向量机（support vector machine，SVM），以上步分析中确定的相关特征指标为输入，冻融过程分析确定的识别目标为输出，训练并验证冰情图像的智能分类模型。

7.3　渠道冰期输水冻融过程分析

　　图 7.2 描述了冰期输水渠道经历的一个典型冻融演化过程。随着冬季气温的降低，渠内原先可自由流动的明流逐渐封冻，形成覆于表面的冰盖。当气温回升，冰盖解冻形成块状的冰凌，冰凌顺着水流向下游移动，形成流凌。在流凌发生时，解冻规模和泄流能力的不同决定了流凌的强度。如图 7.3 所示，为"轻微"和"剧烈"两个不同

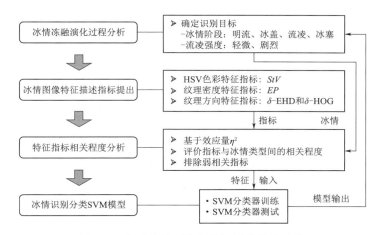

图 7.1 渠道冰情图像智能识别的技术路线

流凌强度等级的代表图像。流凌的强度越剧烈，对正常输水的影响越大，因此需要重点监测和防范。在渠道过流能力不足的区域（如桥墩或水闸位置处），当流凌下泄量低于上游来凌量时，冰凌便会在这些区域形成阻塞，若不能及时疏通，越积越多的冰凌最终会形成冰塞，对输水质量和结构安全造成重大威胁。需要指出的是，上述演化并非简单的线性过程，事实上，在冰期输水过程中，渠内水体可能随着环境气温的起伏，会往复经历其中几个或所有冰情阶段的变化；另外，明流封冻的过程中，也可能出现一定规模的流凌现象。

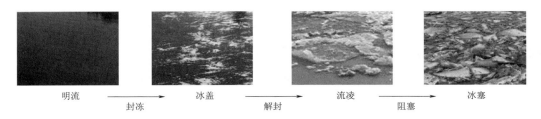

图 7.2 渠内水体典型冻融过程

流凌强度：轻微　　　　　　　　　　　　　　流凌强度：剧烈

图 7.3 不同强度流凌的示例图片

上面冰期冻融演化过程的分析涵盖了本章所述冰情的两方面内涵，分别为冰情阶段和流凌强度，其中冰情阶段是指明流、冰盖、流凌和冰塞等 4 个阶段，流凌强度包括轻微和剧烈两个等级。后面如无特别说明，均按此处的定义展开论述。本章冰情识别的目标包括对明流、冰盖、流凌和冰塞等冰情阶段，以及轻微和剧烈两个流凌强度等级的分类识别。

7.4 冰情图像特征描述指标分析

作为图像识别模型的输入，特征选取的好坏很大程度上直接决定了模型的性能和预测效果。关于特征选取的过程、方法和理论称为图像特征工程，其从本质上讲是一个降维的过程，即将低层次的高维原始数据（即图像强度的像素矩阵）抽象成高层次的与图像识别任务相关的低维特征向量（如梯度、边缘、强度直方图等）。尽管随着深度卷积神经网络等技术的提出和发展，机器学习（尤其是深度学习）已经具备从输入的原始图像中自动学习提取高层次特征的能力，但此学习过程依赖大量数据的训练，且需要消耗较大的运算资源和时间。因此，在可用数据稀缺和对时效性要求高的领域，图像特征工程仍是完成图像识别任务的有效技术手段。

冰情图像特征描述指标的提出是图像特征工程在冰情图像识别领域的具体应用。当前可用的各类冰情的航拍图像稀缺，难以达到深度学习的训练需求，而冰情识别任务对时间敏感，需要在短时间内提供识别结果，以及时指导运行调度和应急抢险。综上所述，本章基于图像特征工程，介绍冰情图像特征描述指标，进而用于冰情识别分类模型的训练和预测。下面，从对各阶段冰情图像的经验观察出发，介绍了相应特征指标的提出和定义。

7.4.1 基于 HSV 色彩特征的描述指标 StV

因为气体及其他杂质的存在，冰块会对所有可见光成分进行散射，故而冰一般都呈现出雪白色的状态，与之相反，渠水则呈现青绿色或暗绿色的状态。从这一直观经验出发，对冰情图像的 HSV 色彩空间进行了分析。不同于广为人知的 RGB 模型，HSV 色彩空间以一种更接近人眼直觉的方式对色彩进行建模描述，其 3 个通道分别为色相（hue，H）、饱和度（saturation，S）和明度（value，V）。图 7.4 展示了以倒锥形表示的 HSV 色彩空间。其中，H 通道表示颜色的色彩属性，如通常意义上的红色、黄色和蓝色等；S 通道表示颜色的纯度，其值一般在 0~1 之间分布；V 通道表示颜色的亮度，其值越高，颜色的亮度越大。如图 7.4 所示，纯白色出现在 HSV 倒锥形的顶部中央，此时，该颜色的饱和度和明度值分别为 0 和 1。

图 7.5 和图 7.6 分别对一张明流图像和一张流凌图像进行了 S 通道和 V 通道的直方图分析。直方图的水平轴将 S（或 V）通道的取值范围等分成 255 个间隔，纵轴表示相应于某个取值间隔的像素个数。可以看出，明流和流凌图像的直方图分布正好相反：前者（无冰）的 S 和 V 通道直方图分别集中分布在高值区域和低值区域；而后者（有冰）的直方图则分别集中分布在低值区域和高值区域。由此，猜想冰情图像的颜色特征可以由 S 通

道和 V 通道直方图的分布来共同表征，并提出了式（7.1）所示的特征指标 StV（saturation times value）。

$$\mathrm{StV}_{i-j} = k P_{Si} P_{Vj} \qquad (7.1)$$

式中：k 为常数比例因子，本书中取为 1；P_{Si} 为 S 通道分布在区间 $[0, i]$ 内的像素个数占总像素数的比例，$P_{Si} = \dfrac{\sum\limits_{x \in [0, i]} Q_s(x)}{\sum\limits_{x \in [0, 255]} Q_s(x)}$，$Q_S(x)$ 为饱和度值等于 x 的像素的个数；P_{Vj} 为

V 通道分布在区间 $[j, 255]$ 内的像素个数占总像素数的比例，$P_{Vj} = \dfrac{\sum\limits_{x \in [j, 255]} Q_v(x)}{\sum\limits_{x \in [0, 255]} Q_v(x)}$，

$Q_V(x)$ 为明度值等于 x 的像素的个数。

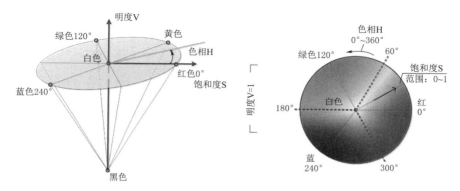

图 7.4　HSV 色彩空间模型

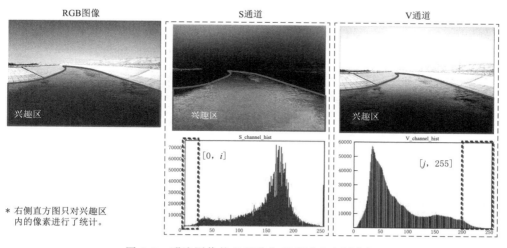

* 右侧直方图只对兴趣区内的像素进行了统计。

图 7.5　明流图像的 S 通道和 V 通道直方图分析

一般而言，StV 值越大，图像呈现出的白色成分越多，相应地，渠道液面图像中出现冰的可能性越大。

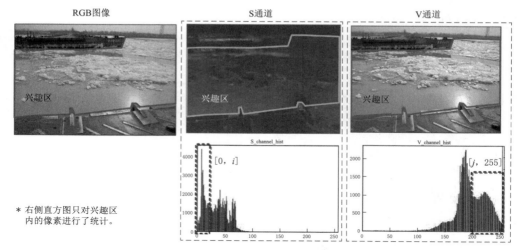

图 7.6　流凌图像的 S 通道和 V 通道直方图分析

7.4.2　基于纹理密度特征的描述指标 EP

颜色特征易于受光照条件影响，因此，还需要补充其他特征以提高后续识别的鲁棒性和精度。不同冰情阶段的液面粗糙程度不同，因此猜想图像的纹理密集程度可以用来表征不同的冰情阶段：流凌和冰塞发生时，由于冰块间分离和碰撞，渠内液面粗糙，因此观察到的图像纹理较密集；冰盖和明流的表面则较平滑，相应的图像纹理较稀疏。

边缘（edge）是刻画图像纹理特征的重要手段，一般而言，图像的纹理越粗糙，识别出来的边缘越多。图像边缘检测的算子多种多样，如 Sobel、Roberts 和 Canny 等，在这些算法中，Canny 卷积核因其良好的抗噪声性能而被广为使用。为尽可能避免水面涟漪、倒影等噪声被识别为边缘，可采用 Canny 算子进行边缘识别。

图 7.7 列出了以 Canny 算子（取阈值为 0.5）对 4 张不同冰情阶段图像进行边缘提取的结果，可以看出，流凌和冰塞图像识别出来的边缘密度明显高于明流和冰盖图像。基于上述分析，提出了纹理密度特征指标 EP（edge proportion），如式（7.2）所示。

$$EP = Q_{edge} / Q_{sum} \tag{7.2}$$

式中：Q_{edge} 和 Q_{sum} 分别为一幅图像中边缘像素的数量和所有像素的数量。

7.4.3　基于纹理方向特征的描述指标 δ - EHD 和 δ - HOG

如图 7.7 所示，当流凌强度大时，流凌往往具有跟冰塞类似的颜色特征和纹理密集度特征，因此，需要进一步提出相应的特征指标对二者进行区分。流凌是流动的，而冰塞则相对静止，这就可能造成二者在纹理方向上的区别：前者图像中纹理倾向于以较一致的方向沿水流向分布；而后者纹理则倾向于较为均匀地沿各个方向分布。为表征这一纹理方向分布的不同，分别基于边缘直方图描述符（edge histogram descriptor，EHD）和方向梯度直方图（histogram of oriented gradient，HOG）提出了指标 δ - EHD 和 δ - HOG。

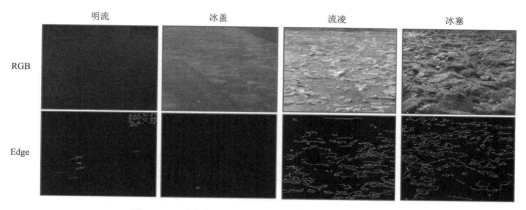

图 7.7 不同冰情阶段图像的 Canny 边缘识别结果

边缘直方图描述符（EHD）是表征图像轮廓特征方向分布的特征描述符。如图 7.8 所示，该算法将输入图像分成 4×4 分布的 16 个子图，并计算生成每个子图的边缘直方图。每个边缘直方图包括五个刻度，这 5 个刻度分别表示 5 个不同方向的边缘类型，即竖直、水平、45°对角、135°对角和无方向，而边缘类型的判断是基于 2×2 像素组成的图像块。对得到的所有子图（共 16 个）的边缘直方图进行首尾相接，即可得到由 80 个元素构成的 EHD 描述符。

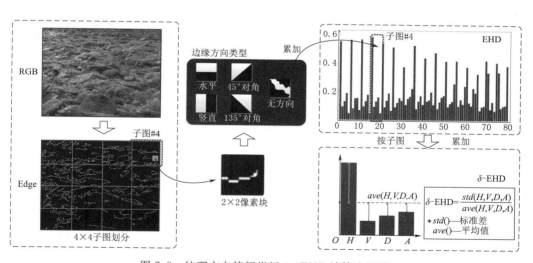

图 7.8 纹理方向特征指标 δ-EHD 计算流程图

边缘直方图描述符差异（the variance of edge histogram descriptor，δ-EHD）是本章在 EHD 基础上提出的指标，其定义如式（7.3）所示。

$$\delta\text{-EHD} = \frac{std\left(\sum_{i=1}^{16}Q_{Hi}, \sum_{i=1}^{16}Q_{Vi}, \sum_{i=1}^{16}Q_{Di}, \sum_{i=1}^{16}Q_{Ai}\right)}{ave\left(\sum_{i=1}^{16}Q_{Hi}, \sum_{i=1}^{16}Q_{Vi}, \sum_{i=1}^{16}Q_{Di}, \sum_{i=1}^{16}Q_{Ai}\right)} \tag{7.3}$$

式中：$std(x_1, x_2, \cdots, x_n)$、$ave(x_1, x_2, \cdots, x_n)$ 分别为 $x_1, x_2, \cdots, x_n$ 的标准差和

平均值；Q_{Hi}、Q_{Vi}、Q_{Di}、Q_{Ai} 分别为子图 i 中水平方向、竖直方向、45°对角方向和 135°对角方向的边缘数目。

δ-EHD 值反映了图像不同边缘方向间的差异程度：该值越大，说明图像中检测出来的边缘越有可能指向统一的一个方向。

方向梯度直方图（HOG）通过累计梯度方向在图像局部不同位置的次数来刻画图像纹理特征。图 7.9 描述了 HOG 算法的一般流程。首先，将目标图像划分成许多个小的单元格（cell）；然后，对每个单元格进行梯度方向直方图的计算和生成；最后，以若干个单元格大小的区块（block）对整个图像进行滑动扫描，目的是实现标准化和直方图的拼接。类似 δ-EHD，提出了方向梯度直方图差异（the variance of histogram of oriented gradient，δ-HOG）来刻画纹理梯度方向分布的差异程度，其定义如式（7.4）所示。

$$\delta\text{-HOG}=\frac{std(Q_{\text{hog}1},Q_{\text{hog}2},\cdots,Q_{\text{hog}N})}{ave(Q_{\text{hog}1},Q_{\text{hog}2},\cdots,Q_{\text{hog}N})} \tag{7.4}$$

式中：$Q_{\text{hog}i}$ 为 HOG 中刻度 i 对应的取值（$i\in[1,N]$）；N 为 HOG 的总刻度数量。

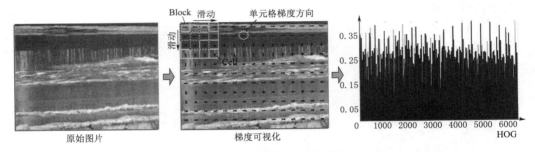

图 7.9　HOG 算法的实施流程

7.5　基于 η^2 的冰情图像特征描述指标相关程度分析

7.4 节从经验观察出发定义的特征描述指标有赖于进一步的定量分析，以评价其与不同冰情状况（冰情阶段和流凌强度）间的相关程度，进而淘汰不相关指标。另外，这些指标的定义中存在一定数量的超参数（如 StV_{i-j} 中的 i 和 j，以及 EP 中边缘检测的阈值），这些超参数也需要根据相关程度的评价结果来进行选取，以确保选取的超参数使得相应的特征指标与冰情状况呈较强的相关性。

7.5.1　冰情图像特征指标效应量 η^2 计算

由于冰情阶段（明流、冰盖、流凌或冰塞）和流凌强度（轻微或剧烈）是离散型变量，而特征指标（如 StV）为连续变量，常规的相关系数 R^2 仅适用于连续数值型变量间的相关性分析，并不适用于实践中本问题的离散-连续型变量间分析的情况。

方差分析（analysis of variance，ANOVA），又称为"变异数分析"，其通过分析离散变量（自变量或因素）不同分组的组间差距和组内差距的大小关系来判断自变量对因变量影响程度的大小，常被用于离散-连续变量间的相关程度评价。方差分析的基本思想是通过分析随机误差和实验条件（即可控的自变量因素）等引起的变异对总变异的贡献大小，从而确定可控因素（自变量）对因变量观测结果的影响力，影响力越大，说明相关程度越高。

在方差分析中，自变量因素对因变量的影响程度称为效应量（effect size），常用的效应量度量指标为 η^2，其计算公式为

$$\eta^2 = \frac{SS_{\text{between}}}{SS_{\text{total}}} \tag{7.5}$$

式中：SS_{between} 为组间离差平方和（简称组间平方和）；SS_{total} 为总离差平方和（简称总平方和）。

组间离差平方和反映了各组样本之间的差异程度，即由变异因素（自变量）的水平不同所引起的系统误差；总离差平方和反映了全部观察值离散程度的总规模。下节结合冰情相关程度分析的具体场景，将对 SS_{between} 和 SS_{total} 的计算方法和公式进行详细阐述。

在采用 η^2 进行冰情图像特征指标的相关程度评价时，自变量（因素）为不同的冰情阶段和流凌强度，因变量为所提出的图像特征指标（如 StV、EP 等）。下面结合应用场景，对冰情阶段和流凌强度分别作为自变量时 η^2 的定义式进行详细介绍。

对于冰情阶段，其分组包括明流、冰盖、流凌和冰塞等 4 组，组间平方和计算公式为

$$SS_{\text{阶段\_between}} = \sum_{j \in I_{\text{阶段}}} n_j (\overline{X_j} - \overline{X})^2 \tag{7.6}$$

式中：j 为冰情阶段分组；n_j 为某冰情阶段分组内的样本个数；$I_{\text{阶段}} = \{$ 明流，冰盖，流凌，冰塞 $\}$；$\overline{X_j}$ 为 j 组内样本的特征指标均值；$\overline{X}$ 为所有样本的特征指标均值。

总平方和计算公式为

$$SS_{\text{阶段\_total}} = \sum_{j \in I_{\text{阶段}}} \sum_{i \in [1, n_j]} (X_{ij} - \overline{X})^2 \tag{7.7}$$

式中：X_{ij} 为 j 组内第 i 个样本的特征指标值。

对于流凌强度，其分组包括轻微和剧烈等两组，组间平方和计算公式为

$$SS_{\text{强度\_between}} = \sum_{k \in I_{\text{强度}}} n_k (\overline{X_k} - \overline{X})^2 \tag{7.8}$$

式中：k 为流凌强度分组；n_k 为某流凌强度分组内的样本个数；$I_{\text{强度}} = \{$ 轻微，剧烈 $\}$；$\overline{X_k}$ 为 k 组内样本的特征指标均值；$\overline{X}$ 为所有样本的特征指标均值。

总平方和计算公式为

$$SS_{\text{强度\_total}} = \sum_{k \in I_{\text{强度}}} \sum_{i \in [1, n_k]} (X_{ik} - \overline{X})^2 \tag{7.9}$$

式中：X_{ik} 为 k 组内第 i 个样本的特征指标值。

利用上面的方法分别计算得到冰情阶段和流凌强度对应的组间平方和（$SS_{\text{阶段\_between}}$、$SS_{\text{强度\_between}}$）和总平方和（$SS_{\text{阶段\_total}}$、$SS_{\text{强度\_total}}$）后，并可根据式（7.5）求得相应的效应量 η^2。

7.5.2 基于 η^2 的相关程度分析流程

基于上述确定的 η^2 计算公式，冰情特征描述指标与冰情状况间的相关程度分析的具

体实施步骤如下：

（1）对于样本数据集中的每张图像，计算出其在不同超参数取值下的各个特征指标值（即 StV、EP、δ - EHD 和 δ - HOG）。

（2）采用 η^2 的计算公式，对不同超参数取值下各特征指标与冰情状况间的 η^2 值进行解算。

（3）根据 η^2 的控制准则，评价特征指标与冰情的相关程度。评价工作一般采用如下的经验准则：η^2 为 0.01～0.06，相关程度小；η^2 为 0.06～0.14，相关程度中等；η^2 大于 0.14，相关程度大。

（4）剔除不相关特征指标并确定保留指标的超参数，选取具有强相关性的指标作为后续冰情分类模型的输入。

7.6 基于支持向量机的冰情图像识别分类方法

7.6.1 支持向量机基本原理

支持向量机（support vector machine，SVM）于 20 世纪 60 年代被首次提出。由于该算法能够基于少量的训练数据和有限的计算资源得到较好的预测精度，因此是目前被广泛采用的机器学习算法之一。

图 7.10 以二维输入特征为例说明了支持向量机算法的基本原理。SVM 算法的基本思想是寻找能够有效分割训练集不同类别数据的线性分类器，其训练的目标是优化超平面的参数，以找到在特征空间上的几何间隔最大的分割超平面。具体来说，在给定一个超平面的前提下，每个训练样本点到该超平面的距离均可以计算得到。每随机生成一个超平面，各样本点到超平面的距离都会相应变化，而所谓的最优超平面就是距离所有类别最近点距离最大的超平面。

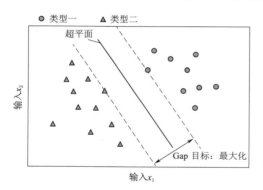

图 7.10 支持向量机基本原理示意图

根据解析几何知识，特征空间中的超平面为

$$f(x) = \omega^{\mathrm{T}} x + b \tag{7.10}$$

式中：ω^{T}、b 为当前超平面的相关参数，可分别理解成对应于各个特征分量的权重和偏置。

当 $f(x) = 0$ 时，表示 x 位于超平面上；若 $f(x)$ 的值非零，则 x 为位于超平面两侧的样本点。

数据集中的样本点到超平面 $\omega^{\mathrm{T}} x + b = 0$ 的几何间隔 $\tilde{\gamma}$ 为

$$\tilde{\gamma} = \frac{y(\omega^{\mathrm{T}} x + b)}{\| \omega \|} = \frac{y f(x)}{\| \omega \|} \tag{7.11}$$

式中：y 为对应于样本点 x 的类别，其取值为 -1 或 1，分别代表两个不同的类型；

$yf(x)$ 为函数间隔，常用 $\hat{\gamma}$ 表示。

支持向量机模型的训练便是为了使式（7.11）定义的几何间隔 $\tilde{\gamma}$ 最大化。出于简便考虑，可令函数间隔 $\hat{\gamma}=1$，于是便能得到式（7.12）所示的目标函数。

$$\max \tilde{\gamma} = \frac{1}{\parallel \omega \parallel} \tag{7.12}$$

上述优化问题应满足如下约束条件：

$$y_i(\boldsymbol{w}^{\mathrm{T}}x_i+b) \geqslant 1, i \in [1,n] \tag{7.13}$$

式中：x_i、y_i 分别为第 i 个样本的特征值和类别；n 为样本总数。

上述推导得到了 SVM 在二元线性可分情况下训练优化过程的目标函数和约束条件，事实上，SVM 最初也是针对二元线性可分问题提出的。经过多年的发展，随着核转换技术以及"一对多（one-against-all）"策略的提出，SVM 目前已被广泛应用于解决非线性可分的多元分类问题。

7.6.2 冰情识别支持向量机建模

本章基于支持向量机，以经过方差分析确定的强相关特征指标为输入，冰情阶段和流凌强度都输出，训练冰情图像智能分类模型。

如图 7.11 所示，冰情图像识别模型由两个 SVM 分类器构成，分别为分类器♯1 和分类器♯2。分类器♯1 对图像反映的冰情阶段（明流、冰盖、流凌和冰塞）进行分类，而分类器♯2 则对流凌图像进行流凌强度的识别分类。分类器♯1 需要解决的是一个多元分类问题，故采用了"一对多（one-against-all）"的策略。具体来说，就是将分类器划分为 3 个子分类器，即子分类器♯1-1、子分类器♯1-2 和子分类器♯1-3。子分类器♯1-1首先将样本分类为"明流和冰盖"或"流凌和冰塞"，然后根据分类的结果，进行下一步操作：若样本被分类为前者，则其接着被输入子分类器♯1-2，以进一步确定其是"明流"还是"冰盖"；样本若被分类为后者，则被输入子分类器♯1-3，以确定其是"流凌"还是"冰塞"。

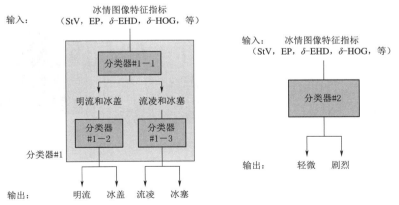

图 7.11　冰情识别 SVM 模型的结构

不同类型样本间不一定线性可分，为此，在训练每个分类器（或子分类器）时，可通过核函数 Kernel 将数据映射到高维空间，以此来解决在原始空间中线性不可分的问题。

7.7 实例应用分析

7.7.1 数据采集及预处理

为保证后续训练得到的模型的泛化性能，所采集的冰情图像应尽可能覆盖不同的视角（航拍和地面）、不同的工程场景和不同的光照条件。从上述原则出发，通过网上搜索和现场采集两种途径进行了数据获取。

（1）网上搜索。以凌汛（ice flood）、冰塞（ice jam）、水渠（water channel）等为关键词，利用各类网络搜索引擎（如百度、Bing 等）对相关数据进行检索，并对检索结果进行人工鉴别筛选，以确保获取的图像数据来源于尽可能多的不同工程，并覆盖不同的光照条件（晴天和阴天）。通过搜索引擎得到的数据一般以地面视角居多，因此，本章还通过相关网络航拍社区获取了无人机航拍视角下流凌和冰塞的图像。

（2）现场采集。以华北地区某引水工程和西北地区某输水工程为对象，利用手持相机从地面视角在不同时间和天气条件下拍摄了明流、冰盖、流凌和冰塞等四个阶段冰情的照片。同时，以某实验区水渠为对象，采用无人机拍摄了明流和冰盖的航拍照片。

通过上述方法，共获得了 276 张冰情图像，其中航拍图 109 张，地面视角图像 167 张。为便于后续冰情特征指标计算和模型训练，需对采集得到的图像进行预处理。如图 7.12 所示，为冰情图像预处理的流程图。首先，将图像中属于渠内液面兴趣区的像素从无关背景中提取出来；然后，在兴趣区内进行矩形区域截取，注意截取时应在确保矩形区域完全包含于兴趣区内的前提下，使得截取的矩形区域面积尽可能大；由于数据来源多样，截取出来的矩形图像分辨率大小不一（小到 250×189 像素，大到 831×486 像素），为确保每张图像分辨率尺度的一致，在保证宽高比不变的前提下，统一将截取的矩形图像宽度调整为 400 像素。

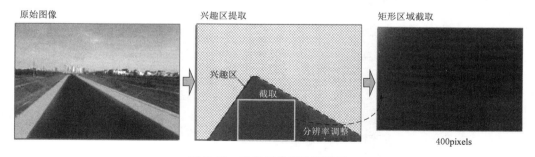

图 7.12 冰情图像预处理流程

7.7.2 数据标注

经过预处理后，需要对数据集中的每张图像所属的冰情阶段（明流、冰盖、流凌或冰塞）以及若发生流凌时相应的流凌强度（轻微或剧烈）进行标注。为提高数据标注的效率和质量，开发了如图 7.13 所示的基于 Web 的图像分类标注工具，以便让更多相关专业人员参与标注工作。该标注工具的界面共包括三个模块，分别为图像显示模块、任务初始化模块和图像标注模块。

任务初始化模块只能由管理员访问操作，用于根据实际的标注任务进行初始化设置（如类型数，类型和子类型等）。以本书的冰情标注为例，类型数为 4，具体类型分别为明流、冰盖、流凌和冰塞，其中，流凌类型下设两个子类型，分别为轻微和剧烈，输入上述信息后，单击界面上的"初始化（Initialize）"按键，即完成初始化设置。在管理员初始化设置完成后，标注人员便可通过浏览器访问该工具进行标注。

图像显示模块负责对图像进行显示，用户可通过图像下方的"Previous"和"Next"按键分别切换到上一张图像和下一张图像；同时，用户还可以通过输入序号跳转至任意指定图像。

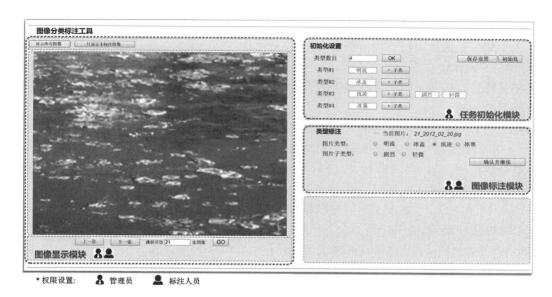

图 7.13 基于 Web 的图像分类标注工具界面

图像标注区域显示了当前图片的文件名，标注人员需要在该区域从提供的选项中选择当前图片所属的类型（冰情阶段）和子类型（流凌强度，仅当所选冰情阶段为流凌时适用）。为保证标注的质量，每张图像应由多个人员进行标注，并按"多数投票"的原则决定其所属类别。用户标注的结果存储于后台服务器的一个 Excel 文件中，该文件可由管理员读取并统计确定所有图像最终的标注结果。

通过上面开发的基于 Web 的图像标注工具，把冰情图像类型标注的任务分配给了 43 位来自水利工程专业的领域专家和在读研究生，并且每个人员标注图像的数目从 50 张到 100 张不等。最终，共搜集了总计 4213 张次的标注结果，基于这些结果，采用"多数投票"的原则，确定了冰情图像数据集中所有图像的冰情阶段和流凌强度。图 7.14 展示了根据标注结果划分的数据集类型构成，在 276 张图像中，有明流图像 51 张，冰盖图像 73 张，流凌图像 98 张，冰塞图像 54 张；在流凌图像中，划分为轻微和剧烈两个强度等级的图像数目分别为 57 张和 41 张。

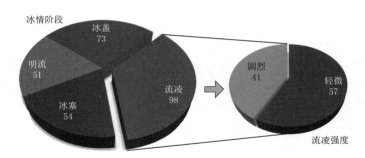

图 7.14 冰情图像数据集构成

7.7.3 相关程度分析

基于标注好的冰情图像数据集,采用 η^2 对冰情特征指标(StV、EP、δ-EHD 和 δ-HOG)与不同冰情状况间的相关程度进行定量评价,以确定可作为后续 SVM 模型输入的强相关特征指标和合适的指标超参数。本实例采用 IBM SPSS 软件计算所提出特征指标与冰情状况间的 η^2 值。

对于色彩特征指标 StV_{i-j} 而言,待定的超参数包括 S 通道区间阈值 i 和 V 通道区间阈值 j。采用试算法对 StV 指标的相关程度和 i、j 的值进行分析确定:计算不同的 i 值和 j 值下数据集内图像的 StV 指标,然后结合图像对应的冰情状况,计算相关程度的度量值 η^2,进而对相关程度进行判断。

图 7.15 和图 7.16 展示了不同超参数取值下,不同冰情阶段和流凌强度的 StV_{i-j} 值箱形图分布及相应的 η^2 值。首先固定 i 值为 25 不变,通过比较不同 j 值下的 η^2 值来确定最合适的 V 通道区间 $[j, 255]$。从图 7.15(a)可以看出,当 j 值为 180 时,StV 与冰情阶段的相关程度最高,对于流凌强度而言,相关程度 η^2 值的峰值同样出现在 j 等于 180 时[图 7.16(a)]。因此,取 180 为冰情阶段和流凌强度的 j 值,并固定其不变,进而比较 i 取值不同时 η^2 的变化。从图 7.15(b)可以看出,i 等于 65 时相对于冰情阶段的 η^2 值开始收敛,故取冰情阶段识别的 i 值为 65;而对于流凌强度,η^2 的峰值出现在 i 等于 25[图 7.16(b)]。综上所述,分别选取 StV_{65-180} 和 StV_{25-180} 作为冰情阶段分类模型和流凌强度分类模型的输入。

冰情图像的 EP 值受 Canny 算子所采用的阈值(threshold)的影响,图 7.17 反映了取不同阈值(图中以 Th 表示)时,不同冰情阶段和流凌强度的 EP 值箱形图分布及相应的 η^2 值。对于冰情阶段,当 Th 取值为 0.6 时,相关程度 η^2 达到最大值,故采用该值作为冰情阶段识别模型的 EP 指标阈值;而对于流凌强度,当 Th 等于 0.2 和 0.3 时,η^2 值达到峰值,从相应的箱形图分布中可以看到,$Th=0.2$ 时,两个等级流凌强度的 EP 值分布差别较 $Th=0.3$ 时更加明显,故决定采用 0.2 作为流凌强度识别模型的 EP 指标计算的阈值。

从上述分析可以看出,StV 和 EP 两个指标可以较明显地区分明流、冰盖和流凌(或冰塞),却难以表征流凌和冰塞之间的区别。δ-EHD 和 δ-HOG 最初主要是为区分流凌

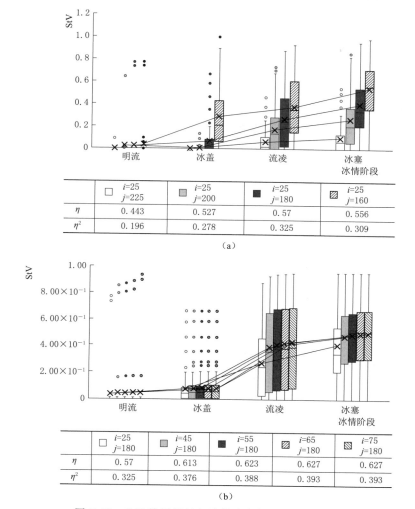

图 7.15 StV 特征指标与冰情阶段的相关程度分析

（a）变换 V 通道取值区间 [j, 255]；（b）变换 S 通道取值区间 [0, i]

和冰塞而提出，故在进行相关程度分析时，有必要单独就这两个指标与流凌和冰塞两个阶段的相关程度进行评价。

对于 δ-EHD 指标，关键的超参数是进行边缘检测时的阈值（Th）。图 7.18 反映了不同阈值下，不同冰情阶段和流凌强度的 δ-EHD 值箱形图分布，其中在图 7.18（a）的下方除了列出针对所有冰情阶段的 η^2 值，还列出了单独针对流凌和冰塞两个阶段的 η^2 值。可以看出，当 $Th=0.1$ 时，δ-EHD 对流凌和冰塞这两个冰情阶段的 η^2 值最大，可对其进行显著区分；而 δ-EHD 针对所有阶段的 η^2 峰值则出现在 Th 取值为 0.05 时，考虑到此取值下，针对流凌和冰塞两个冰情阶段的 η^2 值（0.325）与峰值（0.333）相差不大，为兼顾对其他冰情阶段的识别区分，最终确定采用 $Th=0.05$。对于流凌强度 [图 7.18（b）]，当 Th 取值为 0.001 时，相关程度（η^2 值）最大，尽管随着 Th 取值继续减小，η^2 值可能会有所增大，但从数据走向看，η^2 值从 0.001 开始已逐渐收敛，因此预

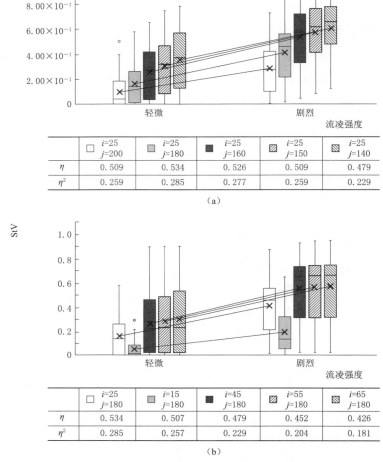

图 7.16　StV 特征指标与流凌强度的相关程度分析

（a）变换 V 通道取值区间 $[j, 255]$；（b）变换 S 通道取值区间 $[0, i]$

测其增长幅度不会太大，故选择 0.001 作为流凌强度识别 $\delta\text{-EHD}$ 指标的阈值。

对于 $\delta\text{-HOG}$ 指标而言，超参数"单元格大小（cell size）"直接决定特征提取的精细程度：大的 cell size 趋向于提取图像中的较大尺度的特征，而小的 cell size 则对于局部细节特征有更好的提取效果。如图 7.19 所示，对不同 cell size 取值下 $\delta\text{-HOG}$ 指标与冰情状况的相关性进行了分析。与 $\delta\text{-EHD}$ 指标的情况类似，在图 7.19（a）的下方列出了单独针对流凌和冰塞两个阶段的 η^2 值。在所有的 cell size 取值中，当其取值为 48×48 时，$\delta\text{-HOG}$ 对所有冰情阶段和流凌及冰塞两个冰情阶段的相关程度均达到最高，且此时随着 cell size 增大，收敛趋势明显，故选择 48×48 的 cell size 作为 $\delta\text{-HOG}$ 指标冰情阶段识别的超参数。对于流凌强度而言 [图 7.19（b）]，无论 cell size 取值，所有的 η^2 值均远低于 0.14 的经验标准，故决定将 $\delta\text{-HOG}$ 指标排除出流凌强度识别模型。

实例应用分析 7.7

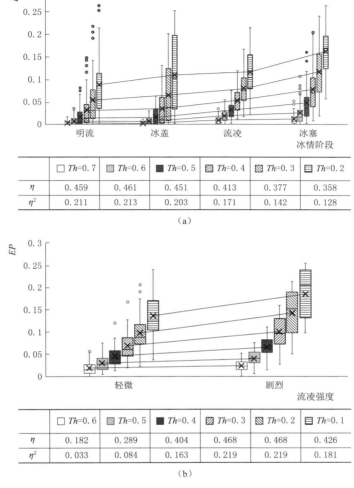

图 7.17　EP 特征指标相关程度分析

（a）EP 和冰情阶段；（b）EP 和流凌强度

7.7.4　SVM 模型训练及结果分析

　　如表 7.1 所示，渠内冰情的识别任务由两个支持向量机（SVM）分类器完成，即分类器♯1 和分类器♯2，其分别用于对冰情阶段和流凌强度进行分类判断。通过上节的相关程度分析，确定了输入两个分类器的特征指标及相应的超参数。按约 3∶1 的比例，将冰情图像数据集划分成训练集和测试集；同时为避免随机抽样引起的样本不均衡问题，对每个类型图像的数据进行单独划分，如对于分类器♯1 的每个冰情阶段，都按 3∶1 的比例划分为训练集和测试集。经过划分，用于分类器♯1 和分类器♯2 训练和测试的数据构成见表 7.1 的后两行。

133

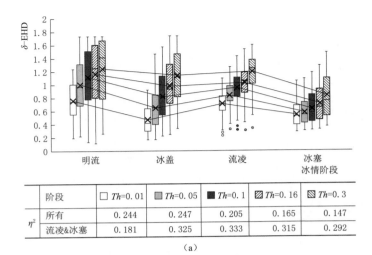

η^2	阶段	□ $Th=0.01$	■ $Th=0.05$	■ $Th=0.1$	▨ $Th=0.16$	▩ $Th=0.3$
	所有	0.244	0.247	0.205	0.165	0.147
	流凌&冰塞	0.181	0.325	0.333	0.315	0.292

（a）

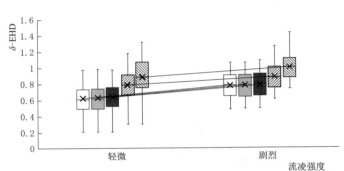

	□ $Th=0.001$	■ $Th=0.005$	■ $Th=0.01$	▨ $Th=0.05$	▩ $Th=0.1$
η	0.441	0.431	0.417	0.281	0.284
η^2	0.194	0.186	0.174	0.079	0.081

（b）

图 7.18 δ-EHD 特征指标相关程度分析

（a）δ-EHD 和冰情阶段；（b）δ-EHD 和流凌强度

表 7.1 冰情状态 SVM 分类器基本信息

	分类器♯1	分类器♯2		分类器♯1	分类器♯2
输入	StV_{65-180} $EP(Th=0.6)$ δ-EHD$(Th=0.05)$ δ-HOG(Cell size=48)	StV_{25-180} $EP(Th=0.2)$ δ-EHD$(Th=0.001)$	训练集	明流：38 冰盖：55 流凌：74 冰塞：41 总计：208	轻微：43 剧烈：31 总计：74
输出	冰情阶段 （明流、冰盖、流凌和 冰塞）	流凌强度 （轻微和剧烈）	测试集	明流：13 冰盖：18 流凌：24 冰塞：13 总计：68	轻微：14 剧烈：10 总计：24

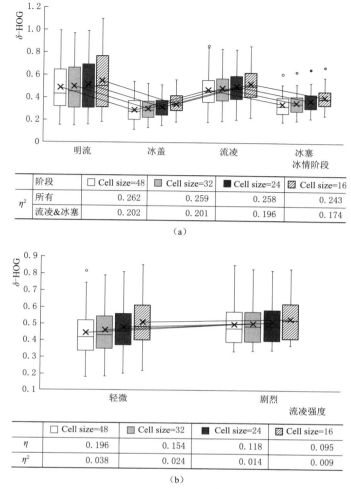

	阶段	□ Cell size=48	▨ Cell size=32	■ Cell size=24	▨ Cell size=16
η^2	所有	0.262	0.259	0.258	0.243
	流凌&冰塞	0.202	0.201	0.196	0.174

(a)

	□ Cell size=48	▨ Cell size=32	■ Cell size=24	▨ Cell size=16
η	0.196	0.154	0.118	0.095
η^2	0.038	0.024	0.014	0.009

(b)

图 7.19　δ-HOG 特征指标相关程度分析

(a) δ-HOG 和冰情阶段；(b) δ-HOG 和流凌强度

用 Python 的机器学习库 scikit-learn 进行 SVM 模型的训练和测试。用该库的支持向量机模块 SVC 训练时，有 3 个重要的超参数需要确定，分别为 *kernel*、*C* 和 *gamma*。"*kernel*"超参数用于指定分割数据的超平面的类型，比如，线性（"linear"）的 *kernel* 适用于线性可分的样本集，而其他 *kernel*（"poly""rbf"和"sigmoid"）则通常用于处理非线性可分的样本。"*C*"值为惩罚系数，是一个正则化参数，用于指定对误分类的容忍度，*C* 值越大，对错分样本的惩罚程度越高，越容易造成过拟合；*C* 值减小，则对错分样本容忍度提高，可能导致欠拟合。"*gamma*"值用于指定单个训练样本的影响范围，其只对"poly""rbf"和"sigmoid"等 3 种 *kernel* 类型有效。*gamma* 隐含地决定了数据映射到新的特征空间后的分布：*gamma* 越大，支持向量越少，越易发生过拟合；*gamma* 值越小，支持向量越多，则越可能产生欠拟合。

经过参数调试，发现当采用二维（*degree*=2）的"poly"*kernel*，*C*=300 以及 *gamma*=10 时，分类器#1 的预测效果最好；当采用"rbf"*kernel*，*C*=15 以及 *gamma*=30

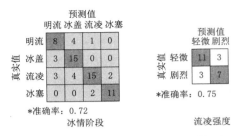

图 7.20　测试集上预测结果的混淆矩阵

时，分类器♯2 的预测效果最好。采用上述参数时，分类器在测试集上分类结果的混淆矩阵如图 7.20 所示，图中每个方格内的数字表示相应的样本数量。

两个分类器的预测性能见表 7.2，其中，精确率（precision）表示被正确地预测为正的样本占所有被预测为正的样本的比例；召回率（recall）表示样本中的正例被正确预测的比例；F1 -score 基于召回率和精确率计算，其计算公式为 F1 - socre＝2×precision×recall/（precision＋recall）；准确率（accuracy）是指预测正确的样本数占样本总数的比例。

分类器♯1 和分类器♯2 的预测准确率（accuracy）分别达到了 0.72 和 0.75，表明训练效果良好，分类器能以较高的精度对各阶段冰情和流凌强度进行识别划分。

表 7.2　　　　　　　　　　　　　　冰情图像分类器预测性能评价

		精确率	召回率	F1 - score	准确率
分类器 ♯1	明流	0.57	0.62	0.59	0.72
	冰盖	0.65	0.83	0.73	
	流凌	0.83	0.62	0.71	
	冰塞	0.85	0.85	0.85	
分类器 ♯2	轻微	0.79	0.79	0.79	0.75
	剧烈	0.70	0.70	0.70	

除了识别精度，输水工程渠内冰情的识别对于时效性也有较高要求，因此，本章还对所提算法的计算效率进行了评价，结果见表 7.3。需要指出的是，表中的数据是基于华硕 ASUS VivoBook S15（Intel Core i7 - 8550U processor 以及 Nvidia GeForce MX150 GPU）的运行环境得到的。从中可以看出，最耗时的处理主要发生在训练阶段——训练分类器♯1 和分类器♯2 分别耗时约 4.3914s 和 0.7166s。相对于当前流行的很多机器（深度）学习算法，本算法的训练过程相当高效。这主要是因为采用的图像特征均为基于特征工程分析确定的强相关的高层次特征（颜色、纹理密度和纹理方向），使得模型不用再从低层次像素特征中学习高层次特征，进而减少了训练耗时。

表 7.3　　　　　　　　　　　　　　所提出算法的计算效率评价

任务	处理耗时	任务	处理耗时
特征指标计算	0.9189s/ea*	训练——分类器♯1	4.3914s 训练 208 张图片
—StV	0.0243s/ea	训练——分类器♯2	0.7166s 训练 74 张图片
—EP	0.0503s/ea	测试——分类器♯1	0.0014s/ea
—δ - EHD	0.8142s/ea	测试——分类器♯2	0.0055s/ea
—δ - HOG	0.0301s/ea		

＊　s/ea 表示秒每张图片。

从应用角度考虑，算法的预测耗时相对训练耗时更为重要。给定一张采集得到的照片，所提出的算法总共耗费 0.9258s 来计算其相应的特征指标（耗时 0.9189s），进而识别其冰情阶段（耗时 0.0014s）以及流凌强度（耗时 0.0055s）。处理效率近乎实时，有助于相关专家和工程人员及时掌握潜在的冰情安全隐患，进而及时采取措施将隐患扼杀于萌芽状态。

7.7.5　讨论

总体来看，训练得到的两个 SVM 分类器识别准确率均大于 70％，考虑到训练所用的数据量（不足 250 张图像），识别准确率相当不错（作为对比，研究用了约 12000 张图像进行 SVM 训练）。本章方法之所以可以采用较少的训练样本达到较高的预测精度，除了研究问题较简单外，主要原因在于有效的冰情图像特征指标的定义和选取。从图 7.15～图 7.19 可以看出，StV、EP、δ-EHD 和 δ-HOG 相互补充，可以有效区分"明流""冰盖""流凌"和"冰塞"等 4 个冰情阶段，而 StV、EP 和 δ-EHD 可以用于区分"轻微"和"剧烈"等不同的流凌强度。另外，第 7.7.3 小节的相关程度分析还对上述特征指标的超参数（即 StV 的 i 和 j、EP 和 δ-EHD 的阈值、δ-HOG 的 cell size）进行了有效优化，并从 SVM 模型中排除了不相关指标（即把 δ-HOG 排除在分类器♯2 的输入之外），从而确保了仅使用最相关的指标作为 SVM 模型的输入。由于所提出的图像描述指标与冰情状况高度相关，所以使用这些指标作为 SVM 模型的输入，可以避免从像素级低层次特征学习高层次相关特征的过程，从而避免了对大量训练数据的依赖。

为考察图像采集视角（航拍或地面）对冰情识别精度的影响，分析了不同视角下测试集的识别准确率。对于冰情阶段，航拍视角图像和地面视角图像的识别准确率分别为71.9％和 72.2％；对于流凌强度，航拍视角图像和地面视角图像的识别准确率均为 75％。从上述分析可以看出，无论对航拍图还是地面视角图像，本章提出的算法模型均能达到较理想的识别效果。

尽管本章介绍的方法总体识别准确率较高，但对于具体各冰情阶段和流凌强度的精度却不尽一致。见表 7.2，分类器♯1 对于明流的识别精度相对于其他冰情阶段较低。对于输水工程而言，"流凌"和"冰塞"通常被认为是不利的运行工况，分类器♯1 对于冰塞识别的精确率和召回率均达到 85％，预测准确性很高。对于流凌，精确率达到 83％，这表明当分类器♯1 识别图像为流凌时，有较大概率该预测为真；但模型对于流凌的召回率则不甚理想（只有 62％）；从图 7.20 可以看出，有较多的流凌图像被错误地识别为了"明流"和"冰盖"。这说明该模型对于流凌这一个不利工况有一定的漏报风险，因此下一步研究需要进一步提高流凌识别的召回率。同理，分类器♯2 对于"剧烈"等级的流凌强度识别效果亦有待进一步提高。

7.8　本章小结

对于有冰期输水需求的寒区输水渠道而言，对冰情进行快速识别，及时发现流凌、冰塞等潜在风险，有助于指导工程运行调度和应急响应。本章研究了针对明流、冰盖、流凌和冰塞等 4 个冰情阶段和轻微、剧烈等 2 个流凌强度等级的输水渠道冰情图像智能识别方法。从对渠道冰情的先验观察出发，介绍了 4 个冰情图像特征描述指标，分别为色彩特征指标 StV、纹理密度特征指标 EP 以及纹理方向特征指标 δ-EHD 和 δ-HOG；进而，给出了基于效应量 η^2 的特征指标与冰情相关程度分析方法；并以相关的特征指标为输入，冰情状态为输出，建立了基于支持向量机的冰情状况图像智能分类模型。

实例分析表明，StV、EP、δ-EHD 与冰情阶段（明流、冰盖、流凌、冰塞）和流凌强度（轻微、剧烈）均成强相关关系，δ-HOG 则只与冰情阶段相关；以上述相关的特征指标为输入，分别训练了冰情阶段分类器（即分类器♯1）和流凌强度分类器（即分类器♯2）。两个分类器的识别预测性能良好，分别在测试集上实现了 72% 和 75% 的识别准确率。算法训练耗时不足 6s，预测耗时不足 1s，运行效率较高。

第 8 章

输水渠道水面异物的智能图像识别

8.1 引言

长距离输水工程是关系国民经济生产的重要基础设施，保证工程免受外来异物污染对于确保输水质量和居民用水安全至关重要。然而，由于输水渠道为敞开式结构，沿线穿越的自然、人文环境复杂，其输水质量和水质安全面临着诸多外来异物入侵的风险，如牧区牲畜闯入、交通事故致车辆坠入等。渠内异物的快速识别有助于打捞措施的及时采取，进而避免污染扩散、恶化甚至升级。传统的异物和污染源识别主要通过人工巡线和定点水质监测实现，然而，人工巡线效率低，"定点设站"只能覆盖监测点周围区域，二者均难以实现输水渠道水面异物的全线快速识别。无人机具有高度机动性，可在短时间内高效完成输水渠道的巡检作业。基于图像处理和机器学习技术，对无人机巡检采集的渠道航拍图像进行自动异物识别，能够有效克服传统人工巡线和"定点设站"方式的不足。

本章介绍了渠道异物的航拍图像智能识别技术。首先，阐述了输水渠道异物的定义，从输水渠道污染物管理的需求和特点出发，确定了异物识别的研究内容和总体技术路线；然后，根据提出的异物识别技术路线，介绍了航拍图像异物检测和实例提取的方法，并以坠车、泛舟和牲畜为例，给出了异物种类识别的三元分类模型；最后，介绍了实例应用分析，以及模型精度和计算效率等性能验证。

8.2 渠道水面异物检测的技术路线

所谓"输水渠道异物"是指漂浮于大型输水渠道水面的外来潜在污染源，如外来人员泛舟、牲畜尸体（简称牲畜）以及坠车等。牲畜及坠车等异物如不及时发现打捞，存留在水体中可能引发细菌滋生和油类泄漏，进而污染水体，威胁水质安全；而对于外来人员泛舟，如不及时发现制止，则可能给渠道运行管理和水质安全带来潜在风险。

输水渠道水面异物具有突发性、多样性和移动性的特点。所谓突发性是指异物入侵往往由难以预见的偶发事件引起，其发生时机难以预测；所谓多样性是指，入侵渠内水体的异物类型多种多样，而针对不同的异物类型往往需要采用不同的应对措施。因为水渠异物的上述特点，输水工程水质安全管理不仅要求及时发现渠内异物，还需要对异物的具体种类进行识别判断，以便后续追踪和有针对性地处置。

从上述实际需求出发，渠道水面异物航拍图像智能识别应包含异物检测和异物类型识别两个方面内容，具体技术路线如图 8.1 所示。

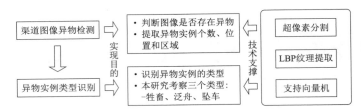

图 8.1 渠道水面异物智能识别的技术路线

（1）渠道图像异物检测。异物检测的目的包括两方面：①给定任意一张输水渠道水面航拍图像，所提出算法应能自动判断其中是否存在异物；②若判断存在异物，需进一步检测、标示出异物在图像中的位置和区域，并且当图像中存在多个异物个体时，需要对不同的异物实例分别提取。为达到异物检测的目的，综合采用了 SLIC 超像素分割、LBP 纹理描述子、支持向量机等技术，具体方法将在第 8.4 节介绍。

（2）异物实例类型识别。类型识别的目的是：对于提取得到的异物实例，算法模型应能对异物的具体种类进行识别。如图 8.2 所示，本章以牲畜、泛舟和坠车等 3 类异物为研究对象，其中，牲畜以高寒牧区常见的牦牛为代表，泛舟以便携常用的橡皮艇为主，坠车则包括各类不同品牌型号的家用小客车。需训练图像分类模型，以对上述 3 类异物进行区分识别。同异物检测，异物种类的识别综合运用了超像素分割、LBP 纹理描述子以及支持向量机等技术，具体参见第 8.5 节。

需要指出的是，上述任务的分析对象均为通过无人机沿渠巡检获取的航拍图像，并且假设分析对象只包含渠内液面兴趣区，或已通过第 6 章所述方法进行了兴趣区提取预处理。

图 8.2 所考察的异物类型

8.3 超像素分割的基本原理

8.3.1 超像素概念及分割方法

超像素的概念最初由 Ren 等人于 2003 年发表的一篇关于归一化图像分割方法的论文中提出。超像素是由一系列位置相邻且颜色、亮度、纹理等特征相似的像素点组成的小区域，这些小区域大多保留了进一步进行图像分析和处理的有效信息，且一般不会破坏图像中物体的边界信息。超像素分割就是把一幅像素级（pixel－level）的图像，划分成区域级（district－level）的图像，是对基本信息元素进行的抽象和一种重要的图像预处理方法，其可在保证后续图像处理精度的前提下，使得处理的数据量大大减少，有效地降低了图像处理的耗时，提高了处理运算效率。

现有的超像素分割方法多种多样，如 SEEDS、TurboPixel、ERC、IER 和 SLIC 等。其中，SEEDS 算法（superpixels extracted via energy－driven sampling）是一种由能量驱动的超像素分割方法，针对传统方法流程复杂、耗时长的问题，该方法采用了一种新的简化爬山优化算法，较好地实现了分割精度和分割效率的平衡；TurboPixel 由 Levinshtein 等人提出，是一种基于几何流（geometric flows）的超像素分割算法，具有运行速度快的特点，可在保证超像素密度的前提下，于数分钟内完成对百万像素级照片的处理；ERC（entropy－rate clustering）算法把超像素分割视作一个聚类问题，并采用熵率作为优化的目标；IER（iterative edge refinement）算法首先将原图像分割为常规的网格，然后通过对边缘（edge）附近的不稳定像素反复迭代优化，得到最终的分割结果，该算法运行速度快，可实现近乎实时的高效分割。

SLIC 算法既能实现精确的图像分割，又具有较高的运行效率，是目前被广泛采用的超像素分割方法，相较于其他算法，其能最大限度地兼顾超像素的数量可控性和紧密度可控性，因此，本章将采用 SCLI 算法进行超像素分割预处理。

8.3.2 SLIC 超像素分割算法

简单线性迭代聚类算法（simple liner iterative clustering，SLIC）原理简单直观，计算效率和分割效果良好，是目前被广为采用的超像素分割算法之一。SLIC 算法由 Achanta 等人于 2012 年提出，该算法将 RGB 彩色图像转化为 CIELAB 颜色空间，然后以 Lab 空间的三元素和 XY 像素坐标构成的五维特征向量作为像素间的距离度量标准，进而对图像像素进行局部聚类，得到的聚类结果便是 SLIC 超像素划分的结果。Lab 全称为 CIELAB 颜色空间，是由国际照明委员会（international commission on illumination，CIE）于 1976 年公布的一种色彩模式，其由一个亮度通道（L）和两个颜色通道（a 和 b）组成，其中，L 代表亮度，a 代表从绿色到洋红色的分量，b 代表从蓝色到黄色的分量。Lab 空间的定义和转换有赖于白点（white point）的定义，常用的白点为 CIE standard illuminant D65。

SLIC 超像素分割算法的具体实现步骤如下：

（1）初始化种子点。根据预设的目标超像素个数，在图像上按等间隔步长设置种子点。假设待分析图像共有 N 个像素组成，欲得到的超像素个数为 K，则初始化的每个超像素区域面积为 N/K，相邻种子点间的间隔步长为 $S=\sqrt{N/K}$。

（2）优化初始种子点。以初始化生成的种子点为中心，计算其 $n\times n$ 邻域（一般 n 取 3）内所有像素点的梯度值，将种子点移到该邻域内梯度最小的地方。种子点优化的目的是防止种子点落在梯度较大的轮廓边界上，以免影响后续聚类效果。

（3）图像像素 K-means 聚类。以（2）中优化后的初始种子点为初始聚类中心，对待分析图像上的所有像素点进行 K-means 聚类。需要指出的是，不同于标准的 K-means 算法在整张图像上搜索，为加快收敛速度，此处聚类的搜索范围仅限制在聚类中心周边的 $2S\times 2S$ 区域内。聚类所依据的距离度量由式（8.1）～式（8.3）确定：

$$d_c=\sqrt{(l_j-l_i)^2+(a_j-a_i)^2+(b_j-b_i)^2} \tag{8.1}$$

$$d_s=\sqrt{(x_j-x_i)^2+(y_j-y_i)^2} \tag{8.2}$$

$$D'=\sqrt{\left(\frac{d_c}{m}\right)^2+\left(\frac{d_s}{S}\right)^2} \tag{8.3}$$

式中：d_c、d_s 分别为颜色距离和空间距离；D' 为最终的距离度量；l、a、b 分别为 Lab 颜色空间的三个通道值；x、y 为图像像素位置坐标；i、j 分别为种子像素和待聚类像素；m 为一固定常数，取值范围为 [1, 40]，一般取 10；S 如前所述，为种子间隔步长，其值 $S=\sqrt{N/K}$。

（4）增强连通性。经过 K-means 算法迭代优化后，得到的处理结果可能有个别超像素尺寸过小或被切割成多个不连续超像素，进而出现多连通的现象。可通过连通性增强解决上述问题：按照从左上到右下的方向遍历整张图像，将不连续或尺寸过小的超像素重新分配给邻近的超像素，并赋予相应的超像素标签序号，上述过程反复持续进行，直到所有图像上所有像素点均被处理完成为止。

SLIC 算法程序运行时仅需要设置两个参数，分别为超像素数量和紧密度。超像素数量（简称"数量"）用于设置分割所需要达到的预期超像素数量，注意分割得到的实际超像素数量与预期数量可能不完全一致；紧密度用于指定超像素形状和边缘的规则程度，一般来说，紧密度越高，超像素越规则。如图 8.3 所示，为采用不同参数组合时 SLIC 分割算法对异物图像的处理结果。从中可以看出，数量设置的越低（如数量设置为 100 时），分割得到的超像素越少，对异物分割边缘的提取越粗糙，甚至有不少异物被分割到属于水体的超像素；数量设置的越高（如数量设置为 500 时），分割得到的超像素越多，对异物分割边缘的提取越精细，但相应的分割耗时和后处理运算量也相应增加。在数量设置不变的前提（如保持在 300 不变）下，从图 8.3 中可以明显看出，随着紧密度的提高，超像素的形状和边缘趋于规则，但同时对异物原始边缘的吻合程度也随之降低。为实现运算量和异物边缘吻合程度二者间的平衡，采用"数量＝300、紧密度＝20"的参数组合进行航拍图像的 SLIC 分割。

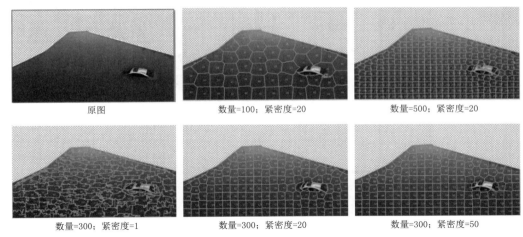

图 8.3　不同参数下的 SLIC 超像素分割结果

8.4　基于 SLIC 超像素纹理的异物检测方法

异物检测的目的是判断输入的航拍图像是否存在异物，并在此基础上对图像中存在的异物实例进行位置、区域和个数的提取。本节首先简要介绍了局部二值模式 LBP 纹理描述子的计算原理；然后，基于 SLIC 超像素分割的结果，进行 LBP 纹理特征的提取，构建由纹理特征向量和类型标签构成的训练样本集，用于训练超像素异物判别模型；最后，用训练得到的超像素异物判别模型检测输入的图像是否存在异物，若存在，对异物实例进行提取。

8.4.1　局部二值模式 LBP 纹理描述子

局部二值模式（local binary pattern，LBP）是一种有效的纹理特征描述子，由芬兰奥卢大学的 Ojala 等人提出。该描述子具有旋转不变性以及光照不变性等显著优点：旋转不变性是指描述对象的姿态角度变化不会对特征描述产生影响；光照不变性则指光照的变化不会对特征描述产生影响。LBP 结合 BP 神经网络或支持向量机具有较高的识别精度，已广泛应用于人脸识别领域。

如图 8.4 所示，LBP 的基本思想是逐个分析中心像素 8 邻域中（3×3 的窗口）的 8 个像素，如果周围像素的灰度值小于中心像素的灰度值，该像素位置被标记为 0，否则标记为 1。这样 3×3 邻域内的 8 个周边像素点的标记值按顺序组合便构成了一个 8 位二进制数（通常转换为十进制，即 LBP 码，共 256 种），该数值便是窗口中心像素点的 LBP 值，其反映了该局部区域的纹理信息。对图像上的所有像素均进行上述操作，便可得到原始图像的 LBP 编码图 [图 8.4（b）]，在此基础上，统计 LBP 编码图上 256 个编码值出现的次数，进行累加计数和归一化处理，便得到了 LBP 直方图 [图 8.4（c）]。由 LBP 直方图 256 个通道数值形成的向量就是原始图像的 LBP 描述子。

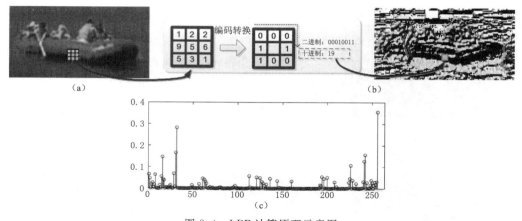

图 8.4　LBP 计算原理示意图

（a）原图；（b）LBP 编码图；（c）LBP 直方图

　　上述内容仅描述了 LBP 算法的基本理念和流程，按照该流程得到的 LBP 描述子仅具备光照不变性，却不具备旋转不变性，即随着图像的旋转会得到不同的 LBP 值。为实现旋转不变性，需采用 LBP 的旋转不变模式，该模式不断旋转像素领域得到一系列初始定义的 LBP 值，取其最小值作为该领域的 LBP 值。图 8.5 给出了求取旋转不变的 LBP 的过程示意图，图中算子下方的数字表示该算子对应的 LBP 值。图 8.5 中所示的 8 种 LBP 模式，经过旋转不变的处理，最终得到的具有旋转不变性的 LBP 值为 15，也就是说，图中的 8 种 LBP 模式对应的旋转不变的 LBP 模式都是 00001111。在旋转不变模式下，LBP 描述子的通道数由 256 个缩减到了 36 个。

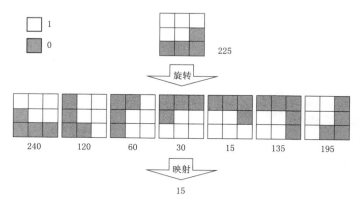

图 8.5　LBP 旋转不变模式示意图

8.4.2　基于超像素 LBP 纹理的异物判别模型训练

　　在对图像完成超像素分割后，需要采用可有效区分水体和异物的特征描述符来作为超像素的特征向量，进而构建训练样本，通过监督学习的方式来训练超像素异物判别的支持向量机（SVM）模型，如图 8.6 所示。在上述流程中，超像素特征的设计尤为关键，因为采用无关的特征将难以训练出有效的 SVM 分类模型。通过经验观察可知，水体图像普遍具有重复性的水波波纹，而坠车、牲畜等异物图像则呈现显著不同的纹理特点，LBP 能够有效刻画提取图像的纹理特性，故本章拟采用 LBP 纹理描述子来描述超像素的特征。

对于分割得到的超像素而言，其边界一般为不规则的状态，而 LBP 的计算程序一般都要求输入的图像是规则矩形。为满足此要求，取包含某超像素的最小矩形区域（称为 bounding box，如图 8.6 左上角所示）作为该超像素计算 LBP 特征描述子（旋转不变模式）的输入单元。除了上述计算得到的 36 位 LBP 纹理描述子外，所构建的超像素特征向量还包括一个元素，即超像素位置是否在渠道边界。由于渠边树木等植被倒影的影响，在渠道边界附近的超像素往往呈现出不同于正常水面的纹理特性，为避免此影响，引入一个元素描述超像素相对渠边的位置：该元素值为 0 代表超像素不在渠道边界附近，值为 1 则代表超像素在渠道边界附近。

对采集的所有航拍图像均进行 SLIC 超像素分割，按上述方式计算提取所有超像素的特征向量，并标注每个超像素的类型标签（0 代表异物，1 代表水体），便可构建一个训练样本集（图 8.6 右下角），最后，在该训练集基础上，便可采用支持向量机（SVM）训练超像素异物判别模型。

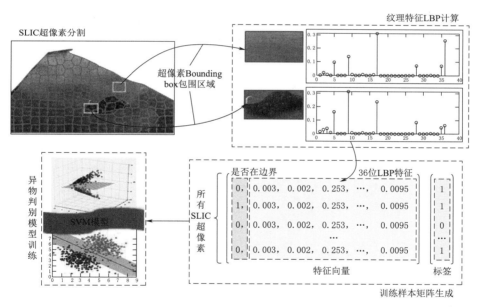

图 8.6　SLIC 超像素纹理提取和异物判别模型的训练流程

8.4.3　异物存在性判别及实例提取方法

应用上节训练得到的超像素异物判别模型，可对输入航拍图像的异物存在性进行判别检测和异物区域提取。首先，对待检测图像进行 SLIC 超像素分割；其次，逐个遍历分割得到的超像素，提取其特征向量，输入超像素异物判别模型，以对每个超像素的类型（水体或异物）进行判断；再次，综合图像所有超像素的判别结果，若存在划分为异物的超像素，则判断该图像拍摄的渠段内存在异物；最后，为不同类型超像素对应的图像区域赋予不同的标签值，实现语义分割和异物区域提取，如图 8.7 所示（图中黑色区域代表水体、白色区域代表异物）。

由图 8.7 可以看出，根据超像素标签语义分割得到的结果，可能在同一张图像上存在多个判断为异物的区域。这些并不联通的异物区域可能分别代表了不同的异物个体 [图 8.7（a）中存在两艘橡皮艇]，也可能是超像素误分类造成的本属于同一异物个体的区域分离 [图 8.7（b）中两个白色区域均属于同一坠车异物]。由此可见，基于超像素判别的语义分割只能对判断为异物的区域进行提取，并不能做到对具体的异物个体（本章称之为"实例"）的分离和提取，因此，需设计算法对异物实例进行提取。

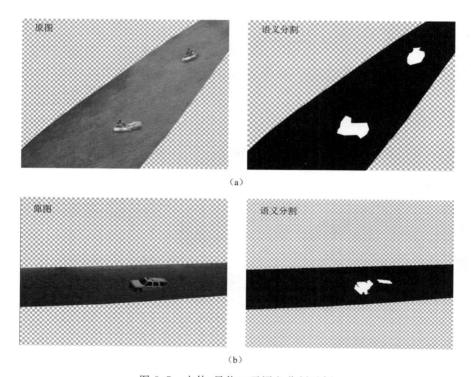

图 8.7　水体-异物二元语义分割示例

可根据异物区域间距离与设定阈值间的大小关系，来判断区域两两之间是否相邻，构建区域相邻矩阵，再根据相邻矩阵进行异物实例分割提取。整个算法包括两个子算法，分别为相邻矩阵生成和实例标注。图 8.8 结合示例展现了算法的实现流程。

1. 相邻矩阵生成算法

假设异物-水体语义分割后的图像存在 N 个互不连通的区域，每个区域用 $R_i(i=1,2,\cdots,N)$ 表示。图 8.9 为相邻矩阵生成算法的伪代码，具体步骤如下：

（1）根据不连通区域个数 N，初始化相邻矩阵 M，其维度为 $N\times N$，所有元素值均为 0。

（2）计算区域 $R_i(i\in[1,N])$ 和区域 $R_j(j\in[i,N])$ 形心间的距离。

$$dist_{i-j}=\sqrt{(x_j-x_i)^2+(y_j-y_i)^2} \tag{8.4}$$

式中：(x_i,y_i)、(x_j,y_j) 分别为区域 R_i 和区域 R_j 的形心坐标。

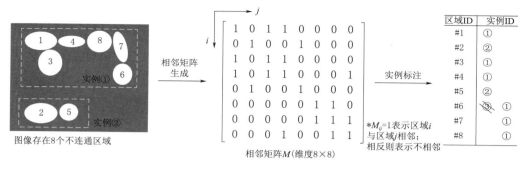

图 8.8　异物实例提取过程示意图

（3）计算阈值。

$$th_{i-j}=k(D_i+D_j)$$

式中：D_i、D_j 分别为区域 R_i 和 R_j 的等效直径，k 为比例因子，本章取 $k=1$。

（4）比较 $dist_{i-j}$ 和 th_{i-j}。若 $dist_{i-j}\leqslant th_{i-j}$，认为 R_i 和 R_j 相邻，令矩阵 M 第 i 行、第 j 列的元素 $M_{ij}=1$ 和第 j 行、第 i 列的元素 $M_{ji}=1$。

（5）遍历图像上的不连通区域，对所有区域的两两组合重复上述距离计算和比较的过程，最终得到的 $M=(M_{ij})_{N\times N}$ 便是当前图像内不连通区域间的相邻矩阵。M 中值为 1 的元素对应的区域相邻，值为 0 则代表不相邻。

算法一：相邻矩阵生成

输入：图像上的不连通区域个数 N，不连通区域 $R_i(i=1, 2, \cdots, N)$

输出：相邻矩阵 M

过程：

1	初始化 M：$M=$ zeros(N, N)	#$N\times N$维的零矩阵
2	for $i=1, 2, \cdots, N$ do	
3	for $j=i, i+1, \cdots, N$ do	
4	$(x_i, y_i)=$Centroid(R_i);	#区域形心坐标赋值
5	$(x_j, y_j)=$Centroid(R_j);	
6	$D_i=$EquivDiameter(R_i);	#区域等效直径赋值
7	$D_j=$EquivDiameter(R_j);	
8	$dist_{i-j}=$sqrt$((x_j-x_i)^2+(y_j-y_i)^2)$;	#计算形心间距离
9	$th_{i-j}=k(D_i+D_j)$;	#计算阈值
10	if $dist_{i-j}\leqslant th_{i-j}$ then	
11	$M(i,j)=1$;	
12	$M(j,i)=1$;	
13	end	
14	end	

图 8.9　相邻矩阵生成算法伪代码

2. 实例标注算法

定义任意两个相邻的区域属于同一个实例。相邻矩阵 M 记录了不连通区域间的相邻关系，在 M 中，当两个行向量存在对应列位置同时为 1 时，此二向量对应的区域不是直接相邻，就是与共同的第三方区域相邻（可参考图 8.8 中的例子），因此，此二向量属于同一实例。从上述规律出发，设计了相应算法对各个区域进行实例编号和提取，如图 8.10 所示。

算法二：实例标注

输入：不连通区域个数 N，相邻矩阵 M

输出：实例标注向量 I

过程：

1	初始化 I： $I=$ [1].
2	for $i=2$, 3, …, N do
3	if 不存在 $j(j \in [1, i-1])$ 和 $k(k \in [1, N])$, $s.t.$ 条件 q $(M(i,k)==1$ && $M(i,k)==1)$ 成立 then
4	$I(i, 1)=\max(I)+1$;
5	else then
6	$preLa=\{I(j, 1)\}$ $(j$ 满足条件 $q)$; #获得由满足条件 q 的区域 j 的实例ID构成的集合
7	$I(i, 1)=\min(preLa)$;
8	$I(j, 1)=\min(preLa)(j$ 满足条件 $q)$; #所有满足条件 q 的区域 j 的实例ID更新
9	end

图 8.10 实例标注算法伪代码

假设待分析图像存在至少一个不连通区域（即 $N \geqslant 1$），对应的相邻矩阵为 M。所提出实例标注算法的输出为实例标注向量 I，其维度为 N，其元素 I_i 表示区域 R_i 对应的实例 ID 号。实例标注算法的具体步骤如下：

（1）令 $I=[1]$，以初始化实例标注向量 I。

（2）从 $i=2$ 开始，遍历所有区域 R_i，判断是否存在 $j \in [1, i-1]$ 和 $k \in [1, N]$，使得 $M(i, k)==1$ && $M(j, k)==1$（称为条件 q）成立。

若不存在，说明当前区域 R_i 与其之前 $R_j(j \in [1, i-1])$ 的任一区域均不相邻，也不存在第三方相邻，因此判断 R_i 属于新的一个实例个体，为其赋予新的实例 ID 号［即 $I_i=\max(I)+1$］。

若存在，则说明 R_i 之前存在一个或多个区域 $R_j(j \in [1, i-1])$ 与其相邻或第三方相邻，这些区域对应的实例 ID 构成的集合为 $preLa$，因此，R_i 与集合 $preLa$ 内的所有区域都属于一个实例。以 $\min(preLa)$ 对 I 向量进行更新［即 $I_i=\min(preLa)$，$I_j=\min(preLa)$ （j 满足条件 q）］。

图 8.8 直观地展现了上述过程，其中区域♯6 之前并不存在与之相邻的区域，因此其一开始获得的实例 ID 为③，但随着对区域♯7 进行处理，发现其与♯4（实例 ID 为①）存在第三方相邻，与♯6（实例 ID 为③）直接相邻，因此，把｛①，③｝中的最小值①作为区域♯7 的实例 ID，并把区域♯6 的 ID 由原来的③改为①。

8.5 基于超像素分类的渠道异物类型识别方法

8.5.1 异物实例超像素分类的 SVM 模型

本章考察的异物种类包括牲畜、泛舟和坠车三大类型，在提取出图像中的异物实例后，需进一步对实例所属的种类进行识别。本节将探讨异物实例超像素分类模型的训练方法。

采用支持向量机训练异物实例超像素的分类模型。如图 8.11 所示，模型输入为超像素的 36 维旋转不变 LBP 描述子，输出为超像素所属的异物实例的种类（牲畜、泛舟或坠车）。构建训练样本集时，仅考虑渠道航拍图像中属于异物的超像素，计算其特征向量并标注类型标签（牲畜、泛舟或坠车）。在构建的训练样本上，采用支持向量机便可训练得到异物实例超像素的分类模型。

图 8.11　异物超像素分类 SVM 模型结构

8.5.2　异物类型识别的"层级投票"机制

应用上节训练好的模型可对新输入的任一超像素进行异物类型识别，但一个异物实例可能包括多个超像素，这些超像素可能有不同的异物类型识别结果。那么该如何综合同属一个实例的多个超像素的识别结果来确定实例的异物类型呢？本章建立了一个名为"层级投票"的机制（图 8.12），以综合多个超像素的分类结果来确定实例的异物类型。

假设某实例由 4 个超像素构成，则应用异物分类模型可得到每个超像素的分类结果（图 8.12 中的最底层，4 个超像素的识别结果分别为坠车、坠车、牲畜和泛舟）。令超像素之间两两配对，可得到 C_4^2 个超像素组合，以每个超像素组合 bounding box 区域内的图像输入到分类模型，可得到相应的分类结果。以此类推，可在所有超像素中选择 k（$k=3$，4）个构成新的组合，并对组合后的图像进行分类。因此，对于由 4 个超像素构成的实例，共可以得到 $(C_4^1+C_4^2+C_4^3+C_4^4)$ 个分类判别结果，汇总这些分类结果，统计每个类型的得票数目，选取其中票数最高的类型作为实例的类型（当出现相同最高票数时，输出类型为"不确定"）。

上述机制中，每个组合选取的超像素的个数 k 决定了对实例进行观察的层次和视角：k 越小，越注重实例的细节特征；k 越大，则越关注实例作为整体呈现出来的宏观特征。这样一个"层级投票"的机制，保证了实例图像从细观到宏观各个层次的特征均得到考虑，避免了只考察单个超像素局部特征带来的偏差，有助于提高异物实例类型判断的准确性。

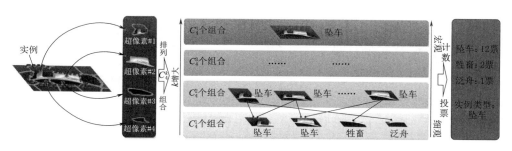

图 8.12　异物实例类型识别的"层级投票"机制

8.6　实例应用分析

8.6.1　数据采集及预处理

为评价异物检测及类型识别方法的有效性和精度，通过网上检索和工程调研索取的方式，共采集到 137 张图像。该图像集的构成见表 8.1，其中，只包含水体（无异物）的图像 40 张，含异物的图像 97 张。所有含异物图像中，"牲畜＋水体"图像 35 张、"泛舟＋水体"图像 22 张、"坠车＋水体"图像 40 张。表 8.1 中还对图像集进行了训练集和测试集的划分，以便于后续模型的训练和验证。

表 8.1　　　　　　　　　　　　　　　　　异物检测及识别图像集构成

	水体	牲畜＋水体	泛舟＋水体	坠车＋水体	总计
训练集	33	32	19	37	121
测试集	7	3	3	3	16
总计	40	35	22	40	137

注　表中数据代表图像张数。

对图像集中所有数据进行兴趣区提取处理，将图像中渠道边坡、天空、植被等无关背景去除。然后，为使后续不同图像 SLIC 分割得到的超像素大小尺度一致且有足够的像素进行 LBP 特征提取，在保证宽高比不变的前提下，将所有图像的宽度调整为 1600 像素。最后，以"数量＝300、紧密度＝20"为参数对所有图像进行 SLIC 超像素分割，并对每个超像素的类型（水体、牲畜、泛舟或坠车）进行标注，从而得到一个以超像素为基本单元的数据集，见表 8.2。注意该表中训练集的超像素由表 8.1 中划分为训练集的图像处理得到，测试集的超像素则是由表 8.1 中测试集对应的图像处理得到。

表 8.2　　　　　　　　　　　　　　　　　　SLIC 超像素集构成

	水体	牲畜	泛舟	坠车	总计
训练集	12716	102	107	287	13212
测试集	2010	11	13	17	2051
总计	14726	113	120	304	15263

注　表中数据代表超像素个数。

8.6.2　异物检测及实例提取

对超像素进行 LBP 特征提取，构建特征向量，以表 8.2 中共 13212 个超像素为训练样本训练 SVM 异物判别模型。可以看出，标记为"水体"的样本个数（12716 个超像素）远超过标记为"异物"的样本个数（496 个超像素）。这样的"不均衡样本"往往会导致训练结果偏向于多数类，而使少数类样本分类性能下降。为解决该问题，可以给少数类设置高于多数类的错分惩罚系数。采用 Python 机器学习库 scikit - learn 的支持向量机模块

SVC 进行模型训练，通过设置参数"class _ weight＝'balanced'"来以不同的错分惩罚系数处理样本不均衡问题。

如 7.7.4 节所述，SVM 训练时选用不同的超参数会得到不同的模型，通过试算不同参数组合下的模型预测性能，可得到如图 8.13 所示的异物判别模型性能曲线。图中曲线上的圆点代表某个参数组合下训练得到的模型在测试集上的预测性能；横轴为误报率，代表被误报为"异物"的"水体"超像素占所有被预测为"异物"的超像素的比例；纵轴为检测率，表示被正确识别的"异物"超像素占所有"异物"超像素的比例。显然，一个性能良好的模型应以尽可能小的误报率达到尽可能大的检测率，反映在图 8.13 的性能曲线上，一般而言，越靠近左上角的点代表的模型性能越好。据此原则，选择图 8.13 中 (0.60，0.78) 位置处对应的模型为优选模型，进行后续分析，此模型对应的超参数组合为 $kernel＝$'rbf'，$C＝100$，$gamma＝220$。

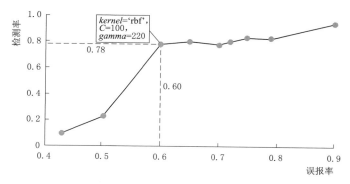

图 8.13　异物判别模型的分类性能曲线

优选模型在测试集上的混淆矩阵和预测性能如图 8.14 所示，模型总体准确率（accuracy）达到 0.97，对于水体超像素的预测精确率和召回率分别接近 1.00 和达到 0.98。模型对异物超像素的召回率较高（0.78），但精确率却不甚理想（仅为 0.40），这实际上与样本不均衡有关，由于水体超像素个数远超异物超像素，使得误分为"异物"的水体超像素在预测值为"异物"的超像素中占的比重较大。

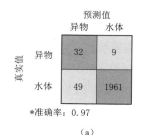

*准确率：0.97

（a）

	精确率	召回率	F1-score	准确率
异物	0.40	0.78	0.52	0.97
水体	1.00	0.98	0.99	

（b）

图 8.14　异物判别优选模型的预测性能评价

（a）混淆矩阵；（b）预测性能表

根据超像素的异物判别结果，可得到测试集上图像的异物检测和实例提取结果。图 8.15 展示了测试集上所有含异物图像的处理结果，图中第一行为原图像，第二行为根据真实标注得到的分割图像，第三行则为根据模型预测结果得到的分割图像。可以看出，本章方法对于所有 9 张图像均检测到了异物的存在，漏报率为 0。

为评价异物区域提取和分割的效果，计算了预测提取的异物区域与真实标注的异物区域间的 IoU（图 8.15 预测值中的标注），所有 9 张图像的平均 IoU 为 57.0%。存在少数图像（如♯2、♯3）因为判别模型误将较多的水体超像素检测为异物，故 IoU 值较低。在图 8.15 的预测分割中，用绿色矩形框标注出了通过第 8.4.3 小节算法得到的异物实例，可以看到，♯6 成功将 1 和 3 两个橡皮艇实例分离出来了，♯9 则正确地把两个互不连通的区域归到了同一个坠车实例。

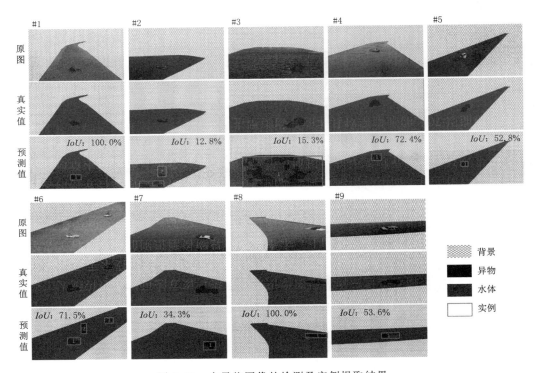

图 8.15　含异物图像的检测及实例提取结果

图 8.16 为测试集上所有无异物图像的处理结果，可以看出，除了♯15 将一个超像素识别为异物外，其他图像均分割正确。总共 7 张图像，只有 1 张图像（♯15）产生了误判，误判率为 14.3%。综合上述 9 张异物图像和 7 张纯水体图像的结果，本章所述异物检测方法以14.3% 的误判率实现了 100% 的异物检测率，说明该方法的异物检测效果良好。

8.6.3　异物实例类型识别

以表 8.2 中共 496 个超像素为训练样本（包括 102 个"牲畜"超像素、107 个"泛舟"超像素和 287 个"坠车"超像素），训练 SVM 异物实例超像素分类模型。当以 kernel = "rbf"，$C=100$，$gamma=30$ 为训练超参数时，模型对测试集上的 41 个超像素的类型的总体预测准确率最佳，其性能如图 8.17 所示。

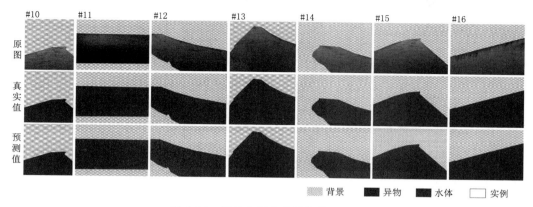

	背景	异物	水体	实例

图 8.16 无异物图像的异物检测结果

<table>
<tr><td></td><td>精确率</td><td>召回率</td><td>F1-score</td><td>准确率</td></tr>
<tr><td>牲畜</td><td>0.47</td><td>0.82</td><td>0.60</td><td rowspan="3">0.71</td></tr>
<tr><td>泛舟</td><td>0.80</td><td>0.62</td><td>0.70</td></tr>
<tr><td>坠车</td><td>1.00</td><td>0.71</td><td>0.83</td></tr>
</table>

预测值
牲畜 泛舟 坠车

真实值
牲畜 9 2 0
泛舟 5 8 0
坠车 5 0 12

*准确率：0.71

（a）　　　　　　　　　　　　（b）

图 8.17　异物分类模型对测试集超像素的预测性能评价
（a）混淆矩阵；（b）预测性能表

基于上述超像素异物分类模型，采用"层级投票"的机制确定异物实例的类型，其考虑误报实例前后的混淆矩阵分别如图 8.18（a）和图 8.18（b）所示，此处所谓误报实例是指误将水体识别为异物的实例。图 8.19 为测试集上所有提取出来的实例的类型识别结果，其中，编号 #2、#6 和 #15 的图像都出现了误判实例。不考虑误报实例时，异物实例分类的总体准确率达到 70%；考虑误报实例后，总体准确率下降到 54%。这主要是因为类型识别模型针对的类型为"牲畜""泛舟"和"坠车"，对水体超像素也仅能预测为其中之一，导致分类错误

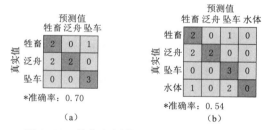

预测值
牲畜 泛舟 坠车

真实值
牲畜 2 0 1
泛舟 2 2 0
坠车 0 0 3

*准确率：0.70

（a）

预测值
牲畜 泛舟 坠车 水体

真实值
牲畜 2 0 1 0
泛舟 2 2 0 0
坠车 0 0 3 0
水体 1 0 2 0

*准确率：0.54

（b）

图 8.18　异物实例类型识别混淆矩阵
（a）不考虑误报实例；（b）考虑所有实例

[图 8.18（b）中 3 个水体实例分别被识别为"牲畜"和"坠车"]，进而使得总体分类准确率下降。

8.6.4　讨论

本章介绍的 SLIC 超像素异物检测算法可有效对超像素进行异物判别，准确率达到 97%。基于此超像素判别模型，共在 17 张测试图像上以 14.3% 的误判率实现了 100% 的图像异物检测率。该模型之所以能够达到如此优良的性能表现，是因为所采用的 LBP 描述子可有效区分水体及异物纹理特征的区别。

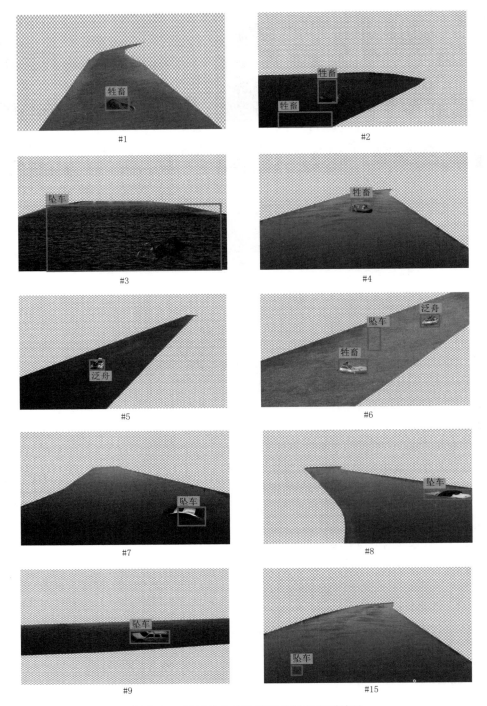

图 8.19 测试集上异物实例的类型识别结果

图 8.20 分析了不同水面波动程度及异物占比下 LBP 描述子的变化。可以看出，含异物图像的 LBP 特征与水面图像的 LBP 特征有较显著的区别，主要体现在异物图像的

低值通道（1～3 通道）波动较大，且以通道 9 为峰值；而水体图像在水面有一定程度波动时一般以通道 17 为峰值，在水面平静时则以通道 36 为极值。该图表明，LBP 特征在绝大多数情况下可有效区分异物超像素图像和水体超像素图像。然而，当水体极其紊动时，其呈现出来的 LBP 特征与异物较为相像，进而可能造成判别模型的混乱及错判。这在一定程度上解释了图 8.15 和图 8.16 中多数被误判的水体超像素均为紊动水面的现象。

在考虑误分实例的情况下，异物实例分类的准确率为 54%，仍有较大的提升空间。异物实例分类误差的主要来源有两方面：一是实例提取的精度，二是异物实例分类模型本身的精度。实例提取的结果直接受 SLIC 超像素异物判别模型的影响，考虑到该模型已达到了 97% 的判别准确率，性能难以进一步提升，故下一步工作应重点关注异物实例分类模型精度的提高。

目前，异物实例分类模型采用的主要输入特征为 LBP 描述子，然而，与"水体-异物"的二元分类不同，区分"牲畜""泛舟"和"坠车"等 3 个异物类别的任务更加复杂，因为这些类型异物的图像不具有类似"水体"那样明显的纹理特征。事实上，很多时候不同类别异物间的纹理存在较相似的情况，如"泛舟"的橡皮艇和"坠车"的车身都具有较光滑的质地。为提高分类识别性能，应考虑在特征向量中加入表征形状的描述子（如 HOG），因为不同异物类别呈现出的形状特征可对单一的纹理特征进行补充。除了特征向量，当前案例中的异物实例分类模型由 496 个超像素训练得到，数据集相对较小，使得模型的泛化能力有限。在增大训练样本后，通过大量样本的训练和模式学习，模型的识别分类性能有望提升。

表 8.3 列出了渠道水面异物智能识别算法在各个处理阶段的计算耗时。算法主要的高耗时任务集中在预处理阶段，以待分析图像含 300 个超像素计，单张图像 SLIC 分割和 LBP 特征提取的总耗时达到 32.7s。异物检测和异物种类识别模型的训练都较为高效，训练总时长不超过 3s。在应用部署阶段，对输入图像进行预处理、异物检测、类型识别和定位追踪的全流程处理需要耗时约 34s，运算效率较高。

表 8.3　　　　　　　　　　**渠道水面异物智能识别算法的运行效率**

阶段	任务	单个超像素耗时	整张图像耗时
预处理	SLIC 分割	—	2.7s
	LBP 特征提取	0.1s	30s
异物检测	训练	1.9s 训练 13212 个超像素	
	测试	0.0001s	0.03s
	实例提取	—	0.003s
类型识别	训练	0.67s 训练 496 个超像素	
	测试	0.004s	0.06s
定位追踪	位置、面积计算等	—	0.9s

注　1. 以每张图像包含 300 个超像素计。

　　2. 以异物实例含 4 个超像素计。

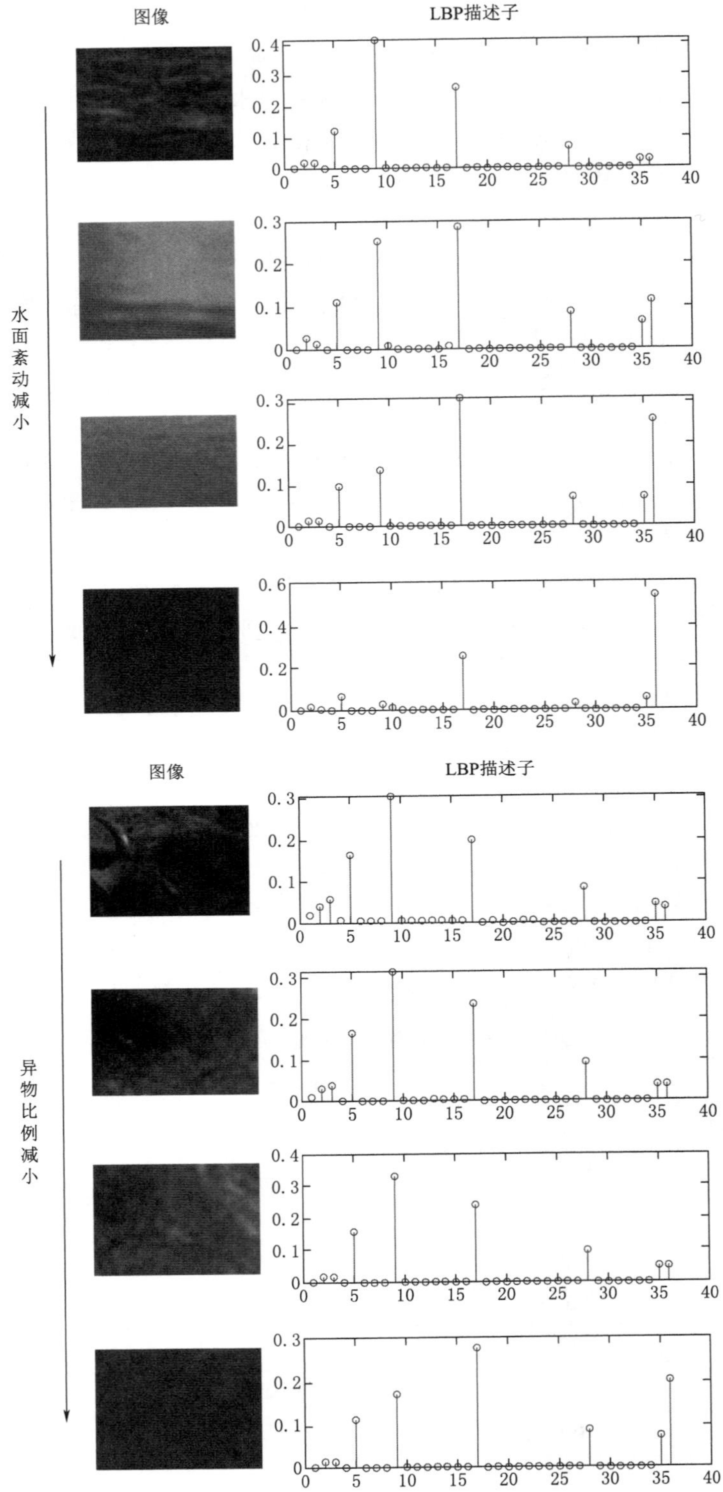

图 8.20　不同水面波动及异物占比下的 LBP 描述子

8.7 本章小结

本章详细介绍了输水渠道异物入侵图像识别的方法，该方法可以克服传统人工巡线和"定点设站"方式的不足，为保障输水质量和居民用水安全提供新的技术手段。在分析输水渠道污染物特点和管理需求的基础上，本章首先对异物检测识别的任务进行了界定，给出了包括异物检测和类型识别两个方面的总体技术方案；然后，结合 SLIC 超像素和 LBP 纹理特征，介绍了异物检测和实例提取算法；进而，针对牲畜、泛舟和坠车等典型的渠道异物类型，给出了自下而上、由细观到宏观的"层级投票"机制，以综合异物内各超像素的分类结果，对实例的异物类型进行识别；最后，通过实例分析，验证了本章所提方法的有效性。本章介绍的异物检测方法可以 14.3% 的误判率实现 100% 的异物检测率，异物实例分类模型能以 70% 的准确率对具体的异物类型进行识别。

第 9 章

输水渠道边坡破坏的智能图像识别

9.1 引言

寒区输水渠道边坡土体在冻融循环和干湿循环的交替作用下，极易产生渠坡衬砌开裂、鼓胀和剥落等不同程度的破坏，如不及时处置，坡面土体持续劣化崩解，强度降低，进而引发滑坡，造成难以估量的经济损失。渠道边坡破坏事件的快速识别，有助于及时采取措施控制险情发展、避免次生灾害发生和降低经济损失。边坡破坏为渠道的结构性损伤，现有实践主要通过埋设于土体内的传感器感知结构内部应力变化，以此来识别或预测可能的边坡破坏事件。然而，监测传感器一般仅埋设在特定的典型断面，无法对典型断面之外区域的边坡状况进行监控识别。显然，用有限典型断面的监测结果来表征渠道全线的边坡安全状况并不具备全面性，可能会造成险情事件的漏报。无人机、无人车等先进的检测平台能够以极高的效率实现渠道全线的覆盖，若能从采集的全程图像资料中自动识别出边坡破坏险情，将能有效克服现有手段的不足。

本章介绍渠道边坡破坏的图像智能识别技术。首先，从渠道边坡破坏的成因出发，确定边坡破坏的主要表现形式，在此基础上制定渠道边坡破坏图像识别的技术路线；然后，进行边坡破坏图像特征向量的选取和设计，介绍包括 LBP 纹理描述子、EHD 描述子和 HSV 颜色直方图等在内的备选特征向量；以特征向量为输入、边坡状态（"是/否"破坏）为输出，建立超像素边坡状态的支持向量机分类模型，给出基于超像素分类结果的边坡状态判别方法；最后，开展实例分析，分析不同特征向量组合和数据集规模下，边坡破坏识别模型的精度和有效性。

158

9.2　渠道边坡破坏识别的技术路线

　　引起输水渠道边坡破坏的原因多种多样，冰期输水导致的冻融循环以及停水-输水周期性运行导致的干湿循环，都可能造成不同程度的边坡破坏。在冰期输水低温环境下，渠道边坡土体内的水分结冻膨胀，造成对表层衬砌的挤压，当超过混凝土衬砌承载力时便会表现出开裂、剥落等破坏形式。对于季节性输水的渠道，边坡膨胀土在通水期吸水膨胀，停水期收缩恢复，如此往复，极易造成边坡土体崩解、强度降低，进而导致出现裂缝甚至整体失稳，引发滑坡。尽管引起渠道边坡破坏的根源不尽相同，破坏程度也多种多样（轻则细微开裂和衬砌剥落，重则大面积鼓胀甚至滑坡），但其视觉上均会表现出表层混凝土衬砌不同形式的破坏，如图 9.1 所示。上述渠道边坡破坏机理和表现形式的分析，为渠道边坡破坏图像识别的研究提供了有用的切入点——混凝土衬砌表观破坏的识别。

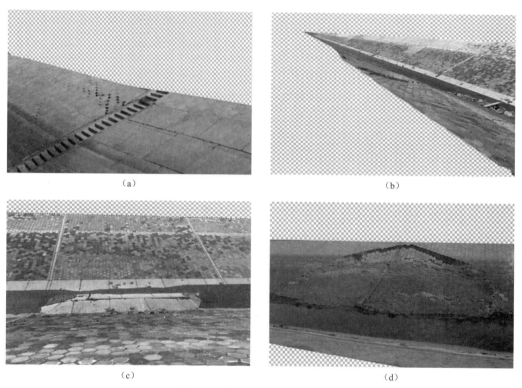

（a）　　　　　　　　　　　　　　　　　　（b）

（c）　　　　　　　　　　　　　　　　　　（d）

图 9.1　典型渠道边坡破坏形式

（a）衬砌开裂；（b）衬砌剥落；（c）鼓胀；（d）滑坡

　　渠道边坡破坏图像识别的任务是：对于给定的渠道边坡图像，通过识别其中的混凝土衬砌破坏情况来判断图像中是否存在边坡破坏，即对输入图像进行"存在/不存在边坡破坏"的二元分类。与冰情和异物识别相同，本章假设输入的图像只包含渠道结构兴趣区，或已通过第 6 章所述方法进行了兴趣区提取预处理。二元分类识别目标的确定是综合考虑问题复杂性和数据稀缺性的结果。首先，尽管边坡破坏均表现为表层混凝土的破坏，但要对破坏的具体类型和形式（如鼓胀、滑坡或开裂等）进行区分判断和检测刻画却是一个需要大量图像数据支撑的复杂问题；其次，从数据方面考虑，由于渠道边坡破坏毕竟是偶发事件，可用的有效破坏图像数据较为稀缺，这就决定了难以对边坡破坏图像进行较为复杂的识别分析。

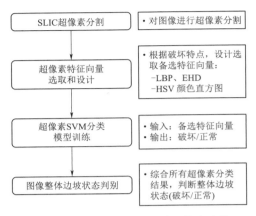

图 9.2　渠道边坡破坏图像识别的技术路线

针对渠道边坡破坏图像的二元分类任务，提出了如图 9.2 所示的技术路线。与异物识别类似，采用 SLIC 超像素分割来降低数据运算量，并提取局部细观特征，然后基于所有细观超像素的分类结果，"自下而上"地确定图像反映出的渠道整体边坡是否处于破坏状态。

（1）SLIC 超像素分割。搜集渠道边坡破坏图像数据集（包括训练集和测试集），采用 8.3.2 节介绍的方法进行 SLIC 超像素分割。为平衡运算量和精度，本章经测试采用"数量＝400、紧密度＝20"的 SLIC 分割参数，如图 9.3 所示。

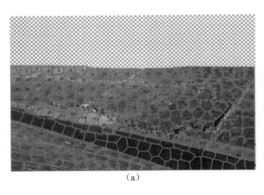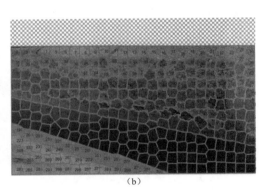

（a）　　　　　　　　　　　　　　　（b）

图 9.3　"数量＝400、紧密度＝20"参数下 SLIC 超像素分割示例

（2）超像素特征向量选取和设计。根据渠道表层混凝土衬砌表现出来的特点，设计提出能够区分正常衬砌和破坏衬砌的超像素纹理和颜色特征向量，如局部二值模式 LBP、边缘直方图描述子 EHD 和 HSV 空间颜色直方图等。本步骤内容将在 9.3 节详细介绍。

（3）超像素 SVM 分类模型训练。基于搜集的数据集，以上步选取的特征向量为输入，以超像素所反映的边坡状态（破坏或正常）为输出训练 SVM 二元分类模型。根据训练得到的模型，对图像中超像素所反映的局部边坡区域是否发生破坏进行判断。本步骤内容将在后文 9.4.1 节介绍。

（4）图像整体边坡状态判别。由于噪声的存在和 SVM 模型精度的问题，以单个超像素的分类结果来推测整张图像所刻画的边坡状态并不具备代表性和全面性。因此，在最后一步中，需要综合考虑图像中所有超像素的分类结果，来判断图像中的整体边坡状态。本步骤内容将在后文 9.4.2 节详细介绍。

9.3　边坡破坏特征向量的选取和设计

作为超像素分类 SVM 模型的输入，特征向量的选取和设计极为关键，引入不能刻画区分边坡破坏特征的因素就相当于给模型输入噪声，在数据量有限的情况下，会大大增加模型过拟合的可能性。本节将从纹理和颜色两个角度入手，介绍多个特征描述向量作为后续 SVM 模型训练的备选输入。

9.3.1　局部二值模式 LBP

在前面的异物识别中已经证明了 LBP 纹理描述子在纹理特征描述方面的有效性，因此首先考虑将其也应用到边坡破坏识别中。在正常无损状态下，边坡衬砌以统一的纹理模式呈现规律性的排布；而一旦发生破坏，原有的模式被打断，从而呈现出不同的纹理特性，比如出现锯齿状、轮廓变粗糙等。图 9.4 列出了正常和破坏状态下局部衬砌图像的 LBP 直方图，从中可以看出二者区分明显。

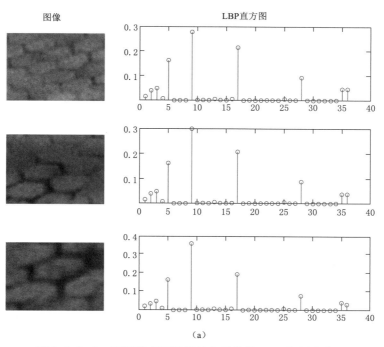

图 9.4（一）　不同状态下局部衬砌图像的 LBP 直方图对比

（a）正常状态

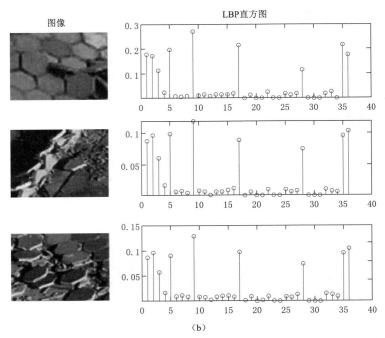

图 9.4（二） 不同状态下局部衬砌图像的 LBP 直方图对比

（b）破坏状态

9.3.2 边缘直方图描述符 EHD

如 7.4.3 节所述，边缘直方图描述符（EHD）是表征图像纹理方向分布的特征描述符。在正常和破坏状态下，边坡混凝土衬砌会表现出不同的边缘（edge）纹理走向。如图 9.5 所示，对于正常状态下的边坡衬砌，用 canny 算子提取的边缘一般呈现较有规律的六边形分布，而一旦发生损坏，则会呈现出较为紊乱的边缘提取结果。EHD 是对图像边缘走向分布的统计刻画，可用于表征上述不同状态下衬砌图像边缘纹理特征的区别，如图 9.5 最右侧的直方图所示。除了原始的 80 个通道（4×4 个子图，再乘以 5 个边缘方向类型）构成的 EHD，为更好地反映图像整体边缘方向的分布，还对 5 个边缘方向类型在整张图像上的分布进行了累加统计，并把结果也作为备选特征向量的一部分，因此，最终选择的 EHD 共包括 80＋5＝85 个通道。

9.3.3 HSV 空间颜色直方图

从颜色角度考虑，发生衬砌破坏的超像素区域由于开裂或隆起往往会形成较大面积的阴影或黑暗区域；而在正常情况下，混凝土衬砌则会显现出较浅的灰白色。如 7.4.1 节所述，HSV 色彩空间的 S（饱和度）通道和 V（明度）通道可用来表示暗色系和明亮色系的区别。当考察的超像素阴影暗色区域较大时，其 V 通道直方图低值区域占的比重往往也较大；相反，当考察的超像素整体成明亮灰白色时，其 V 通道和 S 通道直方图则分别集中分布在高值区域和低值区域。除了当前超像素，还考察周边相邻的超像素的 S 通道和

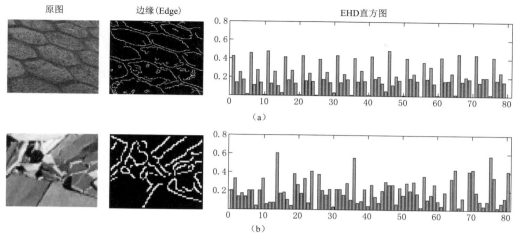

图 9.5　不同状态下衬砌图像的 EHD 直方图对比

（a）正常状态；（b）破坏状态

V 通道直方图。因为边坡开裂往往集中发生在特定区域，当某超像素内存在破坏的情况时，其周边的相邻超像素也发生衬砌破坏的可能性降低，因此会呈现出与当前发生破坏的超像素相反的颜色特征。

综上所述，给出了表征边坡破坏的 HSV 空间颜色直方图（后文中简称 HSV），该特征向量的构成如下：

$$\{S\_hist_{cur}, V\_hist_{cur}, S\_hist_{adj}, V\_hist_{adj}\} \tag{9.1}$$

式中：S_hist_{cur}、V_hist_{cur} 分别为当前超像素 S 通道直方图和 V 通道直方图；S_hist_{adj}、V_hist_{adj} 分别为与当前超像素相邻的所有超像素构成区域的 S 通道直方图和 V 通道直方图。

为降低特征维度，直方图横轴的刻度数（bin 数目）可取较小值，取直方图的 bin 数目为 4，故整个特征向量的维度为 4 ×4＝16 个元素。

上述介绍的三个特征向量（LBP、EHD 和 HSV）可任意组合作为后续 SVM 分类模型的输入，后文将通过实例分析比较不同组合下模型的精度和性能。

9.4　边坡破坏的支持向量机建模及识别方法

9.4.1　超像素分类支持向量机建模

以上节介绍的特征向量为输入，以超像素边坡状态（正常或破坏）为输出，构建用于超像素边坡状态分类的支持向量机模型，如图 9.6 所示。根据组合方式的不同，可作为模型输入的特征向量包括"LBP" "EHD" "HSV" "LBP＋EHD" "LBP＋HSV" "EHD＋HSV" "LBP＋EHD＋HSV" 等 7 种组合，各组合的优劣需要通过比较相应模型的预测精度来确定，实

图 9.6　边坡状态超像素分类
SVM 模型结构

例分析的 9.6.2 节将对此进行探讨。

　　构建训练样本时，按上述备选特征向量，对样本图像分割得到的超像素进行特征提取，并标注每个超像素的类型标签。注意在输水期，除了存在"正常"衬砌和"破坏"衬砌外，输水渠道内还有水体，把水体超像素也归类为"正常"标签。在构建得到的训练样本上，采用支持向量机训练便可得到边坡状态的超像素分类模型。

9.4.2　图像整体边坡状态的识别方法

　　9.4.1 节得到的支持向量机模型可对超像素的边坡衬砌状态进行二元分类（正常或破坏），但一张渠道边坡图像往往可以分割为数百个超像素，在如此大的超像素基数下，由于图像噪声的存在和模型预测精度的有限性，同一张图像上会不可避免地存在个别被错误分类的超像素。因此，若简单地以图像中是否存在被识别为"破坏"的超像素为条件，来判断整张图像的渠道边坡状态，会造成较大的偏差。

　　为解决上述问题，综合考虑图像中所有超像素的分类结果，提出了一个基于计数统计和阈值划分的图像整体边坡状态识别方法，具体如下。

　　假设所考察的图像共包含 N 个超像素，用 $S_i(i=1, 2, \cdots, N)$ 表示某个具体的超像素，$\mathrm{Classifier\_SVM}(x)$ 表示超像素 x 的分类结果，其定义为

$$\mathrm{Classifier\_SVM}(x)=\begin{cases}1, & x \text{ 为破坏状态} \\ 0, & x \text{ 为正常状态}\end{cases} \tag{9.2}$$

　　那么，当式（9.3）成立时，判定图像中发生了边坡破坏；否则，认为渠道边坡处于正常安全状态。

$$\sum_{i=1}^{N}\mathrm{Classifier\_SVM}(S_i) \geqslant \mathrm{th} \tag{9.3}$$

式中：th 为根据数据统计和经验确定的超像素个数阈值，其代表的实际意义为：当图像中被 SVM 模型识别为破坏状态的超像素个数超过一定程度（由 th 控制）时，认为图像中存在边坡破坏的可能性远大于正常状态。

9.5　实例应用分析

9.5.1　数据采集及预处理

　　为评价分析本章所提出方法的有效性和精度，通过工程调研索取的方式共搜集到了 34 张渠道边坡破坏图像和 41 张渠道正常状态图像，以进行实例分析。将该图像数据集划分为训练集和测试集，结果见表 9.1 左侧。

　　由于该原始样本集数据量较小，后续可能出现模型训练效果不佳的情况，因此在原始集基础上进行了数据扩充（data augmentation）。数据扩充是一种常用的提高计算机视觉系统表现的技巧，其通过对原始图像进行平面位置变换和色彩变换等操作，来获得更多的

可用图像，进而提升模型训练效果。本章采用 Python 机器学习库 Keras 的 Image Data Generator 函数实现数据扩充。具体来说，以图 9.7 所示的水平翻转、垂直翻转、错切变换和颜色通道偏移为基础变换，进行任意组合，对原始训练集中的每张图像进行处理，得到四张变换后的扩充图像；同时，对原始测试集中的图像不做处理，维持现状。经过数据扩充后的图像集（称为扩充集）的构成见表 9.1 右侧。

表 9.1　　　　　　　　　　　　　边坡破坏识别图像集构成

边坡状态	原 始 集			扩 充 集		
	训练集	测试集	总计	训练集	测试集	总计
正常	35	6	41	175	6	181
破坏	29	5	34	145	5	150
总计	64	11	75	320	11	331

注　表中数据代表图像张数。

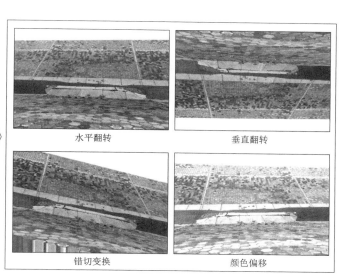

原图　　水平翻转　　垂直翻转　　错切变换　　颜色偏移

图 9.7　所采用的数据扩充基本变换类型

对图像集中所有数据进行兴趣区提取处理，将图像中无关边坡破坏识别的背景去除。为使后续不同图像 SLIC 分割得到的超像素尺度一致，且有足够的像素进行 LBP、EHD 等特征向量提取，在保证宽高比不变的前提下，将所有图像的宽度调整为 1600 像素。最后，以"数量＝400、紧密度＝20"为参数对所有图像进行 SLIC 超像素分割，并对每个超像素的类型（正常/破坏）进行标注。值得一提的是，在输水期，图像内除了正常（或破坏）边坡衬砌外，还存在水体，把水体也视为属于正常标签，即：除了破坏的边坡衬砌被标注为"破坏"外，水体和正常的边坡衬砌均被标注为"正常"。经过上述处理，得到了以超像素为基本单元的数据集，见表 9.2。

表 9.2 边坡破坏识别 SLIC 超像素集构成

边坡状态	原 始 集			扩 充 集		
	训练集	测试集	总计	训练集	测试集	总计
正常	14326	2328	16654	72259	2328	74587
破坏	557	137	694	2669	137	2806
总计	14883	2465	17348	74928	2465	77393

注 表中数据代表超像素个数。

9.5.2 不同特征向量下的超像素分类结果

本节将以表 9.2 中的原始集为分析对象，探讨不同特征向量组合训练得到模型的超像素类型预测精度。备选的特征向量包括 9.3 节所提出的局部二值模式 LBP、边缘直方图描述子 EHD 和 HSV 空间颜色直方图。根据组合方式的不同，共可得到"LBP""EHD""HSV""LBP＋EHD""LBP＋HSV""EHD＋HSV""LBP＋EHD＋HSV"等 7 种特征向量组合。

采用 Python 机器学习库 Scikit-learn 的支持向量机模块 SVC 进行超像素"正常/破坏"二元分类模型的训练，并设置参数"class_weight＝'balanced'"来处理不同类型样本间数据量不均衡的问题。在测试集上，对采用不同特征向量组合训练得到的模型进行性能评价，可得到如图 9.8 所示的模型分类性能曲线，该曲线表示了模型误报率和检测率间的关系。在边坡破坏识别场景下，误报率是指被误识别为"破坏"的"正常"超像素占所有被识别为"破坏"的超像素总数的比例；而检测率则是"破坏"超像素被正确检测出来的比例。

性能曲线越往坐标平面左上角靠拢，对应的模型预测性能越好。据此原则，可分析比较不同特征向量组合的优劣。首先考察 LBP、EHD 和 HSV 等单个特征向量的训练结果，如图 9.8（a）所示。可以看出，采用 HSV 特征向量的模型预测效果最好，EHD 次之，LBP 的预测性能最差。然后考察特征向量间的混编组合，如图 9.8（b）所示。"LBP＋HSV"组合的预测精度和性能远超其他组合，"LBP＋EHD"组合的表现一般，"EHD＋HSV"和"LBP＋EHD＋HSV"结果相近，均不甚理想。HSV 和 EHD 作为单独的特征向量训练模型时，效果均不错。按理说其二者组合作为特征向量，可取长补短，充分发挥各自的优势，进而达到理想的模型预测性能，但结果却不尽如人意。猜测可能跟特征维度增多，而训练数据相对不足，进而引起过拟合有关，9.5.3 节将采用扩充数据集对此问题进行探讨。

图 9.8（c）是单个特征向量和组合特征向量的汇总结果，可以看出，"LBP＋HSV"为最优的特征向量组合。在该特征向量组合下，当模型超参数取 kernel＝"rbf"，$C＝100$，$gamma＝0.9$ 时，训练得到的模型在测试集上的预测精度最高（图 9.9）。此时，模型的总体准确率（accuracy）为 90%。

9.5.3 不同数据集规模下的超像素分类结果

本节探讨数据集规模对模型预测性能的影响。一般来说，机器学习模型的预测性能与

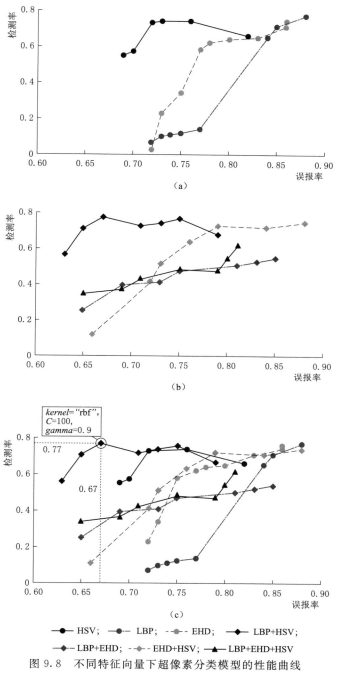

图 9.8　不同特征向量下超像素分类模型的性能曲线

（a）单个特征向量；（b）多个特征向量组合；（c）所有结果汇总

其训练样本的多少息息相关，当训练样本过少时，模型往往难以从有限数据中学习到具有泛化性的有效模式，而当输入的特征维度又很大时，模型极易被无关特征引入的噪声干扰，造成过拟合。

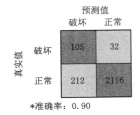

	精确率	召回率	F1-score	准确率
破坏	0.33	0.77	0.46	0.90
正常	0.99	0.91	0.95	

（a）

（b）

图 9.9　"LBP＋HSV" 特征组合下最佳模型的预测性能

（a）混淆矩阵；（b）预测性能表

本章开展的边坡破坏图像识别属于小概率事件的识别，可用的破坏图像数据有限。为探讨能否通过增加训练数据量来进一步提高原始模型的性能，采用"LBP＋EHD""LBP＋HSV""EHD＋HSV"和"LBP＋EHD＋HSV"等特征向量组合，在经过数据扩充后的扩充集（共 74928 个超像素）上进行模型训练，并与原始集（共 14883 个超像素）的结果对比。图 9.10 为分别基于原始集和扩充集训练得到的模型的性能曲线对比。

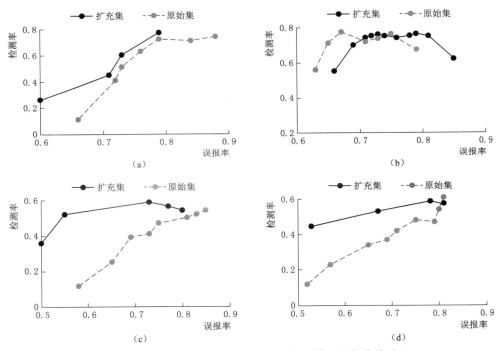

图 9.10　不同数据集规模下各特征组合的模型性能曲线对比

（a）"LBP＋EHD"组合；（b）"LBP＋HSV"组合；（c）"EHD＋HSV"组合；（d）"LBP＋EHD＋HSV"组合

从图 9.10 可以看出，除了"LBP＋HSV"，其他特征组合采用扩充集训练后，模型性能均有所提升。其中，"EHD＋HSV"组合的提升幅度最大。如上节所述，在采用单个向量的前提下，EHD 和 HSV 是表现最佳的两个特征向量，但二者组合在原始集上的预测性能却不甚理想。采用扩充集训练后，该组合的性能得到了显著提升，说明因特征维度过高而训练数据相对不足造成的过拟合确实是其在原数据集表现不佳的原因之一。然而，各特征组合横向对比时，可发现"EHD＋HSV"的预测精度仍难以比拟其他组合（如"LBP＋HSV"）。

"LBP＋HSV"是唯一在数据扩充后模型性能"不升反降"的组合。这个现象或许跟该组合特征维度较低（36＋16＝52 维）有关，由于在原始规模的数据集下已经能得到充分训练，数据扩充操作对该组合分类预测性能的提升作用不大。

综合所有特征组合的结果，尽管经过数据扩充，大多数模型的性能水平均有所提升，但性能最佳的仍为 9.5.2 节基于原始集，以"LBP＋HSV"为特征向量，采用 kernel＝"rbf"，$C＝100$，gamma＝0.9 超参数训练得到的模型。因此，后文将以其为优选模型，进行图像整体边坡状态的识别分析。

9.5.4　基于超像素分类的边坡状态识别结果

基于上述优选模型，采用 9.4 节提出的方法，综合考虑图像所有超像素的分类结果，对整体边坡是否处于破坏状态进行评判。

图 9.11展现了测试集上所有"破坏"图像和"正常"图像被优选模型分类为"破坏"的超像素个数分布。可以看出，边坡破坏图像内被分类为"破坏"的超像素的个数远远超过正常图像。当取 th＝20 时，两类图像间可以完全被区分开。将"破坏"超像素个数大于 20 的图像状态识别为"破坏"，反之，则识别为"正常"。本章所提出的方法对数据集内 11 张图像均实现了正确的边坡状态识别。

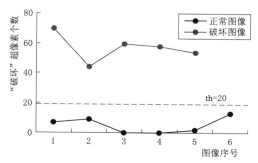

图 9.11　测试集上识别为"破坏"的
超像素个数分布

［图中正常图像（6 张）和破坏图像（5 张）的
序号为分开标注］

在被识别为破坏状态的图像上，以醒目颜色（如红色）高亮被分类为"破坏"的超像素，并以柔和颜色（如绿色）表示其他"正常"区域，可对模型识别结果进行可视化，如图 9.12 所示。通过该可视化方式，可直观地对具体的破坏位置进行显示定位，有利于辅助工程决策。

9.5.5　讨论

优选的 SVM 模型能够以 90％ 的总体准确率对超像素的边坡状态进行分类，但其精度相比第 8 章异物检测的模型精度（高达 97％）仍存在一定差距。这主要是因为两个任务的复杂程度不同。在异物识别时，水体图像的纹理特征变异性较小，具有相对固定的模式，因此，易于与明显不同的异物进行区分。然而，边坡混凝土衬砌存在多种不同的细部结构，如图 9.13 所示的平板结构和阶梯结构等。即便是常见的六边形结构，因为用料不一样，也可能存在均色和异色的差别。上述边坡衬砌细部结构的多样性使得模型的学习难度增大，最终造成训练得到的模型精度相对异物检测模型较低。

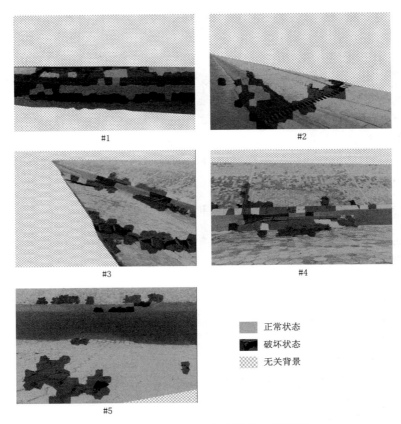

图 9.12　实际边坡破坏图像的识别结果

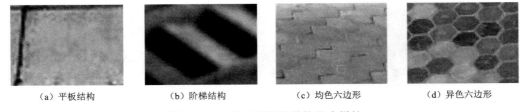

（a）平板结构　　　（b）阶梯结构　　　（c）均色六边形　　　（d）异色六边形

图 9.13　边坡衬砌细部结构的多样性

　　通过对图像上识别为"破坏"的超像素进行统计，并结合阈值控制，可有效避免错分超像素的干扰，进而实现整张图像边坡状态的准确识别。采用上述方法，本章在测试集上实现了对 11 张图像边坡破坏状态的正确识别。然而，需要注意的是，由于本实例所能获取的边坡破坏图像数据有限，目前的识别精度在增加测试样本后还能否保持，有待进一步观察。

　　表 9.3 列出了算法各个处理阶段和任务的运算耗时。可以看出，高耗时任务主要集中在预处理阶段的超像素分割和特征提取。尽管 LBP 等特征提取算法针对单个超像素的处

理耗时不足 1s，但按一张图像包含 400 个超像素算，整张图像的特征提取耗时达到了数十秒。模型的训练过程较为高效，仅需 6.3s 便可在包含 14883 个超像素的数据集上完成训练。在部署应用阶段，以优选模型的"LBP＋HSV"特征组合为考虑对象，针对单张图像的处理识别耗时为 44.02s（包括 3.9s 超像素分割、16s 特征 LBP 计算、24s 特征 HSV 计算和 0.12s 模型分类识别）。

表 9.3 边坡破坏识别算法的运行效率

阶段	任务	单个超像素耗时	整张图像耗时
预处理	SLIC 分割	—	3.9s
	LBP 特征提取	0.04s	16s
	EHD 特征提取	0.03s	12s
	HSV 特征提取	0.06s	24s
边坡破坏识别	训练	6.3s 训练 14883 个超像素	
	测试	0.0003s	0.12s

注 整张图像耗时以每张图像包含 400 个超像素计。

9.6 本章小结

衬砌开裂、剥落、滑坡等边坡破坏是长距离输水渠道的典型灾害，传统的基于监测传感器的边坡破坏识别方法只能对有限个典型断面进行判断，因此存在漏报的风险。针对上述不足，本章给出了基于巡检图像的渠道边坡破坏智能识别方法，以实现边坡破坏险情识别的全线快速覆盖。本章从膨胀土干湿循环、冻融循环等引起输水渠道边坡破坏的原因出发，分析了边坡破坏的主要表现形式，介绍了渠道边坡破坏图像识别的总体技术路线，其包含 SLIC 超像素分割、超像素特征向量选取和设计、超像素 SVM 分类模型训练、图像整体边坡状态识别等 4 个步骤；重点介绍了超像素边坡破坏特征向量的选取，将 LBP 纹理描述子、EHD 描述子和 HSV 颜色直方图等 3 个备选特征向量作为 SVM 分类模型的输入；基于超像素"正常/破坏"二元 SVM 分类模型，提出了综合考虑图像中所有超像素分类结果的整体边坡状态识别方法。

通过工程实例，分析了不同特征向量和数据集规模下 SVM 模型的预测精度。结果表明，在所提出的备选特征向量中，"LBP＋HSV"为最佳的边坡破坏特征向量组合，同时，数据扩充可在一定程度上提高模型精度。优选模型对超像素边坡状态的识别性能良好，可达到 90％的预测准确率。综合图像超像素分类的结果，本章介绍的边坡破坏图像识别方法对测试集中的 11 张图像均实现了正确的整体边坡状态识别。

第 10 章

基于航拍摄影测量的渠道险情空间定位

10.1 引言

长距离输水渠道空间跨度大、占地面积广，一旦险情灾害发生，工程管理人员需要快速、准确锁定险情发生位置，以在广阔的工程辖区内合理调配有关资源进行抢险部署。因此，有必要在冰塞拥堵、异物入侵和边坡破坏等险情识别的基础上，进一步研究险情的空间定位技术，以便为工程安全管理和应急响应提供关键的地理位置信息。该研究对异物入侵的追踪管理尤为重要，因为相较于其他险情，漂浮于水面的异物受渠内水流的作用，并不是固定于特定位置，而会随水流发生移动，因而，计算并提供异物的动态定位信息，有助于对异物进行追踪和后续打捞处理。

摄影测量学原理和无人机航摄平台分别为险情的空间定位提供了理论基础和数据基础。具体来说，前者建立了摄影成像的物理模型和数学模型，通过一系列理论推导，用数学语言得到了世界坐标系下物点与成像平面上像点间的映射关系，进而为险情的航拍定位提供了理论和技术支撑；就后者而言，无人机平台上搭载有 GNSS 和惯性测量单元等传感器，可提供对应于每帧险情航拍图像的相机位置和姿态数据，这些数据是进一步求解险情位置不可或缺的基础。

本章在前文险情图像识别的基础上，进一步给出基于摄影测量的险情航拍空间定位技术。首先，在简要介绍摄影测量学的基础上，对相机的摄影成像原理和坐标转换模型进行详尽的描述和公式推导；接着，进行相机内参矩阵的标定，并推导基于无人机位置姿态数据的航摄相机外参矩阵解算公式；然后，介绍渠道险情的三角定位法，并以渠道异物为例，提出长（短）轴、面积等险情几何特征的估算方法；最后开展示例应用，评价所提出的险情空间定位技术的精度。

10.2　摄影成像及坐标转换模型

摄影测量学（photogrammetry）是通过影像研究信息的获取、处理、提取和成果表达的一门信息科学，其利用光学或数字摄影机摄得的影像，研究和确定被摄物体的形状、大小、性质和相互关系。摄影测量学包括的内容有：获取被研究物体的影像，单张和多张相片处理的理论、方法、设备和技术，以及研究如何将所测得的成果用图形、图像或数字表示。

摄影成像模型及坐标系转换是摄影测量学的重要理论基础，其对影像上二维像素与其代表的真实空间中的三维对象间的关联进行了建模表达。如图 10.1 所示，当前最常用的摄影成像模型为小孔成像模型，其涉及 4 个坐标系统，分别为相机坐标系、图像坐标系、像素坐标系和世界坐标系。

世界坐标系为在客观外部世界中选取的一个参考系，用于描述相机和物体在摄影环境中的位置和姿态，其原点用 O_w 表示，3 个坐标轴分别为 X_w、Y_w 和 Z_w；相机坐标系以摄像机镜头光学中心为原点 O_c，平行于成像芯片长边和短边的方向为 X_c 轴和 Y_c 轴，沿主光轴方向为 Z_c 轴。世界坐标系和相机坐标系三轴方向均遵循右手定则。图

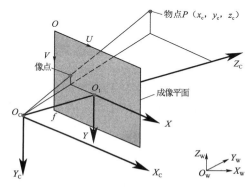

图 10.1　小孔成像模型下的坐标系间变换

像坐标系在成像平面上，以主光轴与成像平面的交点为原点 O_1，平行于成像芯片长边和短边的方向为 X 轴和 Y 轴。需要指出的是，实际的成像平面位于相机镜头后方 f（焦距）处，为描述方便，将成像平面置于镜头前方 f 处，其与实际模型在数学上等价。像素坐标系以数字图像的左上角为原点 O，以沿成像芯片长边方向为 U 轴，沿短边方向为 V 轴。

假设在相机坐标系下有一物点的坐标为 (x_c, y_c, z_c)，根据相似三角形原理，可求得其在图像坐标系下的坐标 $x = f\dfrac{x_c}{z_c}$，$y = f\dfrac{y_c}{z_c}$，用齐次坐标表示如下：

$$z_c \begin{bmatrix} x \\ y \\ 1 \end{bmatrix} = \begin{bmatrix} f & 0 & 0 & 0 \\ 0 & f & 0 & 0 \\ 0 & 0 & 1 & 0 \end{bmatrix} \begin{bmatrix} x_c \\ y_c \\ z_c \\ 1 \end{bmatrix} \tag{10.1}$$

上述物点在成像平面上的像点 (x, y) 可进一步转换为像素坐标 (u, v)，齐次坐标表达式如式（10.2）所示。

$$\begin{bmatrix} u \\ v \\ 1 \end{bmatrix} = \begin{bmatrix} \dfrac{1}{d_x} & 0 & u_0 \\ 0 & \dfrac{1}{d_y} & v_0 \\ 0 & 0 & 1 \end{bmatrix} \begin{bmatrix} x \\ y \\ 1 \end{bmatrix} \tag{10.2}$$

173

式中：d_x、d_y 分别为成像芯片在 U 轴和 V 轴上单位像素的尺寸大小，等于芯片尺寸（如 1/2.3 英寸 CMOS 芯片为 6.16mm×4.62mm）除以数字图像分辨率（如 1920×1080）；(u_0, v_0) 为图像坐标系原点 O_1 在像素坐标系下的坐标。

式（10.1）和式（10.2）确定了图像像素与相机坐标系下三维对象间的相互映射关系，但其并不能反映对象在客观外部环境中的位置，因此还需对世界坐标系和相机坐标系间的转换关系进行推求。世界坐标系与相机坐标系间的变换为刚体变换，其仅包括旋转操作和平移操作。假设物点 (x_c, y_c, z_c) 在世界坐标系下的坐标为 (x_w, y_w, z_w)，则二者间的齐次坐标转换如下所示。

$$\begin{bmatrix} x_c \\ y_c \\ z_c \\ 1 \end{bmatrix} = \begin{bmatrix} \boldsymbol{R} & \boldsymbol{T} \\ 0 & 1 \end{bmatrix} \begin{bmatrix} x_w \\ y_w \\ z_w \\ 1 \end{bmatrix} \tag{10.3}$$

式中：$\boldsymbol{R}$ 为旋转矩阵（维度为 3×3）；$\boldsymbol{T}$ 为平移向量（维度为 3×1）。

$\boldsymbol{R}$ 和 $\boldsymbol{T}$ 均由相机在世界坐标系下的位置和姿态确定。

综合式（10.1）～式（10.3），可得到世界坐标与像素坐标间的转换关系如下：

$$z_c \begin{bmatrix} u \\ v \\ 1 \end{bmatrix} = \begin{bmatrix} \dfrac{f}{d_x} & 0 & u_0 & 0 \\ 0 & \dfrac{f}{d_y} & v_0 & 0 \\ 0 & 0 & 1 & 0 \end{bmatrix} \begin{bmatrix} \boldsymbol{R} & \boldsymbol{T} \\ 0 & 1 \end{bmatrix} \begin{bmatrix} x_w \\ y_w \\ z_w \\ 1 \end{bmatrix} = \boldsymbol{K}[\boldsymbol{R} \,|\, \boldsymbol{T}] \begin{bmatrix} x_w \\ y_w \\ z_w \\ 1 \end{bmatrix} \tag{10.4}$$

式中：矩阵 $\boldsymbol{K}$ 中的参数仅与相机的内部结构有关，被称为内部参数（简称"内参"）矩阵；矩阵 $[\boldsymbol{R} \,|\, \boldsymbol{T}]$ 由摄像机在世界坐标系中的位置和姿态决定，被称为外部参数（简称"外参"）矩阵。

本章的目的是利用航摄图像进行险情的空间定位，在内参矩阵和外参矩阵都确定的前提下，利用式（10.4）可确定图像相关像素与其刻画的险情的真实空间位置间的关系，取连续航拍图中存在的对应像素联立多个方程组，最终可求解得到该像素对应的真实世界坐标。下面将从内参矩阵标定、外参矩阵计算和三角法定位三方面展开具体介绍。

10.3 航摄相机的内参矩阵标定

尽管根据各个参数的定义，可以在特定情况下利用相机出厂参数（焦距、成像芯片尺寸等）推求内参矩阵，但在对精度有要求的摄影测量应用场景下往往需要进行相机标定（camera calibration）以准确地求得内参矩阵和畸变参数。具体原因如下：①内参矩阵是基于小孔成像的前提假设推导得到的，但实际相机镜头的成像原理并非理想的小孔成像；②个别相机型号老旧，难以获得完整出厂参数；③由于相机加工装配误差，实际相机在成像时或多或少都会存在一定程度的畸变，为了矫正该畸变，需要通过标定求出畸变参数。

本章采用经典的张友正平面标定法对使用的无人机航拍相机进行标定，具体实现步骤如下：

（1）标定图像准备。采用如图 10.2（a）所示的棋盘格模式进行校准，选择的棋盘格模式应满足以下要求：首先，每个单元格必须为正方形；其次，保证棋盘格模式短边具有奇数个单元格而长边具有偶数个单元格，以使得程序可以判断模式的方向。将棋盘格模式打印出来，平整地贴合于硬板上做成标定板。

将航摄相机调到录像模式，调整焦距及分辨率等参数，使其与实际航拍巡检时一致并保持不变。保持相机位置不变，采集 10～20 幅不同位置姿态下标定板的图像［图 10.2（b）］。在此过程中，注意标定板与相机成像平面的夹角不得超过 45°。

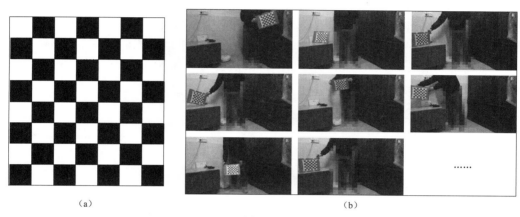

（a）　　　　　　　　　　　　　　　　　（b）

图 10.2

（a）棋盘格标定板；（b）采集的标定图像示例

（2）标定图像加载及设置。将采集的标定图像加载进 MatLab 相机标定工具包，设置输入棋盘格单元格的实际尺寸（如在本例中为 28mm）。随后，程序自动对图像的适用性进行筛选，并检测适用图像棋盘格上的角点。

（3）标定、结果评估及参数输出。点击工具界面上的"标定（Calibrate）"按键，程序开始标定操作并在完成后显示二次投影误差，一般认为二次投影误差平均值小于一个像素即可。检视二次投影误差，若认为误差可接受，用户可导出标定得到的内参矩阵和畸变参数，以供后续险情空间位置解算使用。

10.4　航摄相机的外参矩阵解算

如前所述，相机的外参矩阵由其相对于世界坐标系的位置和姿态确定。无人机航拍巡检过程中记录了航摄相机的位置坐标 (x, y, z) 和偏航角、俯仰角、横滚角等姿态信息，利用这些信息可对相机外参进行推求。

假设相机在世界坐标系中的位置用 C 表示，姿态矩阵为 $\boldsymbol{R}_c$，外参矩阵 $[\boldsymbol{R} \mid \boldsymbol{T}]$ 可通过下式确定：

$$\left[\boldsymbol{R}\mid\boldsymbol{T}\right]=\begin{bmatrix}\boldsymbol{R} & \boldsymbol{T} \\ 0 & 1\end{bmatrix}=\begin{bmatrix}\boldsymbol{R}_C^{\mathrm{T}} & -\boldsymbol{R}_C^{\mathrm{T}}C \\ 0 & 1\end{bmatrix} \tag{10.5}$$

故外参矩阵中的旋转矩阵 $\boldsymbol{R}=\boldsymbol{R}_C^{\mathrm{T}}$，平移向量 $\boldsymbol{T}=-\boldsymbol{R}_C^{\mathrm{T}}C=-\boldsymbol{R}C$。

无人机采集的定位信息一般以 WGS-84 地理坐标形式表示（即经度、纬度和海拔），为方便计算，将其转化为如图 10.3（a）所示的投影坐标形式。该投影坐标系以东方向为 X_{W} 轴、北方向为 Y_{W} 轴、竖直向上为 Z_{W} 轴，则航摄相机某时刻在该坐标系下的位置 C 可以式（10.6）表示。

$$C=(x_0,y_0,z_0) \tag{10.6}$$

如图 10.3（b）所示，无人机记录的偏航角、俯仰角和横滚角分别描述了相对于地理北方向的夹角、绕相机横轴的转角和绕相机主光轴的转角。上述 3 个转角描述了相机相对于镜头朝向地理北方向的初始状态的姿态，但却没有完整描述从世界坐标系到相机坐标系的旋转过程：因为世界坐标系以竖直向上为 Z 轴，而相机以主光轴方向为 Z 轴。因此，需要在依次执行偏航角、俯仰角和横滚角变换之前，绕 X 轴旋转 $-90°$（角度方向遵循右手定则），以使相机主轴跟北方向一致。

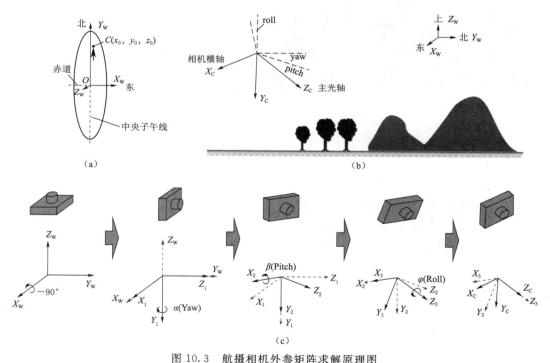

图 10.3　航摄相机外参矩阵求解原理图

（a）世界坐标系统；（b）航摄相机姿态信息定义；（c）相机坐标系欧拉角转换

图 10.3（c）展现了由世界坐标系到相机坐标系的完整欧拉角变换，其包括四步变换。首先，绕 X_{W} 轴转动 $-90°$；然后，绕 Y_1 轴转动 α（即偏航角 yaw）；接着，绕 X_2 轴转动 β（即俯仰角 pitch）；最后，绕 Z_3 轴转动 φ（即横滚角 roll）。每次转动相对于转动前的姿态矩阵分别见式（10.7）～式（10.10）。

$$\boldsymbol{R}_{X_W}(-90°)=\begin{bmatrix}1&0&0\\0&\cos(-90°)&\sin(-90°)\\0&-\sin(-90°)&\cos(-90°)\end{bmatrix}=\begin{bmatrix}1&0&0\\0&0&-1\\0&1&0\end{bmatrix} \tag{10.7}$$

$$\boldsymbol{R}_{Y_1}(\alpha)=\begin{bmatrix}\cos\alpha&0&-\sin\alpha\\0&1&0\\\sin\alpha&0&\cos\alpha\end{bmatrix} \tag{10.8}$$

$$\boldsymbol{R}_{X_2}(\beta)=\begin{bmatrix}1&0&0\\0&\cos\beta&\sin\beta\\0&-\sin\beta&\cos\beta\end{bmatrix} \tag{10.9}$$

$$\boldsymbol{R}_{Z_3}(\varphi)=\begin{bmatrix}\cos\varphi&\sin\varphi&0\\-\sin\varphi&\cos\varphi&0\\0&0&1\end{bmatrix} \tag{10.10}$$

相机姿态矩阵 $\boldsymbol{R}_C=\boldsymbol{R}_{Z_3}(\varphi)\,\boldsymbol{R}_{X_2}(\beta)\,\boldsymbol{R}_{Y_1}(\alpha)\,\boldsymbol{R}_{X_W}(-90°)$，矩阵相乘结果如下所示：

$$\boldsymbol{R}_C=\begin{bmatrix}\sin\alpha\sin\beta\sin\varphi+\cos\alpha\cos\varphi&\cos\alpha\sin\beta\sin\varphi-\sin\alpha\cos\varphi&-\cos\beta\sin\varphi\\\sin\alpha\sin\beta\cos\varphi-\cos\alpha\sin\varphi&\cos\alpha\sin\beta\cos\varphi+\sin\alpha\sin\varphi&-\cos\beta\cos\varphi\\\sin\alpha\cos\beta&\cos\alpha\cos\beta&\sin\beta\end{bmatrix} \tag{10.11}$$

求得 $\boldsymbol{R}_C$ 和 C 后，代入式（10.5），便可计算得到航摄相机的外参矩阵 $[\boldsymbol{R}\mid\boldsymbol{T}]$。

10.5 渠道险情的三角定位及几何特征估算

为从航摄图像求解险情的空间位置，将待求点在图像上的像素坐标、相机内部结构参数（内参矩阵）、相机位姿（外参矩阵）代入式（10.4），可得到一个未知数（待求点的三维坐标）个数大于方程个数的方程组，根据数学原理可知该方程组无固定解。这个数学现象可从小孔成像的角度理解，即图像上某个像素可能由该像素与镜头光心连线上的任意一点投影得到。

为推求像素点的真实空间位置，还至少需要另一张从不同位置和角度拍摄的关于待求点的图像，从而联立多个方程组进行求解。上述利用从不同角度和位置获取的图像来推求其上同名像素点的空间坐标的方法，便是计算机视觉领域所谓的三角法（triangulation），如图 10.4（a）所示。

无人机巡检视频具有时空连续性，航摄发现的险情必定会以不同视角出现在前后多帧图像中，此特性为三角法定位提供了前提条件。假设险情位置（尤其是异物位置）在短时间内相对固定，则可设险情在 $t\sim t+\Delta t$ 时间段内在世界坐标系中的坐标为 $(x_w,\,y_w,\,z_w)$。无人机巡检 t 时刻和 $t+\Delta t$ 时刻对应的机载相机的位姿分别为 S_t 和 $S_{t+\Delta t}$，两个时刻对应的航拍图像 I_t 和 $I_{t+\Delta t}$ 均对同一险情场景进行了记录，并且险情在其上的像素坐标分别为 $(u_t,\,v_t)$ 和 $(u_{t+\Delta t},\,v_{t+\Delta t})$。根据式（10.4），联立方程组如下：

$$\begin{cases}z_c\begin{bmatrix}u_t&v_t&1\end{bmatrix}^{\mathrm{T}}=\boldsymbol{K}[\boldsymbol{R}(S_t)\mid\boldsymbol{T}(S_t)]\begin{bmatrix}x_w&y_w&z_w&1\end{bmatrix}^{\mathrm{T}}\\z_c\begin{bmatrix}u_{t+\Delta t}&v_{t+\Delta t}&1\end{bmatrix}^{\mathrm{T}}=\boldsymbol{K}[\boldsymbol{R}(S_{t+\Delta t})\mid\boldsymbol{T}(S_{t+\Delta t})]\begin{bmatrix}x_w&y_w&z_w&1\end{bmatrix}^{\mathrm{T}}\end{cases} \tag{10.12}$$

式中：$[\boldsymbol{R}(S_t)\mid\boldsymbol{T}(S_t)]$、$[\boldsymbol{R}(S_{t+\Delta t})\mid\boldsymbol{T}(S_{t+\Delta t})]$ 分别为位姿 S_t 和位姿 $S_{t+\Delta t}$ 对应的外参

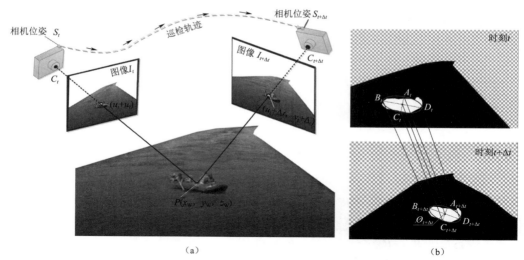

图 10.4 险情空间定位及几何特征估算——以异物为例

（a）三角法航摄定位；（b）几何特征点选取及匹配

矩阵，内参矩阵 K 通过提前标定得到并且在巡检过程中保持不变。

若图 10.4（a）中 PC_t 和 $PC_{t+\Delta t}$ 互不平行，则解上述方程组便可得到 (x_w, y_w, z_w)。注意图 10.4（a）中为方便描述三角法的原理，将 $t \sim t+\Delta t$ 间的巡检轨迹进行了夸大处理，实际应用中，无人机仅需按常规巡检路线运行即可。

由式（10.12）可知，除了内外参矩阵的计算，不同帧图像间同名点的提取和匹配也是险情空间位置解算的关键。针对不同的险情类型，同名特征点的提取应采用不同的方法。

图 10.4（b）以异物为例，展现了不同帧画面间特征点提取和匹配的方法。其中，白色区域代表根据 8.4 节方法提取出来的异物区域，黑色代表水体。在 t 时刻，异物区域的形心为 O_t，以 O_t 为中心，基于中心二阶矩相等的原则，可对异物区域拟合一椭圆，并设沿椭圆短轴的端点为 A_t 和 C_t，沿长轴的端点为 B_t 和 D_t。同理，可对 $t+\Delta t$ 时刻的图像处理得到特征点 $O_{t+\Delta t}$、$A_{t+\Delta t}$、$B_{t+\Delta t}$、$C_{t+\Delta t}$ 和 $D_{t+\Delta t}$。以图 10.4（b）中实线连接的点为同名点，代入式（10.12），可求得对应的世界坐标，分别为 P_O、P_A、P_B、P_C 和 P_D。取 P_O 作为异物在世界坐标系下的位置坐标，同时，可估算异物的长轴和短轴长度：

$$L_{短轴} = \| P_A - P_C \| \tag{10.13}$$

$$L_{长轴} = \| P_B - P_D \| \tag{10.14}$$

异物所占区域的面积可用拟合椭圆的面积估算，见式（10.15）。

$$S = \frac{\pi L_{长轴} L_{短轴}}{4} \tag{10.15}$$

对于冰塞和边坡破坏等开放式险情，由于其所占区域一般较大，且没有明确边界，故而难以适用上述不同帧异物区域间的特征匹配方法，此时，可采用 SIFT 等特征提取算法进行不同帧图像间的同名点匹配。利用图像上多组 SIFT 同名点解算得到世界坐标后，可取这些点的平均值作为冰塞和滑坡等险情的空间位置坐标。

10.6　实例应用分析

本节以渠道异物入侵为例，开展实例应用分析，以对所提出的基于摄影测量的险情航拍空间定位技术进行评价验证。

10.6.1　实例数据采集和预处理

为验证险情航拍空间定位技术的可行性，在某渠道进行了异物航拍视频的录制，无人机飞行航拍过程中相机位姿数据自动保存。无人机型号为大疆御 mini，摄录对象为漂浮在渠道中保持不动的橡皮艇，录制得到的航拍视频时长约15s，视频分辨率为 1920×1080 像素，帧率为30FPS。按 $\Delta t = 3s$ 对视频数据进行等间隔抽帧处理，得到如图 10.5 所示的帧画面，每幅图像下方标示了该画面的帧 ID 及其在视频中的播放进度。

10.6.2　计算结果及分析

在进行异物空间位置和几何特征解算之前，首先对录像模式下机载相机的内部参数进行标定，标定结果见表 10.1。

表 10.1　　　　　　　　　　　　机载相机标定结果

项目	内　部　参　数	畸变参数
数值	f/d_x: 1534　f/d_y: 1535　u_0: 932.1　v_0: 517.8	0.2186；-0.386；0；0

依次以图 10.5 中前后相邻的两帧画面为三角法定位所需的不同视角图像，用各帧图像对应的无人机记录参数（相机位置、姿态）来解算外参矩阵，以表 10.1 的相机标定结果为内参矩阵，求解各个时刻视频中渠道异物（橡皮艇）的位置和几何特征（以面积为例）。

求解的结果见表 10.2，为了提高表达简洁性和可读性，表中的坐标 X 值和 Y 值都在原始的 WGS-84 投影坐标（通常为 6～7 位数）基础上，减去了前几位大数。由于在实验过程中一直保持橡皮艇固定不动，因此其实测坐标在不同时刻均为（310.8，6951.7，12.2）。表中列出了不同时刻根据三角法算得的橡皮艇位置和面积，并与实测值进行对比分析，得到了对应的绝对误差值。

对于位置估算，除了基于♯4 和♯5 帧画面求解的结果偏差较大外，其余时刻算得的位置误差基本上都控制在 10m 以内。综合所有时刻结果，定位算法在 X、Y 和 Z 方向上的平均误差分别为 7.7m、13.9m 和 -6.5m。考虑到所用无人机型号无 RTK 差分，自身的定位精度本来就不高，因此，所得到的异物定位精度在可接受范围。

对于几何特征（面积）估算，不同时刻面积估算平均误差为 $27m^2$，且相互间差别较大，这说明算法鲁棒性有待增强。尽管如此，算法在 3～6s 时间段和 12～15s 时间段都得到了极高的解算精度（误差为 $0.2m^2$），说明在特定条件下，算法可实现较准确的面积特征解算。后续可考虑综合多个不同时刻的解算结果来求面积，以提高精度。

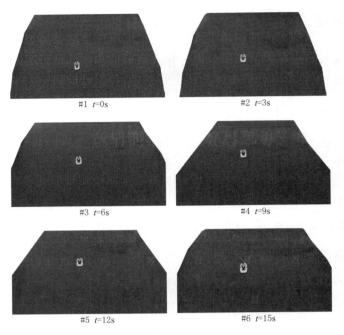

#1 *t*=0s #2 *t*=3s

#3 *t*=6s #4 *t*=9s

#5 *t*=12s #6 *t*=15s

图 10.5　实例视频抽帧处理结果

表 10.2　　　　　　　　　　　　　　　异物位置和面积解算结果

帧 ID	时间 t/s	异物位置坐标*/m			异物面积/m²		
		计算值	实测值	误差	计算值	实测值	误差
♯1	0	X：320.1 Y：6943.2 Z：27.5		ΔX：9.4 ΔY：−8.5 ΔZ：15.3	9.1		7.9
♯2	3	X：318.9 Y：6955.5 Z：14.2		ΔX：8.1 ΔY：3.8 ΔZ：2.1	1.4		0.2
♯3	6	X：318.7 Y：6959.3 Z：10.6	X：310.8 Y：6951.7 Z：12.2	ΔX：8.0 ΔY：7.6 ΔZ：−1.6	70.2	1.2	69.0
♯4	9	X：315.1 Y：7020.4 Z：−41.6		ΔX：4.3 ΔY：68.7 ΔZ：−53.7	61.2		60.0
♯5	12	X：319.5 Y：6949.6 Z：17.7		ΔX：8.7 ΔY：−2.2 ΔZ：5.5	1.4		0.2
♯6	15						

*　出于简洁性考虑，所有坐标均在实际 WGS-84 投影坐标基础上减去了前几位大数。

10.7 本章小结

在渠道险情识别的基础上进行空间定位，不仅有助于工程管理人员根据险情发生位置进行抢险部署，从长远来看，还有助于形成渠道险情的时空数据库，进而利用数据挖掘、大数据等技术，从中发现险情演化的时空规律与联系，为更好地认识、了解乃至预防险情提供基础空间数据。

本章基于摄影测量学原理和无人机航摄采集的地理标签信息，详细阐述了渠道险情的航拍空间定位技术。首先，从摄影测量学的基本定义和原理出发，介绍了包括航拍相机在内的常用相机摄影成像原理和坐标转换模型。进而，给出了基于 MatLab 工具箱的航摄相机内参矩阵标定流程，并介绍了基于无人机位置姿态数据的航摄相机外参矩阵解算公式。接着，基于航摄相机内、外参数矩阵，利用险情航拍视频邻近帧间的同名点联立方程组，便可得到险情在世界坐标系下的位置坐标，在此基础上还可对异物长（短）轴、面积等几何特征进行估算。最后，以异物入侵为例，开展了实例应用分析。在某水渠的现场实验表明，本章介绍的基于摄影测量的险情航拍定位技术可实现平均误差约 10m 的空间定位，以及最高可达 0.2m^2 精度的险情面积估算。

第3篇
水下机器人检测与智能识别

第 11 章

输水工程水下机器人检测技术概述

11.1　引言

除了冰塞、水污染和滑坡等可直接从空中观测的险情，输水工程的水下结构（如渠道、水库和管道内部等）还时常面临着结构开裂、局部淤积、堵塞甚至渗漏等难以直接识别的风险。针对此类水下险情，现有方式主要通过以下两种手段进行检测：①定期放空，派相关检测人员进入输水结构内部，以对结构的健康状况进行肉眼观察和识别评估；②采用超声波等无损检测技术，对管道或其他输水结构内部的裂缝等进行识别。上述方式存在多方面的问题，首先，放空输水建筑物会削弱工程的供水保障能力，难以满足受水区域的生产生活用水需求，进而影响生产经济建设活动的开展。另外，对于管道等结构，人工检测不仅效率低下，而且具有较高的安全风险，可能引起生产责任事故。最后，超声波等无损检测设备一般仅适用于小面积区域的探伤检测，难以快速、有效地覆盖工程全线；而且，此类方式还要求结构物建于地表，对常见的埋藏式管道则显得无能为力。

针对上述问题，可利用机器人平台代替人类搭载各类传感器，以在各类严峻工况（半放空甚至运行期内）下实现水下结构的快速、安全、有效检测。这是一个得到学界和业界普遍认可且前景广阔的方向，相关研究人员进行了很多有益的探索。比如，早在 20 世纪 80 年代，就已经出现了关于管道检测机器人的相关研究。而在深水甚至海洋的科研探索、石油勘探、考古发现、管道巡检等领域，无人遥控潜水器（remotely operated vehicle，ROV）和自主式水下潜水器（autonomous underwater vehicle，AUV）的研究开发工作更是不胜枚举，涌现出了诸如 VideoRay、SeaEye Falcon 和 SeaEye Jaguar 等已大规模商用的产品型号。无论是针对输水管道还是海洋工程的应用场景，本章统一把此类在全水下环境或半水下环境（如管道半放空状态）下作业的机械设备平台及其搭载的各类传感器和有效载荷称为水下机器人。

本章在国内外相关文献的基础上，从输水工程巡检的特点和实际需求出发，将对现有水下机器人的常用类型、设备构成和技术特点等进行概要介绍，旨在让读者对水下机器人在输水工程巡检领域的研究现状有个全景式地了解，并为第 12 章关于水下图像的裂缝识别提供基础。需要指出的是，尽管本章的目标是对输水工程的水下检测机器人进行综述，但由于客观上该细分领域的研究还处于起步阶段，相关研究和应用案例较少，所以本章除了回顾输水管道领域的相关现状及发展外，还介绍了海洋、油气管道和排污下水道等应用场景的有关机器人产品和技术，以期通过相似场景类比，为本领域的进一步研究提供一定的借鉴。

本章首先针对开放渠道和封闭管道两个不同的输水工程水下结构，介绍相应的水下检测机器人的典型结构、产品和技术；然后，基于对水下光学环境复杂性的分析，指出水下检测图像采集作业的特点和需要注意的事项；最后，通过总结当前输水工程领域水下机器人的研究现状，给出本领域面临的挑战和亟待解决的问题，并对进一步工作和将来发展方向进行展望。

11.2　开放渠道水下检测机器人

大型长距离输水渠道一般采用大梯形断面设计，具有开放而宽阔的渠水表面。以南水北调中线为例，其总干渠的设计水深为 $3.5\sim9.5m$，最大底宽达 $56m$，设计流量超过 $350m^3/s$。这样的工作环境在某种程度上类似于海洋环境，二者都具有开放式的水体表面、较为缓慢的水体流速和前层的自然光入射。尽管据笔者所知，目前还没有关于渠道水下检测机器人应用案例的详细介绍，但在海洋水下作业的各个领域（科考、石油气勘探、海底设施检测等），遥控无人潜水器（ROV）则早已得到普遍应用。因此，有理由相信，ROV 经过一定的改造，可以很好地适用于与海洋环境具有一定相似性的开放明渠。本节将介绍常用 ROV 的分类和主要构造，部分内容参考了 Robert D. Christ 和 Robot L. Wernli，Sr. 的《ROV 技术手册》，有兴趣的读者可深入查阅。

11.2.1　遥控无人潜水器的分类

根据设备尺寸和担任任务的复杂程度，可将现有的遥控无人潜水器（remotely opera-ted vehicle，ROV）划分为 3 个类型，分别为观察级遥控无人潜水器（observation class ROVs，OCROV）、中型遥控无人潜水器（mid - sized ROVs，MSROV）和工作级遥控无人潜水器（work class ROVs，WCROV）。

1. 观察级遥控无人潜水器 OCROV

此类潜水器通过搭载的相机及声呐等各类传感器对目标进行观察和检测，而无须利用机械臂等重型载荷进行复杂的水下作业，因此，一般具有较小的尺寸（数十公分左右）和重量（不超过 100kg），采用 110/220 V AC 民用级单相电源即可驱动。由于结构简单、重量较轻，此类潜水器不需要复杂的布放和回收系统（launch and recovery systems，LARS）和系缆管理系统（tether management system，TMS），而通过人工手动的方式便能完成布放和送缆。受限于自身重量和外壳框架的耐压能力，观察级遥控无人潜水器的下潜深度一般不超过 300m。

渠道、水库等水工建筑物的水下检测主要为巡检观察的类型，不涉及复杂的水下作业，且最大水深相对较浅（5～100m），因此，价格相对较低廉的观察级遥控无人潜水器便能满足检测的需求。比如，美国 VideoRay 公司 VideoRay ROV 已应用于大坝水库检测和桥墩灾后结构评估。

2. 中型遥控无人潜水器 MSROV

相较于观察级遥控无人潜水器，此类潜水器具有更大的下潜深度（达 1000m），且装备有液压驱动的机械臂，以支持对象回收等较为复杂的水下作业。相应地，为抵抗深水环境的高压和平衡机械臂等重型负载的作用，中型遥控无人潜水器的尺寸和重量也大大增加（100～1000kg 不等），因此，其投放和送缆需要采用 LARS 系统和 TMS 系统。中型遥控无人潜水器的典型产品包括英国 Saab SeaEye 公司的 Jaguar 和 Sub‑Atlantic 公司的 Super Mohawk。

3. 工作级遥控无人潜水器 WCROV

工作级遥控无人潜水器的最大下潜深度超过 3000m，具有马力强大的液压泵（最大超过 200 马力），可驱动钻机和重型机器臂，以满足轻型甚至重型的水下建造施工任务。典型的产品型号包括 Argus Worker、Perry XLX 200 和 Schilling UHD 等。此类潜水器的布放同样需要 LARS 等外部大型设备的支持。

11.2.2　遥控无人潜水器的基本构成

剥除后方控制台和显示设备等，单就遥控无人潜水器而言，其主体结构可大致分为框架平台及浮力系统、推进系统、系缆和有效载荷等 4 个部分，如图 11.1 所示。

11.2.2.1　框架平台及浮力系统

框架平台是整个无人潜水器的支撑结构，用于连接系缆以及安装推进器、照明系统、摄像机、声呐和机械臂等各类有效载荷。框架平台既要具有足够的强度，以保证能够支撑安装（或连接）于其上的各类载荷，又要使用较轻质的材质以控制自重，常用的材料包括复合塑料和铝合金。

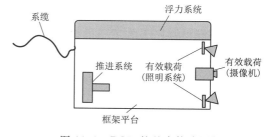

图 11.1　ROV 的基本构成图解

框架平台及其载荷的重力需要浮力来平衡，以使潜水器能平稳地漂浮于水中。浮力的产生有赖于安装在框架顶部的浮力系统，浮力系统由密度小于水体的浮力材料加工而成。根据应用场景和作业深度的不同，所使用的浮力材料类型也有所不同：在浅水域作业时，一般采用聚氨酯等轻质泡沫即可；对于更深的海域（600～11000m），则需要采用复合泡沫以避免高压带来的大变形；对于海沟等超高压的极端工况，则需要采用陶瓷球等新开发的材料。

11.2.2.2 推进系统

推进系统通过将线缆传来的电能转换为机械能推力来推动潜水器在水体中前进和调整姿态。推进系统由两个及以上的推进器组成，不同的推进器数量决定了潜水器的不同运动方式，如：三推进器的水平布置只允许前进、后退和偏航操作，而四推进器则允许在上述3种操作的基础上实现横向平移，五推进器可以允许所有的 4 个水平推进器沿任何方向同时推进，并且还可以实现纵倾和横倾。推进器有三大类型，分别为电驱动螺旋桨、液压驱动螺旋桨以及导管喷水推进器。在作业水体较污浊，存在大颗粒悬浮物时，为避免悬浮物进入螺旋桨破坏推进器内部结构，应采用导管喷水推进器。液压驱动螺旋桨一般用于搭载机械臂、钻头等重型荷载的工作级遥控无人潜水器。对于在输水工程清水中运作的观察级遥控无人潜水器，采用电驱动螺旋桨推进器即可满足需求。

11.2.2.3 系缆

系缆是遥控无人潜水器的重要组成部分，起到两方面的关键作用：一是供电，二是通信。对于前者，为确保长时间的巡航能力，现有的 ROV 通过系缆从岸边（或船上）的指挥室获取作业所需的电源。随着充电技术和电池设备的发展，当前的新型轻质电池已经具备脱离地面电源、单独驱动潜水器进行长时间巡航的能力，比如"海燕"号等自主式无人潜水器（AUV）。然而，除了供电，系缆更突出的作用体现在通信方面。不同于自主式无人潜水器，遥控无人潜水器自身的功能定位（悬停、小面积巡航和遥控作业等）决定了其需要与地面站控制台进行频繁且近乎实时的数据通信。此通信是双向的，既需要将潜水器摄像机和声呐等各类传感器采集的数据回传至控制台，也需要将操作人员基于回传数据做出的操作指令下达给潜水器。由于水的衰减作用，无线射频（radio frequency，RF）难以穿透长距离水体。即使增大信号波长（降低频率）可在一定程度解决这个问题，但会牺牲数据传输速率［因为频率降低，如从近水面（1～2m）的 10Mbps 下降到深水的 10bps］；同样地，超声波的穿透性能较好，但其传输速率（≈9600bps）和数据量有限。因此，为保证控制台与遥控无人潜水器间的实时高质量通信，系缆仍然是当前技术上最可行、成本上最可控的通信方式。

当然，除了供电和通信，在极端工况下，系缆还能起到回收潜水器的作用，以确保设备安全，降低设备丢失造成的损失。

11.2.2.4 有效载荷

对于普通观察级遥控无人潜水器而言，机械臂等载荷的用处不大，因此，此处介绍的有效载荷主要是指摄像机、照明系统和声呐等各类传感器。根据服务目标和任务的不同，这些传感器有效载荷可分为潜水器传感器和测量传感器两类。

潜水器传感器主要是负责采集关于潜水器自身位置、姿态和运行状态的一些数据，以为自主闭环控制和操作人员远程控制提供信息依据。从开发和交付的角度看，潜水器传感器主要由遥控无人潜水器的设计开发团队负责。由于在水下环境 GNSS 定位信号难以穿透，潜水器需要搭载各类跟导航相关的传感器，以实现对自身位置、方向和姿态的管理。常见的潜水器导航传感器包括磁罗经、压敏深度计、比率陀螺仪、避障声呐、高度计和倾斜仪等。

测量传感器是服务于具体的量测和巡检任务的传感器，一般根据测量团队和项目的具体需求进行定制。水下摄像机、声呐等早已被广泛用于水下结构和地形的巡查和扫描，深水环境下自然光入射有限，因此还需要装备照明系统以配合光学相机的使用。为了实现结构细微裂缝识别等更精细的检测任务，还可选配超声波检测（utrasonic testing）设备，对结构物进行无损探伤检测。

潜水器传感器和测量传感器间的划分和界线并非严格地遵循"非此即彼"的原则。比如，水下摄像机和照明系统从量测的角度属于测量传感器；但从潜水器操控和定位的角度看，对操作人员了解潜水器状态和位置至关重要，因此也常被归类为潜水器传感器。

11.3 封闭管道水下检测机器人

相较于渠道和水库等开阔水域，封闭管道的水下（或半水下）检测更具有挑战性。首先，管道内部全向封闭，没有自然光入射，仅能依靠人造光源进行照明，如何应对此类工况下视频画面模糊、失真、亮度不足等问题，以准确解读、识别采集的视频图像信息，进而推测管道结构健康状态是管道水下检测的一大挑战；其次，管道封闭和埋藏于地下的特点对机器人与操控人员间的数据通信问题提出了更大的挑战；再次，管道内水流速比渠道内快，且正常供水条件下多采用有压供水方式，机器人如何在此复杂的流体力学环境下平稳运行是摆在管道机器人水下巡检面前的重要课题；最后，管道走向和形态结构复杂，存在"T"型、"Y"型分叉以及转弯部位，如何合理设计机器人结构和运动机构，以顺利穿越此类复杂结构是管道水下检测的又一问题。

针对管道内部的机器人检测问题，国内外学者以及厂商从 20 世纪 80 年代开始就进行了大量的研究，提出了各类解决方案，形成了一些机器人原型甚至已经商用的产品，涉及石油气管道、下水管道和供水管道等领域。这些研究、解决方案和产品从不同角度部分解决了上述输水管道水下检测面临的问题。本节主要参考了 Josep M. Mirats Tur 和 William Garthwaite 的综述文章《Robotic Devices for Water Main In‐Pipe Inspection：A Survey》，从机器人运动结构和机制的角度对现有的管道内部检测机器人进行分类介绍。由于专门针对输水管道检测的水下机器人研究相对较少，而对污水管道领域的研究和应用则较为活跃，因此本部分还将对污水管道的一些检测作业机器人进行介绍，以期借鉴。

11.3.1 受动式检测设备

输水管道中的水流在泵闸加压后以较高的流速在管道内流动，因此，最为直接的运动方式便是利用水流的推力作用，推动设备平台顺流而下，并在这个过程中完成检测工作。

PureTech 公司的产品 SmartBall 便是众多管道受动式检测设备中的一种。该设备在一个小铝球内封装了声学传感器、加速度计和陀螺仪等仪器。在检测过程中，SmartBall 被置于管道中，并随水流移动，同时，球体内的声学传感器发射声波检测识别管道沿程的渗漏现象，加速度计和陀螺仪则同步记录球体的运动，以便于后续重构 SmartBall 的运动轨迹，并进而与识别到的渗漏位置进行关联。

挪威 Breivoll 公司的 PipeScanner 为一款长条状的受动式检测设备，其能靠自身浮力悬浮于水中。在检测时，通过拉动连接设备的拉绳，可使 PipeScanner 沿管身移动并进行扫描作业。设备上搭载了数十组超声波换能器，基于声共振技术（ascoustic resonance technology，ART），可通过对管身的扫描，测出钢管的厚度、锈蚀区等内外部缺陷和确定焊接缝位置。

受动式管道检测设备受限于自身较为简单的结构，一般仅具备一些特定的检测功能（如渗漏检测、锈蚀区识别等），而难以集成摄像机、照明系统、热成像仪和激光扫描仪等其他设备，不能实现复杂的检测目的。另外，此类设备一般对应用管道的管径有一定要求，如 PipeScanner 要求管径不超过 400mm，因此难以应用于跨流域输水工程大口径 PC-CP 管（管径达 3~4m）的检测需求。

11.3.2　足式运动结构

运用于管道检测并已商用的足式运动结构机器人较为少见，目前已知的一个原型设计来自香港中文大学的一系列研究成果。相关学者设计了一种基于足式运动结构的管道检测机器人，该机器人可在管道完全充水的状态下进行巡检作业，适用管径超过 900mm。机器人的四足由压缩气缸驱动，使得其可跨越管道内的淤积障碍。同时，相关研究文章称该机器人还配备了浮力系统和电驱动螺旋桨，使得其可在管道内游行。用于检测目的的机载传感器主要包括一个电荷耦合器件（charge‐coupled device，CCD）摄像机和数个超声换能器。基于该机器人平台，发表于 2002 年的一项改进研究提出了一个超声波通讯模块，称利用该技术和模块可替代机器人的连接缆绳。

11.3.3　轮式运动结构

轮式运动结构（包括履带结构）是各类机器人的常用运动策略和行驶机构，这对于管道检测机器人而言，也不例外。根据轮式结构的个数和安装位置，本节将轮式管道检测机器人分为"单向轮"和"全向轮"两类。

1. 单向轮管道检测机器人

所谓"单向轮"是指机器人的转轮驱动装置只安装于底部一个方向，靠机器人自重产生的轮面与管道间摩擦力，推动机器人的运动。现有的污水管道检测机器人大多采用此类结构，如 Nassiraei 等人开发的 Kantaro 机器人，瑞士 KA‐TE PMO AG 公司的 FR 系列，德国 Optimess 公司的 KFW150、KFW100 和 DKM 等机器人型号。单向轮结构之所以适用于污水管道巡检，是因为污水管为无压管道，管内液面较浅，其流速也相对较低，使得机器人依靠自身的自重便足以维系车轮与管道接触面间足够的法向力，进而形成摩擦牵引力。

2. 全向轮管道检测机器人

不同于污水管道，输水管道一般为有压输水，管内流速大，且存在较大水压。针对此工况，单向轮结构显然难以满足机器人的稳定运行和正常行走需求。为解决上述问题，基于全向轮结构的管道机器人应运而生。全向轮结构从中心平台沿径向伸出多个轮与管壁四周接触，通过弹簧或压缩气缸维持足够的法向力，进而在维持机器人稳定的同时，提供运动所需的牵引力。全向轮结构管道机器人的典型代表包括 Park 等人研发的 PAROYS‐Ⅱ、Hirose 等人的 Theseus 系列，Roh 和 Choi 设计研发的 MRINSPECT Ⅳ。

由于需要较大的力和能量来抵消高速水流的推力作用，因此此种结构从能源消耗角度讲，需要进一步优化。另外，当管道断面进一步加大（如管径达到 4m）时，机器人的主体结构和身躯将变得异常巨大，当前还没有适用于如此大管径的全轮向机器人，其技术可行性和经济可行性有待进一步探索。

11.3.4　模块化分节结构

输水管道系统中存在转弯、"T"型布置和"Y"型布置等复杂的连通结构，一个全面的机器人设计应该考虑此类复杂结构的通行问题。这里面存在两个相互矛盾、需要折中的因素，一方面为了使机器人能够通过此类结构（尤其是转弯半径较小时），需要将机器人的大小尽可能压缩；另一方面，为了实现全面的管道检测，机器人需要搭载各类设备和传感器，而这无疑会增大机器人的体积和尺寸。

采用模块化的分节设计是应对上述问题的有效手段。日本 CXR 公司和新潟大学的 Fujiwara 等人便基于模块化的理念，设计研发了一款多节铰接式管道检测机器人。该管道检测机器人由多个机器人模块相互铰接而成，每个机器人模块为全向轮运动结构，这样的设计既保证了机器人的检测能力，又使其能够应对管道系统中复杂的连接结构，在 520～800mm 管径范围内的管道的弯头和"Y"型分叉处平稳移动。机器人上安装有多个 CCD 摄像机用于观测管道内部情况和驱动轮的运转情况，并专门设有一节机器人模块搭载超声检测设备，用于检测识别管道内部的裂缝。

Choi 和 Youcef-Toumi 同样应用模块化的理念设计了一款适用于高流速有压管道的巡检机器人。不同的是，该机器人采用柔性接头连接各个模组，该设计在维持了设备整体流线型设计的同时，也增强了机器人在弯头等复杂连通结构的可操作性。所设计的机器人的另一大亮点在于，其将管道内高速流动的水流视为机器人运动的能量来源，因此，使得机器人在管道内平稳移动以确保巡检质量的根本并非如何驱动机器人，而是如何充分合理地利用水流推力。基于上述判断，研究人员采用流线型结构设计了机器人的整个形体，使其充分利用水流动力漂浮于管道中；同时，设计提出了一种磁性制动系统，利用该制动系统，机器人可高效地调节制动力，以满足巡检需求的较低行驶速度在高速水流中运动。

采用相似的模块化连接结构的机器人还包括卡耐基梅隆大学研发的 Explorer™。该机器人系统为无系缆设计，主要应用于 150～200mm 有压天然气管道的巡检，并能顺利通过大转角管道弯头和分叉处。

11.3.5　鱼雷式流线型结构

全向轮结构和模块化分节结构机器人通过与管道内壁的物理接触来维持自身在输水管道水流中的稳定。然而，大型跨流域输水工程管道往往具有超大的口径（如南水北调中线 PCCP 管道的内径为 4.4m），此时，如果仍采用上述全向轮接触的形式，那么机器人自身的体积、尺度将会变得异常硕大，这会引发运输、部署、成本和技术等多方面的问题。

针对上面的问题，也许广泛应用于海洋勘探领域的自主式无人潜水器（AUV）可以给大型输水管道的巡检提供一定的参考和借鉴。AUV 具有鱼雷式的流线型结构，可漂浮于水中并自由移动。因此，如果借鉴 AUV 的设计，将其应用于管道巡检，机器人将不需要通过与管壁接触来维持稳定，而是通过浮力和螺旋桨在管道内有压水体中漫游。然而，管道内水体流速跟深海海水流速毕竟不太一样，AUV 的细长型结构是否适用于管道部署也是有待研究的问题。故还需要进一步的研究、探索和应用此类鱼雷流线型结构与输水管道巡检，尽管此前已有个别机构和单位在做这方面的研究，但相关研究成果和重大进展还不多。

11.4　水下检测图像采集作业

目视检测（visual inspection）是结构安全和健康评估的重要手段。对于输水工程巡检而言，大多数水下机器人设备均装备了照明和摄像系统，以便于从采集的管道内部或水下结构图像中发现结构的损伤缺陷（如裂缝、锈蚀和淤积等）。然而，由于光折射、水体杂质等多方面因素的作用，水下图像与地面常规环境下采集的图像具有不一样的特点。因此，为了提高水下图像采集的质量，进而确保后续缺陷检测和识别的精度，在水下机器人的设计过程中需要着重考虑水下光学环境的复杂性，进而有针对性地调整和设计水下图像采集的系统和作业流程。

11.4.1　水下光学环境的复杂性

水体的存在会对光的传播造成多方面的影响，进而影响水下机器人摄像机成像的效果。水下光学环境的复杂性主要体现在以下几点：

（1）焦距和视场角的影响。由于空气和水的折射率不一样，光从水进入相机透镜发生的折射小于从空气入射透镜，因此，在水下，摄像机看上去似乎会拥有更长的焦距和更小的视场角。一个直观的现象是：在水下我们看到的对象往往看起来像被放大了。

（2）成像扭曲失真。水下摄像机是一个密闭的壳体，其外部是水，内部则是空气。若未对透镜针对水下用途进行矫正，则上述水-空气界面的存在会使得透镜不同位置的放大率不均匀，进而引起球差、像散、枕形失真等不同类型的成像扭曲和失真。

（3）明度和颜色失真。水对光具有选择性吸收的作用，一般来说，自然光入射水体后，光谱两端（红光端和紫光段）先被吸收，而蓝/绿光谱范围内的光则因为较低的吸收率可以入射到较大的深度。在没有人造光源补充的前提下，这种水对光的不均匀吸收作用会使得水下摄像机捕获的水下对象呈现单一的颜色，造成颜色失真。另外，由于大多数光线被吸收，光照强度大大降低，因此，成像的明度被相应削弱。

（4）水下散射的影响。水中的悬浮颗粒和杂质对光具有散射作用，并且根据传播方向，散射可分为正向散射和反向散射。采用人造光源进行水下照明时，正向散射会造成光在正向传播方向上的衰减，增加背景区域的照度，从而使得拍摄对象与背景间的对比度下降；反向散射使得光线向后反射回相机，使得视域内光强度过大，进而难以看清目标对象。某种程度上，反向散射造成的不利影响更大，这也是为什么大雾天开车时推荐开近光灯而不是远光灯的原因。

11.4.2　水下图像采集作业要点

鉴于水下光学环境的复杂性，在进行水下机器人照明和水下摄像系统设置和图像采集作业时应注意以下要点。

1. 照明系统

由于水的吸收和散射作用，环境自然光在进入渠道水体后会快速衰减（封闭的有压管道内甚至没有环境光入射），因此，在水下机器人上布置人工照明系统，以配合摄像机的使用显得极为重要。

水下作业照明电灯一般采用功耗低、效率高的 HID（high intensity discharge）灯或 LED（light emitting diode）灯。传统的白炽灯和荧光灯由于较差的安全性和发光效率，并不适于作为水下人造光源。

当水下作业的区域较为浑浊时，应注意通过调整光源的强度、布置和数量来抑制反向散射的不利影响。比如，可以将摄像机和光源分开布置，以避免反向散射光直接进入相机的视域范围；同样，为避免反向散射的影响，可以采用 2～3 个低功率的光源分别从不同位置照射目标，而非单独一个高功率电源。

2. 水下摄像系统

相较于常规摄像系统，水下摄像机需要解决两方面的问题：一是设备的密封性问题，二是水下微光环境下的成像问题。对于前者，可将摄像设备封装于耐压壳体中，通过插拔连接器和外部线体连接，进确保系统整体在深水高压下的密封性；对于后者，现在一般采用高感光度 CCD（charge – coupled device）相机，此类相机具有较强的聚光能力，且性价比较传统的水下 SIT（silicon intensified target）相机更高。

在水流的作用下，机器人本体和相机可能会发生晃动，为保证成像清晰度和质量，应采用增稳云台实现对相机姿态的控制和维持。为从不同角度观察评估水下结构的健康状态，可在同一个水下机器人平台上布设多个摄像机。

11.5　输水工程水下检测技术展望

通过回顾及综述，可见尽管当前已有较多关于水下以及管道内部的检测机器人的相关研究及应用实践，但这些研究及实践大多是针对深海、排污管道、油气管道等场景，而针对输水工程（尤其是大型输水工程）的相关装备研发、技术研究和案例应用还较为少见。随着我国跨流域水资源调配工程的不断投产运行，以南水北调中线为代表的输水工程的运行安全管理问题日益突出，亟待研发适用于此类大型工程的水下检测设备和系统，以提高工程管理的效率和自动化水平。在此，基于相关研究及实践现状，对输水工程水下检测技术的未来发展做如下展望：

（1）大型输水管道巡检设备研发。现有输水管道检测机器人一般都针对管径不超过 1.5m 的小型管道，在小口径下，采用全径向的机器人结构设计可保证检测平台在水流中运行的稳定性。然而，根据文献调研，目前还没有针对 4m 级大口径管道的水下检测机器人。因此，大型输水管道巡检设备的研发并不能照搬国外现有的经验，需要考虑各类型机械运动结构（如鱼雷式的流线型结构）的优势，综合比选开发，进行自主创新。

（2）运行期水下巡检。为了进行水下结构检测，对运行中的工程进行流量调控甚至完全放空，会对工程的供水和效益发挥造成重大影响。为此，所研发的检测机器人设备应具备水下甚至运行期满流量、高压下稳定作业的能力。尽管现有个别研究考虑了运行期有压流跟机器人的耦合作用，但其研究的结构尺度（管径）和流速水压均难以比拟大型输水工程的客观实际。因此，需要结合大型输水工程（尤其是管道）的实际尺度和流体动力学条件，对检测机器人的结构形体进行设计、优化，以使其能在大型管道内部的高压、高流速环境下稳定巡航并实现检测作业。

（3）无系缆设计。由于作业任务定位的需求和水体客观存在的衰减作用，现有的多数水下机器人均采用系统设计。对于长距离线性布置的跨流域输水工程，系统的存在无疑会大大限制机器人的检测活动范围，引起机器人的重复投放，增加全线路的单程检测成本。由于输水工程的水下检测作业为巡检性质，水下作业任务的复杂程度较低，并不需要工程人员进行实时级的数据传输和指令下达，因此对系统所起到的通信作用的需求并不大。对于管道巡检作业，建议可以采用 AUV 的形式，给水下机器人较高程度的自主性，使其沿程自动巡航采集数据，工程人员只需在机器人回收后，进行数据事后分析。另外，输水渠道水深较浅（一般不超过 10m），对射频等无线信号的衰减作用并不明显，因此，可探索基于射频或超声波等无线方式实现与遥控水下潜水器的通信，进而避免系缆的束缚。

11.6 本章小结

针对输水工程水下结构物的巡检问题，本章基于相关文献，对现有的水下机器人检测技术进行了概要式介绍。首先，针对开放渠道和封闭管道等两个不同的输水工程结构，介绍了典型的水下检测机器人的产品及其结构形式；所涉及的机器人和设备除了专门用于输水管道场景的原型设计，还覆盖了海洋、污水管道、油气管道等领域的大量已经商用的产品，以便为本领域进一步的设备研发和技术创新提供借鉴。接着，针对水下光学环境的复杂性，本章还分析了水下检测图像采集作业的特点和需要注意的事项。最后，根据当前输水工程领域水下机器人研究与实践现状，对输水工程大型水下检测设备研发的进一步工作和将来发展方向进行了展望。

第 12 章

基于卷积神经网络的水下裂缝智能
图像检测与识别

12.1 引言

  大型输水建筑物在服役期间，因为荷载以及温度变化、混凝土的收缩、支座的不均匀沉降等的影响，水下混凝土结构表面可能会出现细观的裂缝，任由裂缝扩展会对结构的使用性和耐久性产生极大影响。为了确保工程的运行安全，有必要定期对水下建筑物表面微观裂缝进行检测识别，以及时、有针对性地制定维护、检修方案。长距离输水建筑物常跨越人迹罕至无人区，隐蔽性强、环境封闭，采用潜水员水下肉眼观察或探摸的方式进行水下细观裂缝检测，不仅存在人身安全隐患，而且往往需要消耗大量的检测时间，仅能覆盖有限的工程范围，难以保证检测的可靠性和准确性；若在放空条件下，派人员进入管道等水下结构内部进行检测，则会对工程的正常运行造成干扰，影响工程效益的发挥。由此可见，水下裂缝位于 PCCP 管道、渠道底部等复杂水下环境，难以用人工巡视、无人机等常规手段进行有效的检测识别。如第 11 章所介绍的，遥控无人潜水器（ROV）和各类水下机器人可用来替代人类在高流速、高压、封闭等极端的水下环境内及逆行巡检作业。水下机器人上安装有光学摄像头，其记录了机器人沿渠道、管道等水下结构物巡检全程的视频录像。这些视频录像是进行水下结构裂缝识别甚至安全评估的宝贵数据来源。在传统方式中，一般安排工程师或结构专家逐帧查看水下巡检视频，以发现结构内部的裂缝等缺陷。这种方式耗时长、效率低，且由于疲劳、技能水平等人为因素的存在，难以实现客观、可靠、准确的结构安全评估。

　　尽管当前已有大量关于混凝土结构裂缝图像识别的研究，但针对光照强度不足、模糊、失真、水体气泡影响等复杂水下图像的自动裂缝识别还较为少见。对于复杂水下环境采集的图像，往往难以通过特征工程的方式手动提取适用于不同水下工况的统一的、有效的裂缝图像特征。卷积神经网络可以进行参数自适应学习，且可以表征高维复杂函数，提取裂缝的深层特征及一些常规特征分析方法难以发现的隐含关联，精确快速地从海量检测数据中识别出潜在风险。

　　卷积神经网络（convolutional neural network，CNN）是深度学习技术中被广为关注和应用的方法之一，是一种包括卷积运算并具有深度结构的前馈神经网络。卷积运算通过稀疏交互（sparse interaction）、参数共享（parameter sharing）和等变表示（equivariant representations）等 3 个特性改进了机器学习系统。稀疏交互是指网络的层与层之间并非全连接，而是人为地限定了连接数，这样的设置大大减少了网络复杂程度和待优化的权重参数；参数共享是指在同一个模型的多个函数中使用相同的参数，该特性优化了网络的存储需求和统计效率；参数共享的特性使得卷积网络具有等变表示的性质。卷积神经网络对于处理时间序列（如语音信号）和图像等具有网络结构的数据具有非常好的效果，目前已被广泛用于语音处理和计算机视觉领域。

　　通过水下摄像机可采集到大量不同结构物水下微观裂缝的图像，这些大量图像样本的存在为采用深度学习算法，以自动提取裂缝特征，进而实现自动图像识别提供了数据基础。鉴于 CNN 在图像数据处理方面的优异性能，本章采用卷积神经网络进行水下结构微观裂缝的图像识别。首先，制定水下裂缝检测的技术路线；然后，针对复杂水下环境采集图像存在的亮度不均匀、颜色失真和细节模糊等问题，提出采用匀光、修复和增强等预处理手段进行图像对比度和清晰度增强；基于预处理后图像，构建深度卷积神经网络进行裂缝识别和初步定位，并采用 Otsu 算法实现裂缝区域的精确提取；最后，利用采集的水下图像，通过实例分析进行方法验证。

12.2　水下裂缝检测的技术路线

　　水下裂缝的自动图像检测包括两方面的内涵，一是要识别出图像内是否存在裂缝，二是若图像存在裂缝，需要标记并提取出裂缝在图像上的位置。图 12.1 所示为水下建筑物内壁表面微观裂缝检测的技术路线，共包括样本预处理、裂缝分类 CNN 建模、裂缝识别与初步定位、裂缝区域精确提取 4 个步骤：

　　（1）对水下相机采集的建筑物内壁图像进行预处理，并对处理后图像进行剪切、标注，制作成数据集。

　　（2）数据集制作完成后，构建并训练裂缝分类卷积神经网络（convolutional nerual network，CNN）模型，所谓裂缝分类是将每个图像预测为裂缝或非裂缝，本质上是一个二分类问题。

　　（3）利用滑动窗口将检测图像剪切成多张子图，并将子图传入裂缝分类 CNN 模型中预测，输出并组合包含裂缝的子图，实现裂缝区域的初步定位。

　　（4）根据初步定位的裂缝区域，基于 Otsu 算法（大津法）进行像素分割，实现裂缝区域的精确定位和提取。

　　采用上述方法主要有如下优势和特点：

　　（1）可以克服水下成像光照不均匀、颜色失真、对比度低等问题，对多源信息水下图像中的微观裂缝特征进行有效提取。

　　（2）提出的算法在识别裂缝的同时精确定位裂缝的位置。

　　（3）该方法可提高水下裂缝检测和识别精度与效率，有助于保障输水建筑物的稳定运行。

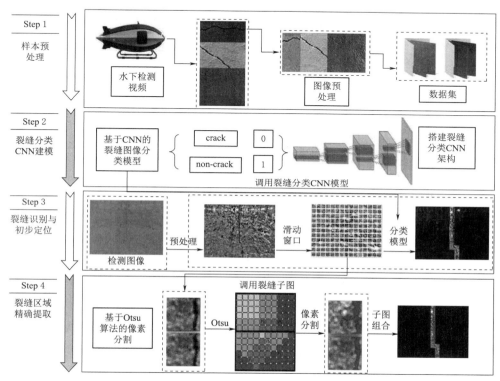

图 12.1　建筑物水下微观裂缝检测流程

12.3　水下图像的预处理方法

　　水下图像主要是依靠光学成像设备近距离获取物体表面纹理信息，由于水体及悬浮颗粒对光的散射和吸收作用，以及辅助光源的使用，水下彩色图像存在亮度不均匀、颜色失真和细节模糊等情况，若不进行一定的预处理，将难以有效地提取裂缝特征。为了保证训练样本的图像质量及识别精度，需要在建立数据集前对水下图像样本进行预处理。

12.3.1　水下图像匀光处理

　　为了提高水下成像的效果，水下拍摄的过程中往往使用人造光源作为辅助光源，而辅助光源的使用会产生光照亮度不均匀现象，导致部分区域的纹理信息被掩盖。因此，采用匀光算法对光照不均匀图像进行校正，以消除不均匀光照对图像的影响，算法流程图 12.2所示。

匀光算法构造了一种基于二维伽马函数的图像自适应亮度校正函数，见式（12.1），将图像从 RGB 空间转换至 HSV 空间，利用光照分量的分布特性调整二维伽马函数的参数，在保留原图像有效信息的前提下，对光照强的区域进行亮度衰减，对光照弱的区域进行增强，进而实现对光照亮度不均匀图像的自适应校正处理。

$$O(x,y)=255\left[\frac{F(x,y)}{255}\right]^{\gamma} \tag{12.1}$$

式中：$O(x,y)$ 为校正后的输出图像的亮度值；$F(x,y)$ 为原始图像；γ 为用于亮度增强的指数值，$\gamma=\left(\frac{1}{2}\right)^{\frac{I(x,y)-m}{m}}$，$I(x,y)$ 为图像的光照分量特性，m 为光照分量的亮度均值。

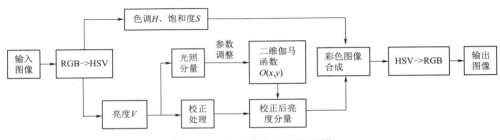

图 12.2 匀光算法处理流程图

12.3.2 水下图像修复处理

不同波长的光在水下传播过程中的衰减率不同，导致水下成像颜色失真，出现色偏现象。水下色偏图像大多呈蓝绿色，若不进行处理，后期的图片仍会存在色偏，进而引起图像定性定量分析过程中的误差。图像修复处理利用 ACE 算法对图片进行色彩校正及亮度增强，该算法考虑图像中颜色和亮度的空间位置关系，进行局部特性的自适应滤波，实现具有局部和非线性特征的图像亮度增强与色彩的修正，主要分为两个步骤：

（1）对图像进行色彩/空域的调整，完成图像的色差校正，得到空域重构图像 R_i，见式（12.2）。

$$R_i(p)=\frac{\sum_{j\in S_{\mathrm{sub}},j\neq p}r[F_i(p)-F_i(j)]}{d(p,j)} \tag{12.2}$$

式中：F_i 为原始输入图像；R_i 中每个像素点为 F_i 中对应像素点与周围像素值对比的差值信息，下标 i 表示色道；S_{sub} 为参与像素运算的子集；p 为当前像素位置；j 为子集中不同于 p 的像素位置；$R_i(p)$ 为调整结果；$F_i(p)-F_i(j)$ 为两个不同点的亮度差；$d(p,j)$ 为距离度量函数；$r(*)$ 为相对亮度表现函数。

（2）对校正后图像 R_i 的每个色道进行动态扩展，见式（12.3），使得最终输出结果

O_i 在整体相对亮度上体现更好的视觉效果。

$$O_i(p) = \text{round}[127.5 + w_i R_i(p)] \tag{12.3}$$

式中：$O_i(p)$ 为最终输出的图像；round 函数为四舍五入取整；w_i 为线段 $[(0, m_c), (255, M_c)]$ 的斜率，$m_c = \min\limits_{p}[R_i(p)]$，$M_c = \max\limits_{p}[R_i(p)]$。

12.3.3　水下图像增强处理

水下图像经过上述处理后，仍存在严重的退质现象，水体及微粒杂质的散射导致图像清晰度下降，部分区域呈现雾状模糊。因此，可采用多尺度导向滤波的 Retinex 增强算法，以提高水下图像的对比度和细节信息。导向滤波的核心假设是输出的滤波图像 G_i 和输入的导向图像 F_i 是局部线性的，见式（12.4）：

$$G_i = a_k F_i + b_k \tag{12.4}$$

式中：w_k 为以像素 k 为中心的窗口，$i \in w_k$；a_k、b_k 为局部线性系数。

该算法利用大尺度导向滤波获取边缘轮廓，利用小尺度导向滤波丰富细节纹理，选取不同尺度的导向滤波来估计光照图像，并对各种尺度导向滤波估计的光照图像进行加权平均作为最后的反射图像，使图像在平滑与保持边缘之间达到平衡，即

$$\log R_i(x, y) = \sum_{j=1}^{N} w_j \{\log[F_i(x, y)] - \log[F_i(x, y) \otimes G_j(x, y)]\} \tag{12.5}$$

式中：i 为 R、G、B 三个颜色通道中的一个；$R_i(x, y)$ 为反射图像 R 在第 i 个颜色通道 (x, y) 处的像素值；N 为选取窗口的尺寸个数；j 为第 j 个尺度；ω_j 为第 j 个尺度对应的权重；$F_i(x, y)$ 为原始图像 F 在第 i 个颜色通道 (x, y) 处的像素值；$\otimes$ 为卷积运算；$G_j(x, y)$ 为第 j 个窗口尺寸所对应的导向滤波函数。

12.3.4　水下图像评价指标

图像质量评价指标是对图像处理方法好坏进行判定的重要依据，本章选取图像亮度均值、信息熵、梯度和彩色水下图像质量评价指标（UCIQE）对预处理后的图像进行质量评价。其中，亮度均值指图像整体的明暗程度，亮度均值越大，一定程度上表示图像主观视觉越好，质量越高；熵值表示一幅图像信息量的多少，熵值越大，表示图像携带的信息越多；梯度值表示图像的前景亮度和背景亮度之间的反差，梯度值越大，表示图像细节清晰度越高；UCIQE 是一个专门用于水下图像的无参考评价指标，其值越大，表示图像色彩饱和度和对比度越高。

（1）亮度均值。图像亮度计算公式为

$$\text{mean} = \frac{\sum\limits_{i=1}^{M} \sum\limits_{j=1}^{N} I(i, j)}{M \times N} \tag{12.6}$$

式中：$M \times N$ 为图像的分辨率；$I(i, j)$ 为坐标 (i, j) 处像素点的平均灰度值。

（2）信息熵。信息熵计算公式为

$$\text{ent} = -\sum_{i=0}^{255} P_i \log P_i \tag{12.7}$$

式中：P_i 为图像第 i 个灰度级出现的概率。

（3）梯度。该指标计算当前像素点与其八邻域内每个像素点的差值，然后乘以其与这些像素点之间的距离，最终结果可通过计算图像中所有像素的加权平均值得到，见式（12.8）：

$$\text{con} = \frac{\sum\limits_{i=1}^{M \times N} \sum\limits_{j=1}^{8} |\mathrm{d}f| \, |\mathrm{d}x|}{M \times N} \tag{12.8}$$

式中：$\mathrm{d}f$ 表示相邻像素点之间的亮度差值；$\mathrm{d}x$ 表示相邻像素点之间的距离，四邻域方向的距离是 1，对角邻域方向的距离是 $1/\sqrt{2}$。

（4）UCIQE。UCIQE 采用色度、饱和度和对比度作为测量分量，利用线性组合的方式将 3 种分量结合到一起，得到一种将水下图像的不均匀颜色偏差、模糊和对比度进行量化的评价指标。该算法首先将彩色图像转换到 CIELab 颜色空间，然后分别计算图像的色度、饱和度和对比度 3 个测量分量，最后进行线性组合，计算公式为

$$\text{UCIQE} = C_1 \sigma_c + C_2 \text{con}_l + C_3 \mu_s \tag{12.9}$$

式中：σ_c 为色度的标准方差；con_l 为亮度的对比度；μ_s 为饱和度的平均值；C_1、C_2、C_3 为常数，表示线性组合的权重。

12.4　水下裂缝识别卷积神经网络建模

卷积神经网络（CNN）算法可以通过卷积、池化、激活函数等一系列操作，在无须任何先验知识的条件下，从包含大量正反例样本（有裂缝和无裂缝图像）的数据集中，提取出具有强鲁棒性的裂缝特征，并直接实现向任务目标映射的过程。CNN 算法流程主要分为前馈运算和反馈运算，如图 12.3 所示。

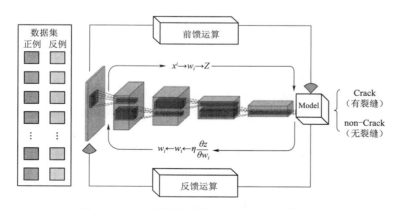

图 12.3　水下裂缝识别深度卷积神经网络结构

在前馈运算中，将 CNN 网络的原始数据（RGB 图像）记作 (x^1, y^1)，其中 x^1 表示原始数据的三维张量，y^1 表示对应的数据标签（即"有裂缝"或"无裂缝"），x^1 经过第一层操作可得 x^2，对应的第一层参数记为 w_1；x^2 经过第二层操作得到 x^3，对应的第二层

参数记为 w_2⋯直到第 $L-1$ 层，此时网络输出为 x^L。上述过程中，每个操作层既可以是单独卷积、池化等操作/变换，也可以是不同形式操作/变换的组合。经过前馈运算，便可得到输入图像 x^1 对应的预测标记。

在反馈运算阶段，先计算前馈运算得到的最终误差 Z，然后通过误差反向传播算法从后往前进行模型参数的逐层更新，这样的一个参数更新过程称为"批处理过程（mini-batch）"。不同批处理间按照无放回抽样遍历所有训练样本，遍历一次抽样样本称为一轮（epoch）。其中，批处理样本的大小（batch size）一般取决于硬件资源的限制。η 是每次梯度下降的步长，通过反向计算第 i 层误差对该层参数导数 $\dfrac{\vartheta z}{\vartheta\left[(\mathrm{vec}\,(w_i)]^T\right.}$ 及对该层输入数据的导数 $\dfrac{\vartheta z}{\vartheta\left[(\mathrm{vec}\,(x_i)]^T\right.}$ 来更新参数。

CNN 架构中采用小卷积核增加网络容量和模型复杂度，同时减少卷积参数。选用非线性激活函数 ReLU，以减小计算量，增加收敛速度，避免梯度饱和效应的发生。同时采用了批规范化操作（BN）以及 Dropout 技术，BN 层不仅可以使数据规范化，还可以加快模型收敛速度，缓解深层网络梯度弥散的问题，可对网络泛化性能起到一定的提升作用；Dropout 技术的采用有利于避免过拟合的发生。

鉴于最终目标是获取一个判断图像是否为裂缝的二分类网络，而原始网络输出的值域范围为（$-\infty$，$+\infty$），可采用 Softmax 函数加固定阈值的方法对分类结果进行预测：首先，利用 Softmax 函数做变换计算，将值域从范围（$-\infty$，$+\infty$）映射到范围（0，1），同时保证所有参与映射的值累计之和为 1；然后，设置判定裂缝的阈值 T；最后，根据网络输出值进行裂缝分类，即若输出结果在（0，T）范围内，对应的区域存在裂缝，若输出结果在（T，1）范围内，则不存在裂缝。这样就得到了一个根据特定的边界来区分输入图片是否存在裂缝的分类卷积神经网络模型。

12.5　基于滑动窗口检测的裂缝定位算法

水下环境复杂、信息多源、存在很大干扰，采集的图像上往往存在多个疑似目标，而不同疑似目标间的尺寸往往也各不相同。在这样的情况下，若能准确识别目标的类别并且标记其在图像中的位置，就能大大削弱无关物体的干扰，在提高识别率的同时降低虚警率，从而保证算法可靠性。采用滑动窗口与卷积神经网络结合的方式，能最大化地将图像中的裂缝全部检测出来，并可对裂缝区域进行粗略的显示定位。

图 12.4 显示了基于滑动窗口检测的裂缝初步定位算法的大体流程。将预处理后的检测图像通过滑动窗口剪切成若干个子图，调用保存好的裂缝分类模型去预测子图。滑动窗口大小为 $M\times N$，扫描步幅设置为 S，按照从左到右，从上到下的顺序依次将剪切的子图逐个输入到裂缝分类 CNN 模型中进行裂缝判别，判定结果是裂缝的子图在输出矩阵的对应位置标记 0，非裂缝的子图在输出矩阵的对应位置标记 1。在滑动窗口完成对整张图片的遍历和标记后，将标记为 0 的子图进行显示，并隐藏标记为 1 的子图，根据每张子图的位置索引对其进行组合，便可实现裂缝的初步检测定位。

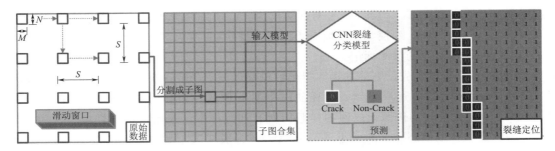

图 12.4　滑动窗口检测流程图

12.6　基于 Otsu 算法的裂缝区域提取

分割出来的裂缝子图包含裂缝，却不能精确地显示裂缝的位置和像素区域，本节拟基于 Otsu 自适应阈值分割算法实现裂缝区域的精确定位和提取。

Otsu 算法的基本思想是以某一灰度值为阈值，将灰度图像分为前景和背景两组，并计算两者间的类间方差，当类间方差最大时，就以这个灰度为阈值分割图像。具体分析如下：

统计图像的灰度直方图（gray histogram），将其除总像素进行归一化，每个阈值 t 将直方图分成高灰度和低灰度两组，Otsu 算法的实现过程就是约束优化方程的寻优过程，见式（12.10），约束条件见式（12.11）。当分割阈值取其最优解时，此时高低灰度的对比最为明显，图像分割效果最佳。

$$\max\sigma^2(t)=\omega_1(m_1-m)^2+\omega_2(m_2-m)^2 \tag{12.10}$$

$$\text{s. t.}\begin{cases}0\leqslant t\leqslant 255\\ \omega_1+\omega_2=1\\ \omega_1 m_1+\omega_2 m_2=m\end{cases} \tag{12.11}$$

式中：ω_1 为低灰度像素点占整幅图像的比例；ω_2 为高灰度像素点占整幅图像的比例；m_1 为低灰度像素点的平均灰度值；m_2 为高灰度像素点的平均灰度值；m 为整幅图像的平均灰度值。

Otsu 算法对噪声和目标大小比较敏感，一般对直方图为单峰的图像能够产生很好的分割效果，然而，水下建筑物细观裂缝与背景的大小比重悬殊，且水下环境存在多种噪声及悬浮物干扰。基于上述原因，本章并非将 Otsu 算法直接应用于整张图像，而是将其作用于之前步骤识别出来的裂缝子图，以减少识别区域，排除多余背景的干扰。

如图 12.5 所示，首先将初步定位中检测出来的裂缝子图由 RGB 模式转换为灰度图像；然后，利用 Otsu 算法对各个裂缝子图进行阈值分割，返回最佳阈值 t；接着，提取分割结果中噪点区域的灰度值，统计 95% 以上的噪点灰度值区间 $[t-m, t]$，并将 $[0, t-m]$ 确定为裂缝灰度值范围；计算裂缝子图中所有像素点的 RGB 三个通道的平均值，将 RGB 均值处在裂缝灰度值范围内的像素点标记为红色；最后，将 Otsu 算法分割后的子图重新拼接回原图，便可得到原图裂缝区域的精确提取结果（红色高亮区域）。

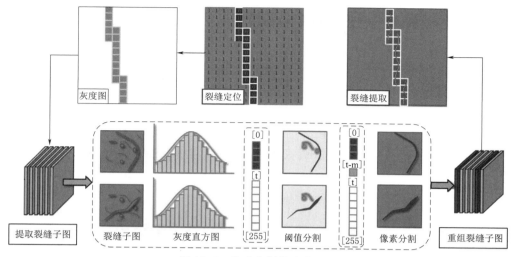

图 12.5　像素分割算法流程图

12.7　实例应用分析

12.7.1　样本获取

采用 GoPro 7 Black 水下相机，拍摄了 500 张水下建筑物内壁的微观裂缝光学照片，以对所提出的算法进行验证。拍摄距离为 20cm 左右，并将所采集图像的分辨率统一调整为 2048×1536。为保证模型的泛化能力，数据集中的裂缝样本包含了多种不同类型、不同几何形状和不同严重程度的结构裂缝，非裂缝样本包含气泡、泥沙、水中杂质、施工缝、表面划痕等，样本还考虑了不同光照强度的影响。为了使网络的识别精度达到亚毫米级，裂缝样本的开合度均在 0.2～1mm 之间。水下图像部分样本如图 12.6 所示。

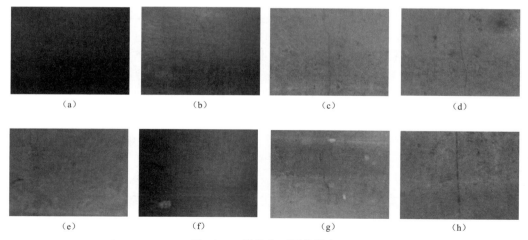

图 12.6　部分水下图像样本

（a）夜间样本；（b）辅助光源；（c）自然光源；（d）划痕；（e）表面附着物；（f）悬浮物；（g）气泡；（h）施工缝

203

12.7.2　水下样本预处理及数据集制作

水体中包含较多的杂质悬浮物，同时水下建筑物表面纹理与细观裂缝极为相似，转换为灰度图或二值化图像进行识别的时候存在较大干扰，为了保证识别的准确率和精度，本章预处理过程均在彩色图像上进行。

为了改善水下图像样本的亮度不均匀、对比度低、颜色失真、模糊等问题，采用12.3 节的方法对原始图像进行处理。首先采用 12.3.1 节的方法估算图像的光照分量，通过光照分量调整二维伽马函数，对图像亮度进行校正，消除光照不均匀的影响，然后利用12.3.2 节的方法对均匀照度的图像进行色彩修复和亮度提升，最后利用 12.3.3 节的方法对图像进行增强，提高对比度和色彩丰富度，预处理结果如图 12.7 所示。

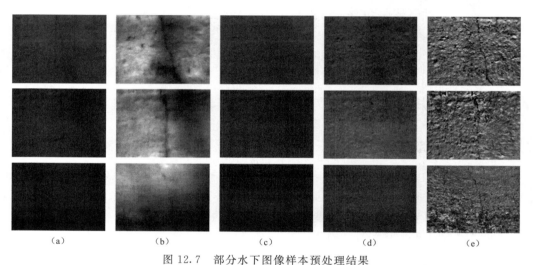

(a)　　　　　　(b)　　　　　　(c)　　　　　　(d)　　　　　　(e)

图 12.7　部分水下图像样本预处理结果

（a）原图；（b）光照分量；（c）匀光处理；（d）修复处理；（e）增强处理

为评价上述预处理的效果，用 12.3.4 节的方法计算原图和预处理后图像的亮度均值、信息熵、梯度和 UCIQE，结果如图 12.8 所示，预处理后图像的 4 项指标值均大于原图，说明该法能够很好地平衡图像的色度，增强对比度和饱和度，图像主观视觉效果更好，裂缝与背景的对比更加明显，为人工标注和神经网络的训练提供了保障。

采用大小为 128×128 的滑动窗口对预处理后的图像进行剪裁，共生成 64000 张分辨率为 128×128 大小的子图。由人工进行标注，将子图分为"有裂缝"和"无裂缝"两类，并从中挑选 30000 张子图作为网络训练的数据集，数据集的划分和构成见表 12.1。

表 12.1　　　　　　　　　　　　　　　图像样本数据集构成

类型	标签	训练集	测试集	合计
有裂缝	0	10000	5000	15000
无裂缝	1	10000	5000	15000

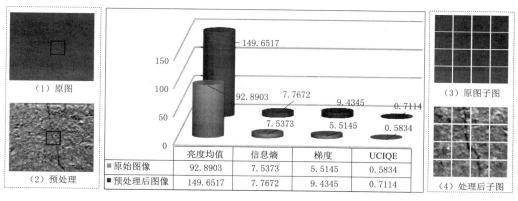

图 12.8　图像质量评价

	亮度均值	信息熵	梯度	UCIQE
■ 原始图像	92.8903	7.5373	5.5145	0.5834
■ 预处理后图像	149.6517	7.7672	9.4345	0.7114

12.7.3　裂缝分类 CNN 模型

表 12.2 为所构建的水下裂缝分类 CNN 模型的架构。BN 层放置在池化层之后，Dropout 设置为 0.5，由于识别对象特征相对较少，且经过预处理后前景和背景间对比较为明显，因此神经网络搭建较少层数就可以达到较好的识别效果。

表 12.2　　　　　　　　　　　　裂缝分类 CNN 网络模型架构

序　号	操作类型	参数信息	输入数据维度	输出数据维度
1	卷积操作	$f=7$；$P=0$；$S=2$；$d=24$	$128×128×3$	$61×61×24$
2	$ReLU$	—	$61×61×24$	$61×61×24$
3	最大池化层	$f=3$；$S=2$	$61×61×24$	$30×30×24$
4	BN	—	$30×30×24$	$30×30×24$
5	卷积操作	$f=5$；$P=0$；$S=2$；$d=48$	$61×61×24$	$13×13×48$
6	$ReLU$	—	$13×13×48$	$13×13×48$
7	最大池化层	$f=2$；$S=1$	$13×13×48$	$12×12×48$
8	BN	—	$12×12×48$	$12×12×48$
9	卷积操作	$f=5$；$P=0$；$S=2$；$d=96$	$12×12×48$	$4×4×96$
10	$ReLU$	—	$4×4×96$	$4×4×96$
11	最大池化层	$f=2$；$S=1$	$4×4×96$	$3×3×96$
12	BN	—	$3×3×96$	$3×3×96$
13	$Dropout$	$δ=0.5$	$3×3×96$	$3×3×96$

续表

序　号	操作类型	参数信息	输入数据维度	输出数据维度
14	卷积操作	$f=3$；$P=0$； $S=2$；$d=192$	$3\times3\times96$	$1\times1\times192$
15	展平层	—	$1\times1\times192$	192
16	$ReLU$	—	$1\times1\times192$	$1\times1\times192$
17	全连接层	$f=1$；$P=0$； $S=1$；$d=192$	$1\times1\times192$	$1\times1\times192$
18	$ReLU$	—	$1\times1\times192$	$1\times1\times192$
19	全连接层	$f=1$；$P=0$； $S=1$；$d=192$	$1\times1\times192$	$1\times1\times C$
20	目标函数	Softmax	$1\times1\times C$	—

利用 Softmax 函数加固定阈值的方法对分类结果进行预测，设置判定裂缝的阈值为 0.4，输出结果在（0，0.4］范围对应的区域存在裂缝，输出结果在（0.4，1）范围内不存在裂缝，得到了一个根据特定的边界来区分输入图片是否存在裂缝的分类卷积神经网络模型。

实例中裂缝分类 CNN 模型在 GTX1080ti 显卡上运行，采用 Python 编程语言，使用开源深度学习框架 Tensorflow 搭建网络，涉及的依赖库包括 OpenCV、PIL、Numpy 等，并利用 CUDA 及 Cudnn 进行网络训练的加速。批处理样本大小为 64，利用 Adam 优化算法进行模型参数的更新，每更新一次参数模型完成一轮的训练，训练次数设定为 8000 轮，每轮训练的评价指标为训练集和测试集的准确率，定义训练集和测试集准确率为被正确分类的裂缝和非裂缝图片数量占所有图像总数的比值。图 12.9 显示了模型的训练过程，训练到达 5000 轮左右时，准确率基本保持稳定，取测试集上的最好结果作为最终准确率，裂缝分类 CNN 模型的准确率为 93.9%。

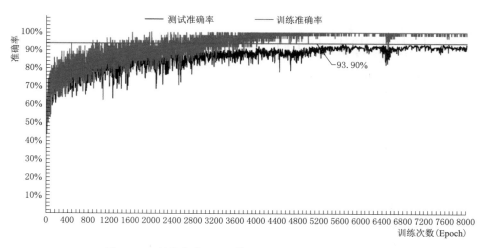

图 12.9　裂缝分类 CNN 模型训练过程的准确率变化

采用分辨率为 128×128 的子图训练，不仅更易提取微观裂缝的细节特征，保证裂缝的识别精度，同时对图片的裂缝定位更加精准。若裂缝分类网络的训练子图分辨率过小（如 64×64、32×32），则子图图像变模糊，人工标注的工作量和难度也相应增加，经测试，此情况下得到模型的识别精度较低，只有 78.3％的准确率。若分辨率过大（如 256×256），则部分微观裂缝与背景难以区分，经测试，此情况下模型的裂缝识别准确率为 82.6％。

12.7.4 裂缝初步定位

采用 12.5 节的方法对水下图像进行裂缝的初步定位，由于上节的裂缝分类 CNN 模型是基于分辨率为 128×128 的图像训练得到的，因此滑动窗口大小设置为 128×128，扫描步幅设置为 128。利用滑动窗口剪切子图，并将其送入分类模型中预测，当滑动窗口遍历完整张图片，将标记为 0 的子图通过索引坐标组合显示出来，完成裂缝的初步定位。部分图像裂缝初步定位的结果如图 12.10 所示。

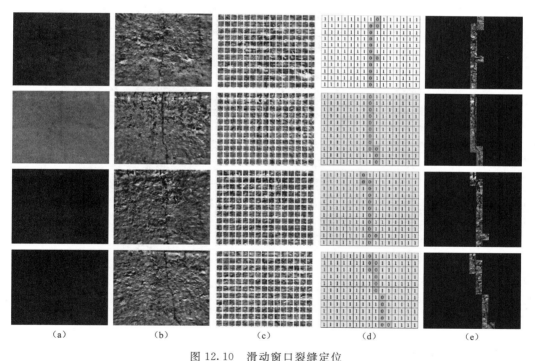

图 12.10　滑动窗口裂缝定位
（a）原始图像；（b）预处理图；（c）子图；（d）预测图；（e）初步定位

对于微观裂缝而言，难以精确地测量其开合度。本章使用校正标尺对滑动窗口检测出的裂缝进行开合度校验，如图 12.11 所示。用校正标尺去比对实际裂缝，实际裂缝与校正标尺的 0.2mm 标准线等宽，这说明该算法在拍摄距离为 20cm 的条件下，可以对水下建筑物内壁的微观裂缝进行有效识别，识别精度可以达到 0.2mm。

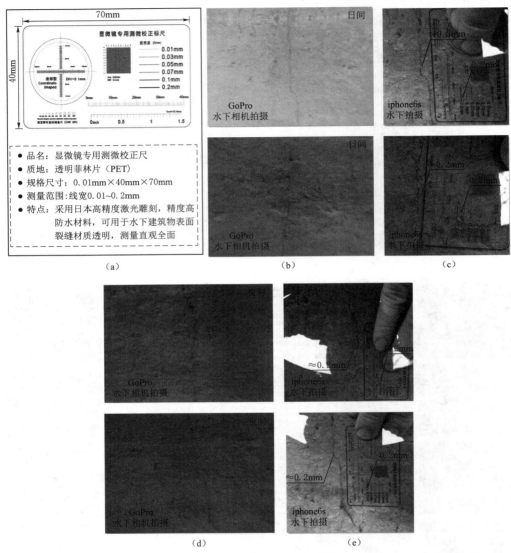

图 12.11 裂缝识别精度校验

（a）校正标尺；（b）原图；（c）校验图；（d）原图；（e）校验图

12.7.5 裂缝区域精确提取

裂缝初步定位后，采用上文方法对初步定位后的裂缝子图进行阈值分割，提取分割结果中噪点区域的灰度值，通过统计发现 95% 以上的噪点灰度值在 $[t-4，t]$ 之间。因此，可将 $[0，t-5]$ 确定为裂缝灰度值范围。计算裂缝子图中所有像素点的 RGB 三通道平均值，将 RGB 平均值处在裂缝灰度值范围内的像素点标记为红色，实现裂缝的精确定位。遍历所有裂缝子图，并将像素分割后的裂缝子图重新组合，最终分割结果如图 12.12 所示。像素分割后的图像仍存在极小部分靠近裂缝的噪声区域被误检，说明该方法在裂缝与周围背景区分度较小时的提取鲁棒性有待进一步提高。

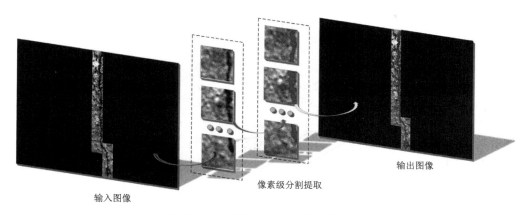

输入图像　　像素级分割提取　　输出图像

图 12.12　裂缝精确定位提取结果图

12.8　本章小结

针对建筑物水下微观裂缝的检测与识别问题，本章详细介绍了一种基于 CNN 的输水建筑物水下裂缝智能检测与识别算法，该方法能够在不均匀亮度、低对比度和低信噪比的水下环境中对建筑物的微观裂缝进行有效识别、定位和提取。本章主要内容和结论如下：

（1）为了应对水下微观裂缝检测时的各种复杂情况（如光照不均匀、水中悬浮物、划痕等），给出了水下图像预处理流程，可以克服水下噪声和背景的干扰，增强水下裂缝图像的清晰度，提高裂缝区域及背景的对比度，解决了水下退质图像难以处理的问题。

（2）所构建的裂缝分类 CNN 网络有效提取了具有高鲁棒性的裂缝图像特征，可在低照度、低信噪比、低对比度的环境中对建筑物水下裂缝进行准确分类，裂缝分类的准确率高达 93.9％。

（3）利用滑动窗口将检测图像剪切成子图送入网络，相对于将整张图片送入网络，识别精度更高，可以实现对水下建筑物亚毫米级微观裂缝的有效检测。

（4）基于 Otsu 算法对已经识别出的裂缝子图进行像素分割，可以在复杂的背景中精确定位裂缝区域。在实际工程中，对于深度学习识别出的微观裂缝图像，人眼若无法直观发现其中的微观裂缝，可以通过比对原始图像和精确定位的裂缝图像，快速区分是否为误检图像，有效减小因虚警率带来的不必要影响。

参 考 文 献

[1]　王光谦，欧阳琪，张远东，等．世界调水工程 ［M］．北京：科学出版社，2009．

[2]　Zhang L，Li S，Loáiciga H A，et al．Opportunities and challenges of interbasin water transfers：a literature review with bibliometric analysis ［J］．Scientometrics，2015，105（1）：279 － 294．

[3]　杨立信．国外调水工程 ［M］．北京：中国水利水电出版社，2003．

[4]　Jia J．A Technical Review of Hydro － Project Development in China ［J］．Engineering，2016，2（3）：302 － 312．

[5]　Chongyang Z，Hui P，Shaolin L，et al．Application Research on the Temperature Control and Crack Prevention of the Large － scale Aqueduct in China's South － to － North Water Diversion Project ［J］．Procedia Engineering，2012，28：635 － 639．

[6]　Hongyan L．Evolutionary Game Analysis of Emergency Management of the Middle Route of South － to － North Water Diversion Project ［J］．Water Resources Management，2017，31（9）：2777 －2789．

[7]　冯平，闫大鹏，耿六成，等．南水北调中线总干渠防洪风险评估方法的研究 ［J］．水利学报，2003（04）：40 － 45．

[8]　屠晓峰，王海政，丁大发，等．南水北调西线第一期工程经济效益分析和调水成本初步测算［J］．人民黄河，2001（10）：30 － 31，46．

[9]　龙岩，雷晓辉，杨艺琳，等．南水北调工程突发水污染事件分级体系研究 ［J］．水力发电学报，2019，38（03）：12 － 22．

[10]　龙岩，徐国宾，马超，等．南水北调中线突发水污染事件的快速预测 ［J］．水科学进展，2016，27（06）：883 － 889．

[11]　Zarghamee M S，Ojdrovic R P：Risk Assessment and Repair Priority of PCCP with Broken Wires，Pipelines 2001，2001：1 － 8．

[12]　沈之基，郑小明．美国 PCCP 管的失效及对中国给水管道应用的警示 ［J］．水利规划与设计，2015（03）：1 － 3，17．

[13]　姚宣德．北京市南水北调配套工程 PCCP 管道断丝、漏水实时监测集成系统 ［J］．水利水电技术，2016，47（10）：67 － 72．

[14]　Gebre S，Alfredsen K，Lia L，et al．Review of Ice Effects on Hydropower Systems ［J］，2013，27（4）：196 － 222．

[15]　Mohawk River Ice Jam Monitoring ［EB/OL］．https：//www．usgs．gov/centers/ny － water/science/mohawk － river － lock － 8 － near － schenectady － 01354330？qt － science_center_objects＝0＃qt － science_center_objects．

[16]　The science of ice jam formation ［EB/OL］．https：//www．cbc．ca/player/play/2430682229．

[17]　孙长健．引水工程可视化监测系统开发与预测模型研究 ［D］．合肥：合肥工业大学，2019．

[18]　陈勃文．浅谈北疆某输水总干渠工程安全监测措施 ［J］．水利建设与管理，2009，29（11）：61 － 64，71．

[19]　周富强，吴艳，戴灿伟，等．新疆北疆某供水渠道冻胀融沉变形性状分析 ［J］．水利水电技术，

2019，50（12）：90－97.

[20] Beltaos S，Burrell B C. Ice－jam model testing：Matapedia River case studies，1994 and 1995［J］. Cold Regions Science and Technology，2010，60（1）：29－39.

[21] Beltaos S，Rowsell R，Tang P. Remote data collection on ice breakup dynamics：Saint John River case study［J］. Cold Regions Science and Technology，2011，67（3）：135－145.

[22] Kowalczyk T，Hicks F. Observations of Dynamic Ice Jam Release on the Athabasca River at Fort McMurray，AB［J］，2003.

[23] 董自兴. 基于 Android 的泵站巡检与机组状态监测系统的研制［D］. 扬州：扬州大学，2016.

[24] 徐秋达. 南水北调配套工程巡检管理系统研究与应用［J］. 人民黄河，2017，39（12）：123－126，130.

[25] 方卫华，丁慧峰，夏童童. 基于监测-检测融合的水工程安全风险多层次动态感知体系［J］. 大坝与安全，2018（06）：30－36.

[26] 杨静. 智周万物：人工智能改变中国［M］. 北京：人民邮电出版社，2019.

[27] 王德厚. 大坝安全与监测［J］. 水利水电技术，2009，40（08）：126－132.

[28] 张宗亮. 超高面板堆石坝监测信息管理与安全评价理论方法研究［D］. 天津：天津大学，2008.

[29] 王德厚. 水利水电工程安全监测理论与实践［M］. 武汉：长江出版社，2006.

[30] Sekar V R，Sinha S K，Welling S M. Web－Based and Geospatially Enabled Risk Screening Tool for Water and Wastewater Pipeline Infrastructure Systems［J］，2013，4（4）：04013003.

[31] Gkatzoflias D，Mellios G，Samaras Z. Development of a web GIS application for emissions inventory spatial allocation based on open source software tools［J］. Computers & Geosciences，2013，52：21－33.

[32] 金森，赵永辉，吴健生，等. 隧道三维可视化监测系统的研制与开发［J］. 计算机工程，2007（22）：255－257.

[33] 孟永东，徐卫亚，刘造保，等. 复杂岩质高边坡工程安全监测三维可视化分析［J］. 岩石力学与工程学报，2010，29（12）：2500－2509.

[34] 钟登华，石志超，杜荣祥，等. 基于 CATIA 的心墙堆石坝三维可视化交互系统［J］. 水利水电技术，2015，46（06）：16－20，33.

[35] Wong K－Y. Design of a structural health monitoring system for long－span bridges［J］. Structure and Infrastructure Engineering，2007，3（2）：169－185.

[36] Liu D H，Chen J J，Li S，et al. An integrated visualization framework to support whole－process management of water pipeline safety［J］. Automation in Construction，2018，89：24－37.

[37] 罗筱波，周健. 多元线性回归分析法计算顶管施工引起的地面沉降［J］. 岩土力学，2003（01）：130－134.

[38] 吴益平，滕伟福，李亚伟. 灰色-神经网络模型在滑坡变形预测中的应用［J］. 岩石力学与工程学报，2007（03）：632－636.

[39] 林敏. 基于人工神经网络的隧道监测数据预测模型仿真研究［D］. 长安大学，2010.

[40] 李蔚，盛德仁，陈坚红，等. 双重 BP 神经网络组合模型在实时数据预测中的应用［J］. 中国电机工程学报，2007（17）：94－97.

[41] 王晓霞，马良玉，王兵树，等. 进化 Elman 神经网络在实时数据预测中的应用［J］. 电力自动化设备，2011，31（12）：77－81.

[42] 孙国力. 高速铁路高架站轨道系统监测数据分析与预测方法研究［D］. 北京：北京交通大学，2017.

[43] 韩哲.中小型水库土坝安全监测系统及预测分析 [D].长沙:湖南大学,2011.

[44] 陶家祥,张博,胡江.改进的 GM(1,1)模型在大坝监测数据预测中的应用 [J].水电能源科学,2011,29(05):70-72.

[45] 孙可,张巍,朱守兵,等.盾构隧道健康监测数据的模糊层次分析综合评价方法 [J].防灾减灾工程学报,2015,35(06):769-776.

[46] 赵新勇.基于多源异构数据的高速公路交通安全评估方法 [D].哈尔滨:哈尔滨工业大学,2013.

[47] 黄惠峰,张献州,张拯,等.基于 BP 神经网络与变形监测成果的隧道安全状态评估 [J].测绘工程,2015,24(03):53-58.

[48] 张泽宇.基于监测的空间钢结构健康状态评价体系研究 [D].杭州:浙江大学,2017.

[49] 郑付刚,游强强.基于安全监测系统的大坝安全多层次模糊综合评判方法 [J].河海大学学报(自然科学版),2011,39(4):407-414.

[50] 刘志强.长距离输水管道安全评价机制研究 [D].哈尔滨:哈尔滨工业大学,2012.

[51] Agnisarman S, Lopes S, Chalil Madathil K, et al. A survey of automation-enabled human-in-the-loop systems for infrastructure visual inspection [J]. Automation in Construction, 2019, 97:52-76.

[52] Lin K-Y, Tsai M-H, Gatti U C, et al. A user-centered information and communication technology (ICT) tool to improve safety inspections [J]. Automation in Construction, 2014, 48:53-63.

[53] 王晓卫,李维宝,孟越.基于虚拟现实的无人机智能监控系统综述 [J].飞航导弹,2020(04):26-29,51.

[54] 严瑾.无人机技术在现代农业中的应用 [J].南方农机,2020,51(2):29.

[55] 秦勇.无人机在桥梁日常检查中的应用 [J].山西建筑,2020,46(4):127-128.

[56] Choi S-S, Kim E-K, Ieee: Building Crack Inspection using Small UAV, 2015 17th International Conference on Advanced Communication Technology, 2015:235-238.

[57] Kang D, Cha Y-J. Autonomous UAVs for Structural Health Monitoring Using Deep Learning and an Ultrasonic Beacon System with Geo-Tagging [J]. Computer-Aided Civil and Infrastructure Engineering, 2018, 33(10):885-902.

[58] 邓荣军.基于 GPS 导航无人机巡线指挥系统设计 [D].武汉:武汉科技大学,2015.

[59] 彭向阳,陈驰,饶章权,等.基于无人机多传感器数据采集的电力线路安全巡检及智能诊断[J].高电压技术,2015,41(01):159-166.

[60] Ellenberg A, Kontsos A, Moon F, et al. Bridge related damage quantification using unmanned aerial vehicle imagery [J]. 2016, 23(9):1168-1179.

[61] Jones D I. An experimental power pick-up mechanism for an electrically driven UAV [M]. 2007:2033-2038.

[62] Rengaraju P, Pandian S R, Lung C. Communication networks and non-technical energy loss control system for smart grid networks [C]. 2014 IEEE Innovative Smart Grid Technologies-Asia (ISGT ASIA), 2014:418-423.

[63] 王森,杜毅,张忠瑞.无人机辅助巡视及绝缘子缺陷图像识别研究 [J].电子测量与仪器学报,2015,29(12):1862-1869.

[64] Recchiuto C T, Sgorbissa A. Post-disaster assessment with unmanned aerial vehicles:A survey on practical implementations and research approaches [J]. Journal of Field Robotics, 2018, 35(4):459-490.

[65] Ezequiel C a F, Cua M, Libatique N C, et al. UAV Aerial Imaging Applications for Post-Disaster Assessment, Environmental Management and Infrastructure Development [C]. 2014 International

Conference on Unmanned Aircraft Systems，2014：274－283.

［66］ Arnold R D，Yamaguchi H，Tanaka T J J O I H A. Search and rescue with autonomous flying robots through behavior－based cooperative intelligence［J］，2018，3（1）：18.

［67］ Liu D，Chen J，Hu D，et al. Dynamic BIM－augmented UAV safety inspection for water diversion project［J］. Computers in Industry，2019，108：163－177.

［68］ Using drones to undertake inspections of open stormwater channels［EB/OL］.［Apr. 13］. https：// www. slideshare. net/PramodJanardhanan/using－drones－to－undertake－inspections－of－open－stormwater－channels.

［69］ X－UAV Talon－Channel inspection［EB/OL］.［Apr. 13］. https：//vimeo. com/99428088.

［70］ Feng C，Zhang H，Wang S，et al. Structural Damage Detection using Deep Convolutional Neural Network and Transfer Learning［J］. KSCE Journal of Civil Engineering，2019，23（10）：4493－4502.

［71］ 魏晓燕，贾新胜，吕成熙，等. 南水北调东线水质安全应急联动保障系统研究［J］. 人民黄河，2019，41（S2）：40－41，45.

［72］ 孙永平，唐涛. 新技术新设备在南水北调中线水质突发事件应急处置中的应用［J］. 中国水利，2018（8）：18－21.

［73］ Roman H T，Pellegrino B A，Sigrist W R. Pipe crawling inspection robots：an overview［J］. IEEE Transactions on Energy Conversion，1993，8（3）：576－583.

［74］ Unnikrishnan P V，Thornton B，Ura T，et al. A conical laser light－sectioning method for navigation of Autonomous Underwater Vehicles for internal inspection of pipelines［C］. OCEANS 2009－EUROPE，2009：1－9.

［75］ Painumgal U V，Thornton B，Uray T，et al. Positioning and control of an AUV inside a water pipeline for non－contact in－service inspection［C］. 2013 OCEANS－San Diego，2013：1－10.

［76］ 赵新. 大型输水工程冰期输水能力与冰害防治控制研究［D］. 天津：天津大学，2011.

［77］ Liu C－C，Chang Y－C，Huang S，et al. Monitoring the dynamics of ice shelf margins in Polar Regions with high－spatial－and high－temporal－resolution space－borne optical imagery［J］. Cold Regions Science and Technology，2009，55（1）：14－22.

［78］ Unterschultz K D，Van Der Sanden J，Hicks F E. Potential of RADARSAT－1 for the monitoring of river ice：Results of a case study on the Athabasca River at Fort McMurray，Canada［J］. Cold Regions Science and Technology，2009，55（2）：238－248.

［79］ Chaouch N，Temimi M，Romanov P，et al. An automated algorithm for river ice monitoring over the Susquehanna River using the MODIS data［J］，2014，28（1）：62－73.

［80］ Vuyovich C M，Daly S F，Gagnon J J，et al. Monitoring River Ice Conditions Using Web－Based Cameras［J］，2009，23（1）：1－17.

［81］ Jedrzychowski K，Kujawski A. Method of image analysis in the process of assessment of ice occurrences［J］. Scientific Journals of the Maritime University of Szczecin，2014，37：45－49.

［82］ Ansari S，Rennie C D，Seidou O，et al. Automated monitoring of river ice processes using shore－based imagery［J］. Cold Regions Science and Technology，2017，142：1－16.

［83］ Kalke H，Loewen M. Support vector machine learning applied to digital images of river ice conditions［J］. Cold Regions Science and Technology，2018，155：225－236.

［84］ Kaufmann V. The evolution of rock glacier monitoring using terrestrial photogrammetry：The example of äusseres hochebenkar rock glacier（Austria）［J］. Austrian Journal of Earth Sciences，2012，105：63－77.

［85］ Ansari S，Rennie C D，Clark S P，et al. Application of a Fast Superpixel Segmentation Algorithm in River Ice Classification ［J］.

［86］ 雷李义. 基于深度学习的水面漂浮物目标检测及分析 ［D］. 南京：广西大学，2019.

［87］ 雷李义，艾娇燕，彭婧，等. 基于深度学习的水面漂浮物目标检测评估 ［J］. 环境与发展，2019，31（06）：117－120，123.

［88］ 邓磊，严立甫，张诗晗，等. 基于机器视觉的水面漂浮物智能识别判定系统 ［J］. 电子测试，2019（17）：133－134.

［89］ 侯迪波，林友鑫，张光新，等. 一种基于定点图像分析的河道漂浮物检测方法：CN108009556A ［P］. 2018－05－08.

［90］ 李森浩. 基于特征融合的小型水域漂浮物识别方法研究与实现 ［D］. 重庆：重庆邮电大学，2019.

［91］ 杜义超. 渠道橡胶混凝土衬砌结构原型试验与数值分析 ［D］. 郑州：郑州大学，2016.

［92］ 李永强. 无砂混凝土在高地下水位渠道边坡衬砌中的应用 ［J］. 陕西水利，2019（04）：153－155，160.

［93］ 马金龙，李兆宇，田文，等. 寒区渠道冻害破坏特征与成因 ［J］. 水利科学与寒区工程，2018，1（11）：28－33.

［94］ 张潇. 渠道衬砌与防渗设计 ［J］. 海河水利，2017（4）：28－29，35.

［95］ 蔡正银，陈皓，黄英豪，等. 考虑干湿循环作用的膨胀土渠道边坡破坏机理研究 ［J］. 岩土工程学报，2019，41（11）：1977－1982.

［96］ Cha Y－J，Choi W，Buyukozturk O. Deep Learning－Based Crack Damage Detection Using Convolutional Neural Networks ［J］. Computer－Aided Civil and Infrastructure Engineering，2017，32（5）：361－378.

［97］ Gao Y Q，Mosalam K M. Deep Transfer Learning for Image－Based Structural Damage Recognition ［J］. Computer－Aided Civil and Infrastructure Engineering，2018，33（9）：748－768.

［98］ Mondal T G，Jahanshahi M R，Wu R T，et al. Deep learning－based multi－class damage detection for autonomous post－disaster reconnaissance ［J］. Structural Control & Health Monitoring：15.

［99］ Bang S，Park S，Kim H，et al. Encoder－decoder network for pixel－level road crack detection in black－box images ［J］. Computer－Aided Civil and Infrastructure Engineering，2019，34（8）：713－727.

［100］ Doycheva K，Koch C，Koenig M. GPU－Enabled Pavement Distress Image Classification in Real Time ［J］. Journal of Computing in Civil Engineering，2017，31（3）.

［101］ Maeda H，Sekimoto Y，Seto T，et al. Road Damage Detection and Classification Using Deep Neural Networks with Smartphone Images ［J］. Computer－Aided Civil and Infrastructure Engineering，2018，33（12）：1127－1141.

［102］ Tanaka N，Uematsu K. A crack detection method in road surface images using morphology ［C］. Proceedings of IAPR Workshop on Machine Vision Applications（NVA'98），17－19 Nov. 1998，1998：154－157.

［103］ Abdel－Qader L，Abudayyeh O，Kelly M E. Analysis of edge－detection techniques for crack identification in bridges ［J］. Journal of Computing in Civil Engineering，2003，17（4）：255－263.

［104］ Cha Y－J，Choi W，Suh G，et al. Autonomous Structural Visual Inspection Using Region－Based Deep Learning for Detecting Multiple Damage Types ［J］. Computer－Aided Civil and Infrastructure Engineering, 2018, 33 (9): 731 – 747.

[105] Hüthwohl P, Lu R, Brilakis I. Multi – classifier for reinforced concrete bridge defects [J] . Automation in Construction, 2019, 105: 102824.

[106] Liang X. Image – based post – disaster inspection of reinforced concrete bridge systems using deep learning with Bayesian optimization [J] . Computer – Aided Civil and Infrastructure Engineering, 2019, 34 (5): 415 – 430.

[107] Goodfellow I, Bengio Y, Courville A. Deep learning [M] . MIT press, 2016.

[108] He K, Zhang X, Ren S, et al. Deep Residual Learning for Image Recognition [C] . 2016 IEEE Conference on Computer Vision and Pattern Recognition (CVPR), 2016: 770 – 778.

[109] Mucolli L, Krupinski S, Maurelli F, et al.: Detecting cracks in underwater concrete structures: an unsupervised learning approach based on local feature clustering, Oceans 2019 Mts/Ieee Seattle, 2019.

[110] 张大伟, 许梦钊, 马莉, 等 . 水下大坝裂缝图像分割方法研究 [J] . 软件导刊, 2016, 15 (09):170 – 172.

[111] 马金祥, 范新南, 吴志祥, 等 . 暗通道先验的大坝水下裂缝图像增强算法 [J] . 中国图象图形学报, 2016, 21 (12): 1574 – 1584.

[112] Fan X, Wu J, Shi P, et al. A novel automatic dam crack detection algorithm based on local – global clustering [J] . Multimedia Tools and Applications, 2018, 77 (20): 26581 – 26599.

[113] Chen C – P, Wang J, Zou L, et al. A novel crack detection algorithm of underwater dam image [J] . International Conference on Systems Informatics, 2012: 1825 – 1828.

[114] Cheng J C P, Wang M. Automated detection of sewer pipe defects in closed – circuit television images using deep learning techniques [J] . Automation in Construction, 2018, 95: 155 – 171.

[115] Su T – C, Yang M – D. Application of Morphological Segmentation to Leaking Defect Detection in Sewer Pipelines [J], 2014, 14 (5): 8686 – 8704.

[116] Hassan S I, Dang L M, Mehmood I, et al. Underground sewer pipe condition assessment based on convolutional neural networks [J] . Automation in Construction, 2019, 106: 102849.

[117] Xin J, Wang L. History of BIM [J] . Architectural Creation, 2011, 29 (6): 146 – 150.

[118] Leite F, Akcamete A, Akinci B, et al. Analysis of modeling effort and impact of different levels of detail in building information models [J] . Automation in Construction, 2011, 20 (5): 601 – 609.

[119] Boivin – Moreau E. An overview of hydro – québec [C] . COE 2010 Annual PLM Conference and Technifair, 2010.

[120] 杨顺群, 郭莉莉, 刘增强 . 水利水电工程数字化建设发展综述 [J] . 水力发电学报, 2018, 37 (08):75 – 84.

[121] 薛向华, 皇甫英杰, 皇甫泽华, 等 . BIM 技术在水库工程全生命期的应用研究 [J] . 水力发电学报, 2019, 38 (07): 87 – 99.

[122] 张社荣, 潘飞, 吴越, 等 . 水电工程 BIM – EPC 协作管理平台研究及应用 [J] . 水力发电学报, 2018, 37 (04): 1 – 11.

[123] 张社荣, 潘飞, 史跃洋, 等 . 基于 BIM – P3E/C 的水电工程进度成本协同研究 [J] . 水力发电学报, 2018, 37 (10): 103 – 112.

[124] 张志伟, 何田丰, 冯奕, 等 . 基于 IFC 标准的水电工程信息模型研究 [J] . 水力发电学报, 2017, 36 (02): 83 – 91.

[125] Alves M, Carreira P, Costa A A. BIMSL: A generic approach to the integration of building infor-

mation models with real – time sensor data [J] . Automation in Construction, 2017, 84: 304 –314.

[126] Martinez – Aires M D, Lopez – Alonso M, Martinez – Rojas M. Building information modeling and safety management: A systematic review [J] . Safety Science, 2018, 101: 11 – 18.

[127] 樊启祥, 周绍武, 洪文浩, 等 . 溪洛渡数字大坝 [C] . 电力行业信息化和工业化深度融合 2013 年年会, 2013: 17.

[128] 钟登华, 王飞, 吴斌平, 等 . 从数字大坝到智慧大坝 [J] . 水力发电学报, 2015, 34 (10): 1 –13.

[129] 韩建东, 张琛, 肖闯 . 糯扎渡水电站数字大坝技术应用研究 [J] . 西北水电, 2012 (02): 96 –100.

[130] 马洪琪, 钟登华, 张宗亮, 等 . 重大水利水电工程施工实时控制关键技术及其工程应用 [J] . 中国工程科学, 2011, 13 (12): 20 – 27, 2.

[131] 杨文, 刘东海, 谭其志, 等 . 夹岩数字大坝系统在工程精细管理中的应用 [J] . 人民长江, 2019, 50 (2): 222 – 227.

[132] 刘东海, 胡东婕, 陈俊杰 . 基于 BIM 的输水工程安全监测信息集成与可视化分析 [J] . 河海大学学报, 2019.

[133] 朴松昊, 钟秋波, 刘亚奇, 等 . 智能机器人 [M] . 哈尔滨: 哈尔滨工业大学出版社, 2012.

[134] 孟庆春, 齐勇, 张淑军, 等 . 智能机器人及其发展 [J] . 中国海洋大学学报 (自然科学版), 2004 (05): 831 – 838.

[135] Lu W. Big data analytics to identify illegal construction waste dumping: A Hong Kong study [J] . Resources, Conservation and Recycling, 2019, 141: 264 – 272.

[136] Padhy R. Big Data Processing with Hadoop – MapReduce in Cloud Systems [J] . International Journal of Cloud Computing and Services Science (IJ – CLOSER), 2012, 2.

[137] Mayer – Schönberger V, Cukier K. Big data: A revolution that will transform how we live, work, and think [M] . Houghton Mifflin Harcourt, 2013.

[138] Lecun Y, Bengio Y, Hinton G. Deep learning [J] . Nature, 2015, 521 (7553): 436 – 444.

[139] Hinton G E, Salakhutdinov R R. Reducing the Dimensionality of Data with Neural Networks [J], 2006, 313 (5786): 504 – 507.

[140] Hinton G, Deng L, Yu D, et al. Deep Neural Networks for Acoustic Modeling in Speech Recognition: The Shared Views of Four Research Groups [J] . IEEE Signal Processing Magazine, 2012, 29 (6): 82 – 97.

[141] 付文博, 孙涛, 梁藉, 等 . 深度学习原理及应用综述 [J] . 计算机科学, 2018, 45 (S1): 11 – 15, 40.

[142] 雒航通 . 基于 DBN 的改进深度学习模型及应用研究 [D] . 西安: 西安理工大学, 2018.

[143] 夏军, 翟金良, 占车生 . 我国水资源研究与发展的若干思考 [J] . 地球科学进展, 2011, 26 (9):905 – 915.

[144] 赵志仁, 郭晨 . 国内外引 (调) 水工程及其安全监测概述 [J] . 水电自动化与大坝监测, 2005 (1):58 – 61.

[145] Chen P P – S. The entity – relationship model—toward a unified view of data [J] . Acm Transactions on Database Systems, 1976, 1 (1): 9 – 36.

[146] Autodesk Forge [EB/OL] . https: //forge. autodesk. com/.

[147] 广联达协筑 [EB/OL] . https: //xz. glodon. com/.

[148] Dalux BIM Viewer［EB/OL］. https：//www. dalux. com/daluxbimviewer/.

[149] Park J，Cai H B，Dunston P S，et al. Database‐Supported and Web‐Based Visualization for Daily 4D BIM［J］. Journal of Construction Engineering and Management，2017，143（10）.

[150] Hinton G E，Osindero S，Teh Y. A Fast Learning Algorithm for Deep Belief Nets［J］. Neural Computation，2006，18（7）：1527‐1554.

[151] 张荣，李伟平，莫同. 深度学习研究综述［J］. 信息与控制，2018，47（04）：385‐397，410.

[152] Browne M，Ghidary S. Convolutional Neural Networks for Image Processing：An Application in Robot Vision［M］. 2003.

[153] 刘建伟，刘媛，罗雄麟. 玻尔兹曼机研究进展［J］. 计算机研究与发展，2014，51（01）：1‐16.

[154] 张国辉. 基于深度置信网络的时间序列预测方法及其应用研究［D］. 哈尔滨：哈尔滨工业大学，2017.

[155] Hinton G E. Training products of experts by minimizing contrastive divergence［J］. Neural Comput，2002，14（8）：1771‐1800.

[156] Bengio Y，Delalleau O. Justifying and Generalizing Contrastive Divergence［J］，2009，21（6）：1601‐1621.

[157] Hinton G E：A Practical Guide to Training Restricted Boltzmann Machines，Montavon G，Orr G B，Müller K‐R，editor，Neural Networks：Tricks of the Trade：Second Edition，Berlin，Heidelberg：Springer Berlin Heidelberg，2012：599‐619.

[158] Yoshua B. Learning Deep Architectures for AI［M］. now，2009：1.

[159] 向衍. 高坝坝体与复杂坝基互馈的力学行为及其分析理论［D］. 南京：河海大学，2004.

[160] 吕谋，王吉亮，张洪国. 城市供水网络的综合安全评判方法及运用［J］. 水利学报，2009，40（12）：1489‐1494.

[161] 李丹，姚文锋，郭富庆，等. 基于模糊相似的长距离输水管线系统风险评价指标体系确立［J］. 南水北调与水利科技，2015，13（04）：803‐807，816.

[162] 郭瑞，李同春，宁昕扬，等. 改进的模糊综合评价法在渡槽风险评价中的应用［J］. 水利水电技术，2018，49（04）：109‐116.

[163] Fayaz M，Ahmad S，Ullah I，et al. A Blended Risk Index Modeling and Visualization Based on Hierarchical Fuzzy Logic for Water Supply Pipelines Assessment and Management［J］. Processes，2018，6：61.

[164] 练继建，郑杨，司春棣. 输水建筑物安全运行的模糊综合评价［J］. 水利水电技术，2007（3）：62‐64，68.

[165] 段新生. 证据理论与决策、人工智能［M］. 北京：中国人民大学出版社，1990.

[166] 许树伯. 层次分析原理［M］. 天津：天津大学出版社，1998.

[167] Mogaji K A，Lim H S. Application of Dempster‐Shafer theory of evidence model to geoelectric and hydraulic parameters for groundwater potential zonation［J］. NRIAG Journal of Astronomy and Geophysics，2018，7（1）：134‐148.

[168] 程华，杜思伟，徐萃华，等. 基于DS证据的信息融合算法多指标融合［J］. 华东理工大学学报（自然科学版），2011，37（04）：483‐486.

[169] Angel E，Shreiner D. Interactive Computer Graphics：A Top‐Down Approach with WebGL［M］. （7th Edition）. New Jersey：Pearson Education，Inc，2014.

[170] Gonzalez R C，Woods R E. Digital Image Processing［M］. 3rd Edition. Pearson，2007.

[171] Mueller M，Segl K，Kaufmann H. Edge – and region – based segmentation technique for the extraction of large，man – made objects in high – resolution satellite imagery ［J］. Pattern Recognition，2004，37（8）：1619 – 1628.

[172] Sidike P，Prince D，Essa A，et al.：AUTOMATIC BUILDING CHANGE DETECTION THROUGH ADAPTIVE LOCAL TEXTURAL FEATURES AND SEQUENTIAL BACKGROUND REMOVAL，2016 Ieee International Geoscience and Remote Sensing Symposium，2016：2857 – 2860.

[173] Huang R，Yang B，Liang F，et al. A top – down strategy for buildings extraction from complex urban scenes using airborne LiDAR point clouds ［J］. Infrared Physics & Technology，2018，92：203 – 218.

[174] Azar E R，Mccabe B. Automated Visual Recognition of Dump Trucks in Construction Videos ［J］. Journal of Computing in Civil Engineering，2012，26（6）：769 – 781.

[175] Balali V，Golparvar – Fard M. Segmentation and recognition of roadway assets from car – mounted camera video streams using a scalable non – parametric image parsing method ［J］. Automation in Construction，2015，49：27 – 39.

[176] Golparvar – Fard M，Balali V，De La Garza J M. Segmentation and Recognition of Highway Assets Using Image – Based 3D Point Clouds and Semantic Texton Forests ［J］. Journal of Computing in Civil Engineering，2015，29（1）.

[177] Wu J P，Tsai Y. Enhanced roadway inventory using a 2 – D sign video image recognition algorithm ［J］. Computer – Aided Civil and Infrastructure Engineering，2006，21（5）：369 – 382.

[178] 图像配准的前世今生：从人工设计特征到深度学习 ［EB/OL］. https：//baijiahao. baidu. com/s? id＝1641092803042670033&wfr＝spider&for＝pc.

[179] Ha I，Kim H，Park S，et al. Image retrieval using BIM and features from pretrained VGG network for indoor localization ［J］，2018，140：23 – 31.

[180] Lowe D G. Distinctive image features from scale – invariant keypoints ［J］. International Journal of Computer Vision，2004，60（2）：91 – 110.

[181] Lowe D G. Object recognition from local scale – invariant features ［C］. Proceedings of the Seventh IEEE International Conference on Computer Vision，1999：1150 – 1157 vol. 2.

[182] Bay H，Ess A，Tuytelaars T，et al. Speeded – Up Robust Features（SURF）［J］. Computer Vision and Image Understanding，2008，110（3）：346 – 359.

[183] Maes F，Collignon A，Vandermeulen D，et al. Multimodality image registration by maximization of mutual information ［J］. IEEE transactions on medical imaging，1997，16（2）：187 – 198.

[184] 刘青芳. 基于改进互信息的医学图像配准方法研究 ［D］. 太原：山西大学，2010.

[185] Otsu N. A Threshold Selection Method from Gray – Level Histograms ［J］. Systems，Man and Cybernetics，IEEE Transactions on，1979，9：62 – 66.

[186] Ferguson M J，Seongwoon；Law，Kincho H. Worksite Object Characterization for Automatically Updating Building Information Models ［C］. The 2019 ASCE International Conference on Computing in Civil Engineering，2019.

[187] Rezadeh Azar E，Mccabe B. Part based model and spatial – temporal reasoning to recognize hydraulic excavators in construction images and videos ［J］. Automation in Construction，2012，24：194 – 202.

[188] Gunn G E，Duguay C R，Brown L C，et al. Freshwater lake ice thickness derived using surface –

based X - and Ku - band FMCW scatterometers [J] . Cold Regions Science and Technology, 2015, 120: 115 - 126.

[189] King J M L, Kelly R, Kasurak A, et al. UW - Scat: A Ground - Based Dual - Frequency Scatterometer for Observation of Snow Properties [J] . Ieee Geoscience and Remote Sensing Letters, 2013, 10 (3): 528 - 532.

[190] Discover Feature Engineering, How to Engineer Features and How to Get Good at It [EB/OL] . http:// machinelearningmastery. com/discover - feature - engineering - how - to - engineer - features - and - how - to - get - good - at - it/.

[191] Ng A. Machine Learning and AI via Brain simulations, 2013.

[192] Torok M M, Golparvar - Fard M, Kochersberger K B. Image - Based Automated 3D Crack Detection for Post - disaster Building Assessment [J] . Journal of Computing in Civil Engineering, 2014, 28 (5) .

[193] Yeum C M, Choi J, Dyke S J. Autonomous image localization for visual inspection of civil infrastructure [J] . Smart Materials and Structures, 2017, 26 (3) .

[194] Canny J. A Computational Approach to Edge Detection [J] . IEEE Transactions on Pattern Analysis and Machine Intelligence, 1986, PAMI - 8 (6): 679 - 698.

[195] Won C S, Park D K, Park S J J E J. Efficient Use of MPEG - 7 Edge Histogram Descriptor [J], 2002, 24 (1): 23 - 30.

[196] Dalal N, Triggs B. Histograms of oriented gradients for human detection [C], 2005.

[197] 方差分析 [EB/OL] . https: //wenku. baidu. com/view/b059c81a7fd5360cbb1adb61. html.

[198] Why you should use omega square [EB/OL] . daniellakens. blogspot. com/2015/06/why - you - should - use - omega - squared. html.

[199] Rules of thumb on magnitudes of effect sizes [EB/OL] . http: //imaging. mrc - cbu. cam. ac. uk/ statswiki/FAQ/effectSize.

[200] Fawcett T. An introduction to ROC analysis [J] . Pattern Recognition Letters, 2006, 27 (8): 861 - 874.

[201] 混淆矩阵 [EB/OL] . https: //www. jiqizhixin. com/graph/technologies/06cbf8c2 - 90be - 4121 - b9e3 - dc7b27a69793.

[202] Ren, Malik. Learning a classification model for segmentation [C] . Proceedings Ninth IEEE International Conference on Computer Vision, 2003: 10 - 17 vol. 1.

[203] 吕宪伟. 基于 CNN 的土地覆盖分类方法研究 [D] . 北京: 中国地质大学 (北京), 2019.

[204] 董含. 基于超像素的图像分割方法研究 [D] . 西安: 西安电子科技大学, 2017.

[205] Van Den Bergh M, Boix X, Roig G, et al. SEEDS: Superpixels Extracted Via Energy - Driven Sampling [J] . International Journal of Computer Vision, 2015, 111 (3): 298 - 314.

[206] Levinshtein A, Stere A, Kutulakos K N, et al. TurboPixels: Fast Superpixels Using Geometric Flows [J] . IEEE Transactions on Pattern Analysis and Machine Intelligence, 2009, 31 (12): 2290 - 2297.

[207] Liu M, Tuzel O, Ramalingam S, et al. Entropy - Rate Clustering: Cluster Analysis via Maximizing a Submodular Function Subject to a Matroid Constraint [J] . IEEE Transactions on Pattern Analysis and Machine Intelligence, 2014, 36 (1): 99 - 112.

[208] Zhu S, Cao D, Jiang S, et al. Fast superpixel segmentation by iterative edge refinement [J] . Electronics Letters, 2015, 51 (3): 230 - 232.

[209] Achanta R，Shaji A，Smith K，et al. SLIC Superpixels Compared to State－of－the－Art Super-pixel Methods [J]. IEEE Transactions on Pattern Analysis and Machine Intelligence，2012，34 (11)：2274－2282.

[210] Ojala T，Pietikainen M，Maenpaa T. Multiresolution gray－scale and rotation invariant texture classification with local binary patterns [J]. IEEE Transactions on Pattern Analysis and Machine Intelligence，2002，24 (7)：971－987.

[211] LBP Matlab code [EB/OL]. http：//www. cse. oulu. fi/CMV/Downloads/LBPMatlab.

[212] Luo Y，Wu C－M，Zhang Y. Facial expression feature extraction using hybrid PCA and LBP [J]. The Journal of China Universities of Posts and Telecommunications，2013，20 (2)：120－124.

[213] Luo Y，Wu C－M，Zhang Y. Facial expression recognition based on fusion feature of PCA and LBP with SVM [J]. Optik－International Journal for Light and Electron Optics，2013，124 (17)：2767－2770.

[214] Smolka B，Nurzynska K. Power LBP：A Novel Texture Operator for Smiling and Neutral Facial Display Classification [J]. Procedia Computer Science，2015，51：1555－1564.

[215] Zhou L－F，Du Y－W，Li W－S，et al. Pose－robust face recognition with Huffman－LBP enhanced by Divide－and－Rule strategy [J]. Pattern Recognition，2018，78：43－55.

[216] 王一星. 复制—粘贴篡改的盲取证技术研究 [D]. 杭州：杭州电子科技大学，2013.

[217] 江浩源，王正中，王羿，等. 大型弧底梯形渠道"适缝"防冻胀机理及应用研究 [J]. 水利学报，2019，50 (08)：947－959.

[218] 张利. 探讨均质土坝混凝土盖板受冻胀土破坏的机理与防治分析 [J]. 黑龙江水利科技，2019，47 (11)：35－37.

[219] Dai Z，Chen S，Li J：The Failure Characteristics and Evolution Mechanism of the Expansive Soil Trench Slope，PanAm Unsaturated Soils 2017，2018：196－205.

[220] keras－image－data－augmentation [EB/OL]. https：//github. com/JustinhoCHN/keras－image－data－augmentation.

[221] 金为铣. 摄影测量学 [M]. 武汉：武汉大学出版社，1996.

[222] 孙钰杰. 基于无人机航摄的边坡表面位移检测及安全评价系统开发研究 [D]. 天津：天津大学，2016.

[223] Zhang Z. A flexible new technique for camera calibration [J]. IEEE Transactions on Pattern Analysis and Machine Intelligence，2000，22 (11)：1330－1334.

[224] Single Camera Calibrator App [EB/OL]. [Feb. 20]. https：//www. mathworks. com/help/vision/ug/single－camera－calibrator－app. html.

[225] Simek K. Dissecting the Camera Matrix，Part 2：The Extrinsic Matrix，2012.

[226] Choi C，Youcef－Toumi K. Robot design for high flow liquid pipe networks [C]. 2013 IEEE/RSJ International Conference on Intelligent Robots and Systems，2013：246－251.

[227] Christ R D，Wernli R L. ROV 技术手册 [M]. 2 版. 中国造船工程学会《船舶工程》编辑部，译. 上海：上海交通大学出版社，2018.

[228] Murphy R R，Steimle E，Hall M，et al. Robot－assisted bridge inspection after Hurricane Ike [C]. 2009 IEEE International Workshop on Safety，Security & Rescue Robotics (SSRR 2009)，2009：1－5.

[229] 刘方. 混合驱动水下滑翔机系统设计与运动行为研究 [D]. 天津：天津大学，2014.

[230] Mirats Tur J M，Garthwaite W. Robotic devices for water main in－pipe inspection：A survey

[J]，2010，27（4）：491 – 508.

[231] Bradbeer R，Harrold S，Nickols F，et al. An underwater robot for pipe inspection [M]. 1997.

[232] Law T M，Bradbeer R，Yeung L F. Communication with an underwater ROV using ultrasonic transmission [J]，2002.

[233] Nickols F，Ho D，Harrold S O，et al. An ultrasonically controlled robot submarine for pipe inspection [C]. Proceedings Fourth Annual Conference on Mechatronics and Machine Vision in Practice，1997：142 – 147.

[234] Nassiraei A a F，Kawamura Y，Ahrary A，et al. Concept and Design of A Fully Autonomous Sewer Pipe Inspection Mobile Robot "KANTARO" [C]. Proceedings 2007 IEEE International Conference on Robotics and Automation，2007：136 – 143.

[235] Park J，Taehyun K，Yang H. Development of an actively adaptable in – pipe robot [C]. 2009 IEEE International Conference on Mechatronics，2009：1 – 5.

[236] Hirose S，Ohno H，Mitsui T，et al. Design of in – pipe inspection vehicles for /spl phi/25，/spl phi/50，/spl phi/150 pipes [C]. Proceedings 1999 IEEE International Conference on Robotics and Automation (Cat. No. 99CH36288C)，1999：2309 – 2314.

[237] Se – Gon R，Hyouk Ryeol C. Differential – drive in – pipe robot for moving inside urban gas pipelines [J]. IEEE Transactions on Robotics，2005，21（1）：1 – 17.

[238] Fujiwara S，Kanehara R，Okada T，et al. An articulated multi – vehicle robot for inspection and testing of pipeline interiors [C]. Proceedings of 1993 IEEE/RSJ International Conference on Intelligent Robots and Systems (IROS'93)，1993：509 – 516 vol. 1.

[239] Schempf H，Mutschler E，Gavaert A，et al. Visual and nondestructive evaluation inspection of live gas mains using the Explorer™ family of pipe robots [J]，2010，27（3）：217 – 249.

[240] Najjaran H. Infrastructure researchers developing underwater robot for inspection of in – service transmission mains [J]，2005，10.

[241] 尹兰. 基于数字图像处理技术的混凝土表面裂缝特征测量和分析 [D]. 南京：东南大学，2006.

[242] Zhang Z，Fan X，Xie Y，et al. An edge detection method based artificial bee colony for underwater dam crack image [M]. 10711. SPIE，2018.

[243] 蔡晨东，霍冠英，周妍，等. 基于场景深度估计和白平衡的水下图像复原 [J]. 激光与光电子学进展，2019，56（03）：137 – 144.